黄河水利委员会治黄著作出版资金资助出版图书

治河论丛续篇

张含英　著

黄河水利出版社

·郑州·

内 容 提 要

本书是著名水利专家张含英先生从 1947 年至 1990 年所发表的有关黄河方面文章的汇集,共 46 篇。内容有作者对黄河治理的见解,如《黄河治理纲要》《论黄河治本》等;有关于重大水利工程的回顾,如《三门峡水利枢纽的兴建与改建》等。

通过本书,我们可以对新中国水利事业有一个系统的了解,也可感受到新中国水利事业所取得的巨大成就。

图书在版编目(CIP)数据

治河论丛续篇/张含英著. —郑州:黄河水利出版社,
2013.12
ISBN 978 - 7 - 5509 - 0627 - 3

Ⅰ.①治… Ⅱ.①张… Ⅲ.①黄河 - 河道整治 -
文集 Ⅳ.①TV882.1-53

中国版本图书馆 CIP 数据核字(2013)第 281105 号

出 版 社:黄河水利出版社
　　　　地址:河南省郑州市顺河路黄委会综合楼 14 层　邮政编码:450003
发行单位:黄河水利出版社
　　　　发行部电话:0371 - 66026940、66020550、66028024、66022620(传真)
　　　　E-mail:hhslcbs@126.com
承印单位:河南省瑞光印务股份有限公司
开本:890 mm × 1 240 mm　1/32
印张:11.375
字数:328 千字　　　　　　　　　印数:1—1 500
版次:2013 年 12 月第 1 版　　　　印次:2013 年 12 月第 1 次印刷
定价:56.00 元

《治河论丛续篇》整理再版委员会

主 任 委 员　陈小江

副主任委员　薛松贵　尚宏琦　侯全亮　骆向新

委　　　员　（以姓氏笔画为序）

马广州　孙东坡　苏　铁　张俊峰

陈小江　陈吕平　易成伟　尚宏琦

侯全亮　骆向新　聂相田　徐新蒲

郭选英　蔡铁山　薛松贵　戴艳萍

策　　　划　蔡铁山

自序

一九四九年中华人民共和国成立的那天，毛主席说："中国人民从此站起来了！"四十年来可以说是起了翻天覆地的变化，从一个半殖民地、半封建社会，正在走向一个社会主义社会的富强国家。在社会主义建设中，水利事业遵照党的路线、国家政策，并依据近代科学技术，正在大踏步地前进，取得了初步成果，亦可以说是划时代的成果。

我初在解放区黄河水利委员会工作。一开始就发现我到了一个新天地、新社会，并且觉得参加了革命工作。亦开始写文章表达亲身感受和治河意见。自一九五〇年起，我便参与全国的水利行政业务，工作涉及的面既广，又须作各项专题研究，深感个人思想跟不上时代，知识跟不上形势，是边学习边工作的，写文章的机会少了，但亦时有应需。

一九八二年脱离工作，仍就力所能及者从事学习研究。一九八五年偶然翻阅所存手稿，深感兴趣，因而开始整理。经数月之功，选得一九四九年以后所作四十三篇。而以前所作，除编入一九三六年出版的《治河论丛》者外，以后尚多有发表，然亦无力从事搜集。幸存有一九四七年所写《黄河治理纲要》长文油印本，它是当时对近代科学技术治河思想的概括和总结，可视为当年的代表作，乃选入本集。

连同上述文稿和近年所作共得四十六篇，题名为《治河论丛续篇》。编排则以写作时间为序。既可窥得我国水利发展进程之一斑，又可提供治河史料以供参考。由于文章写作时间相差颇远，内容或有不协调处，是则可能由于时间不同而认识不同所致，可加以具体分析。再则所引用的水文数据、地理数据或名称、决口改道数据和经济效益数据等，均按写作时间统计。前后内容若有不同，或由于后期的观测和核算的精度增高，或由于后期事业的发展，各有其时间的代表性，非尽可以后者而完全否定前者，应加以具体分析。

在本书的编辑过程中，我感受最深的是我国水利事业和科学技术发展的迅速。如前所述，《黄河治理纲要》在写成后，我认为它只不过是一纸空文，我生将难以见其实现。而在新中国成立后的四十年间，黄河的治理与开发有了飞跃的进展，它已成为历史资料。这是何等巨大的变化呀！又如一九四九年所写《黄河河槽冲积的变化》，是当时的肤浅认识。而今日我国对于河流泥沙冲积运行规律的研究和认识，则有长足进展，且已跃居世界先进行列。今昔对比，真有隔世之感！

在当前水利事业大发展中，新出现而应加以解决的问题当然不少，乃以多年脱离实践，论述较少，深为不足。再以精力衰退、学习欠缺，谬误在所难免，请读者指正。

张含英

一九九〇年五月

再版前言

　　张含英（1900～2002年）是我国著名的水利专家，也是20世纪中国水利事业与黄河治理事业发展的重要开拓者和见证人。

　　他出生在黄河岸边的山东省菏泽县，黄河水灾的频繁侵扰，让家乡民不聊生，给童年和少年时代的张含英留下了深刻印象，促使他树立了治理黄河、造福人民的志向，并为之执着奋斗了一生。

　　为了探求治黄与治水的真理，中学毕业后，张含英决心学习水利科学，他品学兼优，如愿考入北洋大学土木工程系深造，不料却因参加五四运动被校方开除。为了完成学习水利、治理黄河的夙愿，他只身远涉重洋，到美国求学，先后获得了美国伊利诺大学、康奈尔大学的土木工程学学士、硕士学位，并放弃了在国外就业的机会，于1925年回到祖国怀抱。

　　但是旧中国社会动荡，战争频仍，水利事业荒废，水旱灾害不断，张含英空有满腹经纶，却难有施展的机会。回国20余年间，他换了十几个工作岗位，就职于黄河治理部门的时间屈指可数。但他无论身在何方，都孜孜以求地探寻治黄的真理，查勘黄河，研究治黄方略与理论，既重视对古代治黄历史经验的借鉴，在20世纪30年代担任黄河水利委员会秘书长期间，又协助著名水利专家、时任黄河水利委员会委员长的李仪祉先生，大力引进西方水利科学技术，在黄河上开展水文测验、测绘测量与水工模型试验工作，积累了大量治黄基本资料，为利用近代科学技术治理黄河做出了重要贡献。他在新中国成立前的治黄代表作《黄河治理纲要》中，系统阐述了其治河主张，提出了上中下游统筹规划、综合利用和综合治理的治黄指导思想。时至今日，这一远见卓识对于黄河治理仍具有重要现实意义。

　　新中国成立前夕，他拒绝了国民政府要他迁往台湾的要求，决心留在大陆迎接新中国的诞生，并欣然同意参加新中国人民治黄事业。以后又长期担任水利部、水利电力部副部长，兼水利部技术委员会主任的职务，参与国家水利和治黄事业的重大决策，为新中国水利事业与治黄事业的发展贡献了毕生精力。

从旧中国的坎坷经历和新旧社会的强烈对比中，张含英深深感受到，只有在中国共产党领导、人民当家做主的崭新时代，才能真正治理好黄河。中国共产党毫无疑问是实现中华民族伟大复兴的坚强领导力量，也是做好水利工作、治黄工作的坚强领导力量。他热爱社会主义祖国，对党无比忠诚，在耄耋之年，仍然坚持到办公室上班、学习、研究，为水利与治黄事业的发展献计献策，直到生命的最后一刻。

在长期的水利与治黄生涯中，张含英勤奋耕耘，著述甚丰，不但出版专著二十余部，而且写下了大量的治河论文。1936年以前的治河文章，收在他编的《治河论丛》中，《黄河治理纲要》及1949年以后的治河文章，被收入《治河论丛续篇》中。而1936～1949年的大部分治河论著，则因时局不稳，作者生活、工作辗转迁徙，未能妥善保存，而晚年又无力从事收集整理，因而未能结集出版。

黄河水利委员会民国黄河史项目组在从事民国黄河史研究的过程中，将张含英散佚的这些论著整理成《张含英治河论著拾遗》一书。在2012年张含英先生逝世十周年之际，经黄河水利委员会治黄著作出版资金评审委员会评审通过，该书出版获得治黄著作出版资金资助，得以付梓问世。

评审委员会的各位专家还一致认为：张含英是我国著名的水利专家，对全国水利事业尤其是黄河治理事业做出了重大贡献。他的论著对于我们研究黄河历史，为当代治黄事业提供借鉴具有重要作用。鉴于《治河论丛》、《治河论丛续篇》出版时间已久，存本很少，建议在出版《张含英治河论著拾遗》时，将这两部著作予以再版，使张含英治河论著成为一个完整的系列。这个建议得到黄河水利委员会党组和陈小江主任的大力支持，上述两部著作的再版被正式列入2012年黄河水利委员会治黄著作出版资金资助出版书目计划。

值此《治河论丛》与《治河论丛续篇》再版之际，谨向为我国近现代水利与治黄事业做出卓著贡献的张含英先生表示崇高敬意与深切怀念。

水利部黄河水利委员会
2013 年 3 月 28 日

再版凡例

一、本书的再版，坚持既忠于原著，又方便研究与学习的原则，在尽可能保持原著的风格与面貌的同时，也作了一些技术处理。

二、本书收录的论著，在时间上跨度较大，一些内容带有鲜明的时代烙印，为了读者阅读方便，对于书中个别政治色彩较浓的字句作了适当的处理。

三、本书中的计量单位，基本上保持了原貌，惟对用词不规范之处进行了完善，如将"立米"改为"立方米"，等等。

四、对于书中表述不明确的年代、人名，加了必要的注释，并以"再版编者注"与原书的注释相区分。

五、对于书中个别有误或不确切的内容，在正文中删去，而把删掉的字句置于页末的注释中，以便读者参考。

六、本书中有一些"三十年代"、"五十年代"等上个世纪的时间表述，为了准确和不产生歧义，在年代前统一加了"二十世纪"。

七、对于别字、衍文、错字，在正文中进行了更正。

八、对于本书中的不当标点，依照我国现行的《标点符号用法》进行了订正。

九、本书中有很多表，均未标明名称，再版时根据书中阐述，在表前标注了名称。

目　　录

黄河治理纲要

（一九四七年八月七日）

黄河之患，年有不免，损失之巨，难以数计，待治之急，几如星火。顾以问题内容特殊复杂，治河原则曾未确定，迄今不能提出治理计划，如何筹划准备，亦乏明显道路可循。为期治河大业早日顺利实行起见，允宜尽先定其目标，明其方针，准备其基本资料，研究其工程范围，以为初步。初步有成，余事自可循序推进。爰本此数端，抒其所见，试拟为黄河治理纲要，敬与国人商榷。

一、总　　则

（1）治理黄河应防治其祸患，并开发其资源，借以安定社会，增加农产，便利交通，促进工业，由是而改善人民生活，并提高其知识水准。

〔说明〕治理黄河之目的，论者多谓在于防灾。兴利为旁节之事，力余则可附带为之；力绌则俟患除以后，再事兴办，不必等量齐观，或同列为治河之目的。是诚深知水患之严重，具人溺己溺之怀抱，针对一般舆情而有之主张也。惜者准情有余，度理未足，注意之力悉集中于一隅，其于全局则未之详察，其为利弊亦未之熟加权衡也。夫防患之事，最为急要，凡属国人，宁有不知？然处此国家力绌、人民疲惫之时代，所需大量资金，果何由而得来？斯岂非唯一之重大问题乎？或曰：国家倘决心于治河，则筹集资金自有办法，勿庸抱其杞忧。然以笔者度之，则事诚匪易，何以知之？曰：临时性之一次两次拨款易，常久性之源源不断接济难；有明显之生利者易，无明显之生利者难；能取偿者易，不能取偿者难。此自然之理，不言可喻，察诸往事，亦信而有证。治黄非数十年不为功，需源源不断之接济，故知其匪易。其中防患一事，无明显之生息，不易取偿其投资，故为难中之尤。唯兴利一事，则其为利明显，投资易于取偿，为难中之易，因此投资或不至于太难。笔者主张防患与兴利并办，多以是也。果能循斯以进，则办理之初，或似比较单独防灾稍增所费；然实行既久则可望达到以河养河之目的；发展至极，所得且可超过所需，所谓以河裕国之理想，将不难达到，利益之巨，绝非消极之防灾所可比拟也。此专就有利于资金之筹措言之。再就人民及国家之需要详加观察，首以农事而言，我国农事数千年来，皆靠天吃饭也。天气亢旱，则赤地千里，寸草不生；阴雨天涝，则禾稼淹没，收获无望。以言交通，则来往不便，行旅维艰，盈虚调济，多有困难。甲地粮缺成灾，乙地谷贱伤农之情形，数见不鲜。以言工业，则大多逗留于手工时代之中，欲提倡机械工业，以谋促进改善，则限于动力建设之落后，不能突飞猛进。凡此数端皆使人民永久陷于贫困而不能自拔者，惟振兴水利可以有所补救。如兴办灌溉，则天旱无虞；施行排水，则虽涝不灾；整理航道，则交通便利；开发水电，则动力不缺。至此所谓天然缺陷者，皆可化为乌有。是以人民渴望水利之振兴者甚矣。以与所望防灾之情形比较，则其范围尤为广大，其深切殆尤过焉。此就人民之需要观察，兴利之不可或缓者也。黄河流域之面积，广至七十余万方公里，人口多至一万万（包括受灾地区的人口），以与全国面积、人口比较，皆占有极重要之地位，其为隆替，实足以影响整个国家。而向之贫且匮也，竟有如是，斯亦不能听之任之，而必须有以改善之也。黄河既蕴有巨大之资源，则正可利为改善之资而无需他求。果能一一建设而开发之，则不仅流域以内沾其实惠，人民得以富庶，生活得以提高，知识之水准随之增进，即全国之社会经济状况，亦必因而改观，所谓建设富强康乐国家之理想，亦得借此更进一步。不然，则是持金饭碗而乞食于人，非唯不智之甚，抑且贻笑于人也。是以不言建设则已，不言治黄则已，若言建设，若言治黄，则必不可视为不急之务而缓至防患之后也。

再兴利与防患二者，在设施上与效用上，往往不能分割。例如，原用以兴利之设施，可能在防患上发生巨大之作用；原用为防患之设施，可能在兴利方面发生显著之影响。因利之兴而害即减，因患之除而利亦见之情形，势所常有。是以两者并办，便利殊多，至于所需之经费必大为节省，则其余事矣。

或曰：黄河巨川，非同细流，除患一事，力已不逮，更兼兴利，宁非奢望？曰：是亦不然，盖可分期为之。但量己之力、察彼缓急、妥拟其进行程序，斯已足矣，无大碍也。兼办云者，统筹并顾之意已耳，非任何工程必同时兴办，必同时完成之谓也。

（2）治理黄河应根据需要达到之目的、政治经济之现实背景与未来之发展及天然之因素或条件，先行拟定治河之方策。此项方策并应随资料之补充、学术之进步、社会之需求，每五年检讨一次，必要时得修正之。

〔说明〕治河之目的确定以后，应即随之拟定其方策。方策者，趋赴目的所走之道路也。目的虽一，可走之道路则甚多。何以选定？曰：学术上有根据，关系条件能配合，如斯而已。关系条件者何？曰：河道之自然现象与其他天然条件，政治经济之情形等皆是也。惟政治经济情形非一成不变，故必须详察其现在并顾及其未来，将来如有变化，并应随时明了以求其适应。河道之自然现象与其他天然条件，虽其本身之变化较小，然以河道之长、流域之广也，吾人知之诸未详尽，故加深其认识亦甚必要，是即所谓资料不足，犹待随时补充者也。或曰：资料既有未足，盍暂为搁置，俟资料充足而后兴办乎？曰：是常理之所应尔，惟非所以适应特殊情形之黄河。盖河之为患，情势岌岌，人之望治，不可终日，不宜久以资料之搜集，而延宕其进行。况资料也者，每随计划之演进而增其需要。今日之视为资料已足者，将来或以计划之进展，而仍需补充。现在计划既无一斑可窥，距离全豹更远，所需资料自难一一臆度，需要既未尽知，准备何能周密？搜集之事，殆亦鲜有止境。故宜先依现有之知识，拟定方针，然后随资料之补充、学术之进步、社会之需求，每五年检讨一次，以资修正。

（3）治河方策拟定以后，应即随之拟具总计划，并包括五十年之治河程序。其内容随方策之修正，按时重订补充之。

〔说明〕总计划者，包括全部设施之治黄初步计划也。其内容应包括工程之数量、需款之约数及预期之成效等。所以必欲列一五十年治河之程序者，一则依其缓急定其先后，再则使其效能妥为配合，盖必须如是，始能收治水之大效也。例如，某一防洪水库因淤淀或将于三十年后失其效能，若仅以此一工程治河，则十年之后，其效即减，苟无适当之补救事业，以为接济，必难达预期成果。故必有一悠久之计划，为期五十年，详列各项工程之成效，及其补救之方法，与接替之道，然后方可了然于其互济之功。且治河大业千头万绪，同时并兴既非人力、物力所及，只有循序渐进，以期达到预定成果。或有以五十年为期过久者，须知所谓五十年也，尚须努力为之，不然，虽百年不能幸而致也。犹忆中华民国二十二年黄河水利委员会成立之初，曾拟一计划，欲以十年小成，三十年大成，时人辄多以迟缓讥之。今匆匆十四年已过去矣，而所谓小成之绩又安在哉！

（4）方策及计划拟定以后，应即拟具第一个五年实施计划，以为第一个五年施工之依据。嗣后再按期依次拟具第二、第三乃至第十个五年实施计划，以为各期施工之依据。

〔说明〕以总计划为蓝本，拟定"治理黄河第一个五年计划"，亦即为五年内之实施计划。其后即由一部分人员担任实施，并由一部分人员担任收集资料，作第二及第三个五年计划之准备。

（5）治理黄河之方策与计划，应上中下三游统筹，本流与支流兼顾，以整个流域为对象。

〔说明〕黄河上中下三游尚无确定界说。笔者以地理及水文之性质，曾建议河源至绥远托克托为上游，托克托至河南孟津为中游，孟津以下迄于海口为下游。本文所指之三游亦如是。惟此等界分仅为说明之便利，而计划治理之时，则不可囿于河流之分段与目前之局势，而忽略将来之发展。盖以治河本息息相通，牵一脉而动全体，三游固难分割，利害亦每关联。举例言之，拦沙节水之工，其范围不只限于下游，亦不只限于上中游，且必及于各支，更必及于整个流域。至若言及灌溉及电力之利用，更无论矣。今更以水流为例，说明上中下三游之关系。陕县秋季大水，流量曾高达二万九千秒立方公尺。兰州居于上游，秋季最大纪录，仅为五千七百秒立方公尺。二者洪水之差甚巨，此点仅说明下游之水患较上游为严重。然若论及全年河水之总流量，兰州可达陕县者十之七。此即表示黄河中下游平时之水流大都赖于上游之供给。故欲增加中游之水量，下游之枯水量，能不于上游或各支流储蓄之乎？治河以整个流域为对象，已为先进国家所共认，不欲多所说明。今列为专条者，以我国自古治理黄河多重下游，且每以行政之区域而划分河道。今虽渐改，而旧习未能全除。更因水患之严重，致使一般舆论亦多偏重下游。故今特为标明，以与第一条相呼应。

（6）治理黄河之各项工事，凡能作多目标计划者，应尽量兼顾。

〔说明〕多目标计划者，一种水利工程而使有多种功用之谓也。其应用与发展，实为近年之事，盖由坝工设计与建筑之进步，而始得来之最经济、最现代化之一种策略也。此一现代化之策略，颇可施之于黄河，在黄河上为达到第一条所述之目的，亦最需要，故应尽量采用。惟采用之时，应就事实需要区分其宾主，庶重心不致失去，多方都能适得其当。参阅"水之利用"各条，可以完全了然。

（7）治河之各项工事，彼此相互影响，应善为配合之。

〔说明〕黄河之治理为一错综复杂之问题，绝非一件工程或局部之整理所能济事，必须采用多种方法，建筑多种工事，集合多种力量，共向此鹄推进，然后可望生效。惟是各项工事之需要有缓急，兴工不能无先后，因此孰先孰后，必须于计划程序中妥为排列。又河之上下，息息相通，一处工事兴修，不仅一处情势变动，影响所及可能牵动多处，甚或能以牵动全河。故计划中各项工事之彼此影响，必须兼顾，其功用必须妥为配合之。

（8）黄河之治理应与农业、工矿、交通及其他物资建设联系配合。

〔说明〕欲谋经济之彻底发展，必于物资建设作全面之推进。治黄之事，为物资建设之一，非物资建设之全部也；其与全部物资建设，合之如同一链，分之各为一环，互相关联，互有影响，甚有相辅并进，而始便利者。故治理黄河，必须兼顾其与各方之关系，而妥为联系，而妥为配合。其他物资建设，亦可随黄河之治，因利乘便，而同时推进。特以治黄之事，规模最巨，功用最大，以为本流域经济建设中心可耳。实行之时，果能如辅车之相倚，众矢之向的，则流域内经济发展，必能追踪列强或与之并驾而齐驱也。笔者尝云：治黄不宜视为单纯之水利问题，尤不能存为治黄而治黄之狭隘心理，必抱有开发整个流域全部经济之宏大志愿，正以是也。盖以非如此，不能作经济之运用；非如此，不易有至高无上之成就也。

二、基本资料

（9）治河之一般资料，应急谋普遍充实，其急要者，并应加速调查观测之。

〔说明〕基本资料之重要，似尽人皆知，而实未真知，是以迄今尚未得社会之热诚赞助与政府之积极推行。治河为科学之事，必须有科学之依据。是非既不能以常识判断，立论亦不可以凭空臆度。因此，基本资料不宜或缺。然试观黄河基本资料之搜集情形，果何如乎？据笔者所知，关于水文方面，仅陕县水位观测有二十余年之历史，其他则鲜有能及十年者，且作辍不时，设置稀疏。流量、含沙量之记载，短缺更甚。反观黄河之为性，则水流涨落不常，河槽迁徙靡定，变化周期常在数十年以内，观测之短暂如彼，黄河之为性如此，其不敷用，可以想见。关于地形测量，则仅完成下游沿河一带；中游之空中测量虽已完毕，尚未制图；上游及支流与全域之测量，则犹未着手，其他研究试验工作亦鲜进行。根据此等简陋之资料，而欲言治河，亦实难矣。故今日黄河之基本资料，仅略胜于无，距最低限度之需要所差尚远。为今之计，应充实经费与人力，从事基本资料之观测与搜集，虽一时无实际事功表现，但以之贻于后世，亦必有完成治河之一日。否则虽日日言治，终难着手，徒托空论，卒无补于实际。至于资料之如何普遍充实，及加速观测等项，可以参看以下各条。

（10）全域地形图应速以空中测量法完成之。

（11）全域及干支流之地质应普遍调查之。

（12）全域之经济状况及资源蕴藏应普遍调查之。

〔说明〕此项资料之重要，前在第八条已经述及，兹不再赘述。

惟须注意者，办理之时，应由各专家或主管机关派员组织混合团体，详密调查之。不可徒由工程人员附带办理，或仅由各级政府填表列报。

（13）水文观测应予扩充。

〔说明〕水文站之添设，应视工程发展之需要，配合旧有之各站为之。旧有之水文站据调查在干流者有循化、皋兰、靖远、沙坡头、金积、石嘴山、龙门、陕县等八处。在支流者，大通河及湟水方面有享堂一处，渭河方面有天水、太寅、咸阳三处，洛河方面有洛阳一处。其他尚有水位站二十一处。就目前情形观察，水文站尚需添设者：在干流方面应为贵德、三盛公、西山嘴、托克托、保德、吴堡、潼关、郑县、中牟、开封、高村、陶城埠、泺口、利津等十四处；在支流方面，若湟水及大通河可各添一处，大夏河及洮河可各设两处，庄浪河、祖厉河、清水河可各设一处，北洛河、泾河及汾河可各设两处，洛河、伊水、沁河可各设一处。水位站比照增加。水文站之设置应注意者厥有三端：一是主持之人，应遴选热心服务、行为忠诚而有工程及水文专门知识之人士充任；二是水文站之工作人员应优给其待遇，并建立其住所；三是各重要水文站应设无线电联络。交通不便之区，宜尽量用无线电自动报水器。

（14）陕县接近下游，地址较优，应设立现代化之一等水文站，并于某下游河槽比较稳定之处，设立自动报水站，以资校核。

（15）于平汉桥附近，选一较优地点，添设水文站，以便测得全河流量。

（16）中牟、开封、长垣一带，虽非优良之水文站址，但可设站观测洪水时河槽储蓄，及全年中河槽坍塌之情态。

（17）观测河口输海泥沙、潮汐涨落、海流速度及方向。

（18）于贵德、宁夏、包头、榆林、韩城及陕县等地，添设测候所。

（19）统计本域及邻域之雨量，以为水文资料补充研究之需，兼供预测水流之用。

〔说明〕水文之观测，往者皆认为治河机关分内之事，而气候与雨量之观测则属于另一行政系统。须知水流之主要来源为降雨，能明了其气候始能推知其水流，关系之密如影随形。然试观今日情形，果何如乎？则非特测候所之设立不足，即雨量站亦不足用。此实为治水之最大缺憾，故必须亟图补救。

（20）观测结冰、蒸发、地下水等。

（21）详测下游可能泛滥之平原。

〔说明〕下游大平原，西薄太行，东临大海，北达于津沽，南及乎淮泗，皆为黄河过去之冲积所构成，今之改道泛滥亦皆在于此。欲计划下游之治理及水利之开展，则必以详细地图为依据。此项测量，早已开始，惟进行未久，辄又中止。

（22）估计下游以往泛滥之每年损失平均值。

〔说明〕此项工作乍视简易，实则繁难，似无足重，实居首要。黄河灾害之严重，虽尽人皆知，但俱为渺茫概括之观念。言及数字，亦多为约估或臆测所得，未尽可靠，难资依据。盖吾国向无统计之学，曾无统计之事也。筹措治河资金，应先知某项设施需要资金若干，所获效益几何，设不知泛滥之确实损失，将何由计算其真正之效益？每年损失之平均值，乃计算效益最便之数值。此等计算自须根据往年之记载与实际之探访，亦有赖于第二十一条所称之地图。

（23）详测宁夏、绥远已施灌溉及拟施灌溉之平原。

（24）调查全域可溉之土地。

〔说明〕灌溉受土质、气候及地势之限制，应事前调查之。

（25）钻探贵德之龙羊峡、循化之公伯峡、大峡之西霞口、红山峡之弯弯坡、黑山峡之下口、韩城之石门、陕县之三门、新安之八里胡同等处之地质。

〔说明〕以上各地为今日所知可能筑坝或修建水库之地址，其功能详于"水之利用"各条，应早日着手钻探。

（26）详测以上各地之坝址及库址。

三、泥沙之控制

（27）为求彻底明了泥沙之来源及河槽冲积之现象，应于流域以内布设观测站，河道之上择设观测段，并根据实地情形作控制之研究。

〔说明〕黄河为患之主要原因为含泥沙过多。治河而不注意于泥沙之控制，则是不揣其本而齐其末，终将徒托于空言。顾今日关于泥沙之资料，过于缺乏，较之水流情形尤叹弗如，因此加紧搜集，势不容缓。搜集之方法，应于水文站兼测沙量之外，一方面在流域以内布设观测站，以验山野土壤之冲刷；一方面在河道上择设观测段，以观水流泥沙冲积及运行之现象。进而根据实地情形，作室内之试验或实地之控制，以资研究，而为实施之准备。西洋各国对于河道携沙之研究，虽不乏若干资料，但殊少成熟之结论。况河之性质各有不同，而黄河之泥沙问题尤为复杂。故必自身研究以谋解决，世之注意于此项工作者尚少，而工作本身，又极繁重，故应脱离水文，单成机构负责研究。

（28）黄土及冲积黄土之性质应切实研究，以为建筑之依据。

〔说明〕黄土峡中之地基，以及以黄土筑坝、以冲积黄土筑堤等问题，尚待解决，故对黄土及冲积黄土之性质，应切实研究。

（29）泥沙之主要来源，为晋陕区、泾渭区及晋豫区，泥沙控制之事，今日应以此为重心，其他地区影响下游较轻，暂列为次要。

（30）欲谋泥沙之控制，首应注意减少其来源。减少来源之方，要不外对流域以内土地之善用、农作法之改良、地形之改变及沟壑之控制诸端，惟兹多为农林方面事，故应于农林界合作处理之。

（31）沟壑为径流携沙之汇集所，亦地面泥沙入河之总门户，对于治河最为重要，应提前加以控制。

（32）塌岸亦为供给河道泥沙之极大来源，故护岸应视为减少河中泥沙之有力方法。

（33）沟壑及塌岸范围甚广，应办之控制工程太多，初时或难普遍兴修，技术上或不免另有问题，应先选定若干区域作大规模之试办，试办成功，然后推广及于全域。

（34）水库之淤淀，应试验研究利导之方法。

四、水之利用

（35）依据基本资料统计水流涨落，地势高下，推算水之总量与潜能。

（36）依据基本资料计算可能应用之水量与能力，进而支配全域灌溉之用水，航运最低之接济，以及网内电力之供给。

〔说明〕欲以水兴利，应先知水量之多寡及落差之高低。亦犹编造支出预算，应先察收入之情形也。惟同量之收入，以运用方法之不同，其利益亦大小悬殊。应如何运用方能获得最大之利益，则为一技术问题。且必须依基本资料详细研究而后能知之也。研究之步骤，应先照第三十五条之所述，推算水之总量与潜能，再估计其可能应用之水量与能力。盖以由于地势、地质等之限制，难以包举全部而皆用之也。可能应用之水量既知，当进而支配全域灌溉之用水，航运最低之接济，以及网内电力之供应。虽未能一时竟其全功，但在总计划中，不可不明白规定，以免枝节分歧之弊。明乎此，则第五条内所称应三游统筹，本支兼顾，第六条内所称应尽量作多目标之计划，以及第三条内所称总计划应包括五十年之治河程序各点，当能了然矣（第四十一至五十三各条所述水之利用范围，统须取决于本条）。

（37）黄河流域最大资源为肥美之土地，而最缺乏者为水，故水之利用，应以农业开发为中心，水力航运均应配合农业。

〔说明〕世界进化无已，虽有若干农业产品，已为工业产品所代替，但今日农业生产，仍占极重要之地位，尤以黄河流域为然。盖以黄河最大之资源为肥美之土壤，而生产不足之原因为水之缺乏。故治河之事，不能忽此二者，水之利用，应于维持枯水时期航运外，更以灌溉农田为水利之中心。所发电力，亦应以抽水上升灌溉高田为优先，制造肥料与国防工业次之，其他又次之。此笔者今日之主张，是否毫无瑕疵，尚有待于资料补充，更进之研究，而后可以判明。至若日人所拟托克托至孟津间（中游）之治水计划，因纯以发电着眼，以工业为重心，似不合于黄河流域之经济政策。

（38）工程之实施，虽可分期举办，但不可因初期小规模之建设或狭隘之应用，而影响将来与整体之发展。

（39）凡工程之利甲而病乙者，应求避免，如有不能，应减其病害于最低之限度。其所受之病害，并应以其他方法救济或补偿之。利甲病乙情形之避免或补救，应以经济问题为抉择之重要条件。

（40）上游枯水与洪水之差较小，水资源之蕴藏颇富。农业生产方面，在兰州以上者发展希望较小，可列为次要。上游水利开发，应畜牧、工业与航运并重。故计划发电，并应兼为其他事业着想。

〔说明〕本条与第三十七条并不矛盾，兰州以上因天气及地势关系，不便农产，但利畜牧。牧草亦多需施水。该地今日所最感缺乏者为棉花及五谷。但若畜牧发达，配以工业及交通，必可因本地之特产、工业之制造以及有无之互通，以发展地方经济。

（41）贵德之龙羊峡，循化之公伯峡，皆可拦河作坝，用水发电。

〔说明〕黄河于贵德以上，称为马楚，实藏语黄河之意。其间人口稀少。龙羊峡而下经松巴、李家、公伯、孟打、寺沟、刘家及盐锅等七峡，而至兰州。其中以贵德县城上游之龙羊峡及循化县城上游之公伯峡二者最宜筑坝。虽有淹没，但不严重，且可设法安置受害之人民。每处发电可达五十万马力之谱，应次第举办。

（42）黄河支流若大通、大夏、洮河等之交通与电力，应同时规划。

（43）兰州中卫间黄河本流，为西北交通要道，利航工事，必不可少。所经峡谷多处，颇宜开发水电；两岸多有高地，可能利以灌溉。故设计治理必于利航、水力、灌溉、蓄水数者同时兼顾。而高地之灌溉，又须借力抽水始可，是灌溉又与水力发生密切关系。故此段工事，最宜作多目标之计划。

（44）兰州中卫段河道，以目前情形观察，或需渠化始能改善航运，是否如此，仍应继续研究，再作决定。又本段灌溉问题，可灌之地虽多，可用之水较少，故必须设法储蓄，以为补救。且中、下游水量亦苦不足，于此兼储并蓄，源源接济，事亦需要。故应先于大峡之西霞口、红山峡之鸳鸳坡及黑山峡之下口研究筑坝。

〔说明〕兰州中卫段修坝之地点及高度，除应注意地质、地势外，更应以回水不淹没盆地，而能尽量利用水头与储量为准。例如兰州及靖远盆地，皆本段精华之区，诚不宜淹没。红山、黑山两峡之间，无大块盆地，本可只修一坝，但岩石情形不宜，故须分建。根据以上理由，故建议先修三坝，其高度在水面上四十至六十公尺之间。坝成之后可以发电，可以灌田。惟储水之效，仍未大著，而航行之利，亦未全部解决，是则尚需其他工程为之辅助。惟此三坝，实无碍于将来之进展，故可列入本段治理之第一期工作也。

（45）宁绥平原土壤肥美，气候适宜，引水便利，素有边疆粮库之称。惜旧有灌溉工事虽多，今已逐渐湮废，且效能低微。故彻底之整理扩充，应为该区首要工作。

〔说明〕宁绥平原之灌溉，已有悠久之历史。宁夏之灌溉，以各渠进口为青铜峡所制，较为固定，故汉唐之迹，尚留至今。绥远灌溉，以河身变迁靡定，旧工全废，今日之渠道多为清末所开。宁夏之大病为退水不畅，地多碱卤，惟稍事改良即可于现有垦田二百六十万亩外，增加三百三十万亩。宁夏人口现为七十四万，以此比例，尚可增加百万以上之人口。宁夏因水来也易，故人民不感水之需要，反恶其停滞不畅。绥远则异乎是。以后套论，可溉之田，约一千万亩，而上水能垦殖者约仅四分之一（涝年可溉田三百万亩，旱年可溉田一百八十万亩）。其最大原因为河身善徙，渠口不定，又以进水无操纵，潦则渠道泛滥，旱则进水无多。加以各自为政，渠口不一，渠坡无规，退水难畅。若事改良，并加扩充，连同三湖河及绥东各区，以今日视之，能垦之土地可增至一千万亩，足供三百万人之需（水之供给须依第三十六条所定）。宁绥平原西依贺兰，北枕阴山，为国防之重地。屯兵实边，垦田资粮，实目前所最需。以黄河治理论，其重要性不下于下游之防患也。

（46）宁绥沿河地势较平，改进航运将需以调整河槽方法为之。惟就目前需要言之，改善航道与修筑铁路两者孰为最宜，应先作一比较研究然后决定。

〔说明〕宁绥河道极似下游，泥沙浮动，河槽迁徙，难以行舟，以现代化眼光评之，与兰中段等，直可谓之为不通航。利航之策，或用约束河槽之法，或另辟平行运河，皆无不可。惟此策之行，开办用费，相当庞大，维持之费，年需亦属不赀。以今日之经济情况衡之，是否有利，尚有疑问。或有建议利用灌溉渠道兼供通航者，以规模较小，似亦不适现代之需要。今日铁路已自北平达包头，崇山峻岭，大都过去。再续展修，地辄平坦，筑路工事当不太难。惟以渠道纵横，桥梁不免稍多耳。如修筑铁路之计划，果能自包头而达宁夏省城，大体与黄河平行，或较整理航道为省，且可完成较快。此路果成，则可以之供给近年运输之用。至必要时，再逐渐开发其航运。惟闻修路计划有自包头渡河穿伊盟而直达吴忠堡之说，为费省计或应尔也，然其经济价值如何，则不无疑问，是应提请研究。果然宁绥平原之交通，将惟水运是赖，航行之改善，又应加以研究矣。

（47）河自托克托之河口镇入峡，至韩城之龙门出峡，两岸人烟稀少，几不通航。倘于龙门上之石门一带筑坝高一百五十至二百公尺，更于其上游建坝二处，即可将全段化为三湖。其最大利用为陕晋高原之抽水灌溉，次为电力之开发与航运之便利。又以接近下游，并有拦洪防决之效。故此段亦为多目标计划之良好区域。

〔说明〕世人多以壶口为筑坝蓄水之良址，实则地质与地势皆不适当。龙门山岭环抱，形同蟹螯，河流至此，束缩甚窄，卒然视之，宜若可用，然以两岸石多断层，且高度不足，亦仍不宜。惟再上由马王庙迄石门一带，筑坝始觉可能。据履勘所见，两岸峭壁耸立，西岸高可一百至一百五十公尺，东岸高可一百五十至二百公尺，至石门高约一百公尺。东西岸距，上下不一，在石门附近者，约一百公尺，其余各处二百至三百公尺。地质为奥陶纪石灰岩，厚度或可至五百公尺，上覆石灰二叠纪煤系。在龙门附近之石灰岩，高出水面二百公尺。因知于此一带筑坝，似尚可行。河口镇至龙门间落差约为四百五十公尺，若于其上更筑二坝，则全段之水头及储量可以尽用矣。此段接近下游，人烟稠密，物产丰富，故经济价值最为重大。坝成之后可以抽水灌陕晋高原之田，其电力可以传送于沿海工商之区，并成为南北交通之干线，以联络平绥与陇海两铁路。而陕晋之交又常为暴雨中心，故每生为患之暴洪。例如，三十一年❶陕县最大流量为两万九千秒立方公尺。据推算其来自包头龙门者达二万零九百秒立方公尺。故

坝成之后，必可控制下游洪水之一部，以减其祸患。龙门交通便利，且附近产煤，接近农田与平原，开展极易，故宜提早研究举办。

（48）关中现有灌溉工事甚多，惟已渐感水源不足，故蓄水问题必须积极研究。

〔说明〕关中灌溉采取直接自河引水，自动入渠之方式，并无节蓄水源之设备。以今日发展之程度观之，用此法灌溉，或已渐达饱和状态，故应作蓄水之研究。

（49）河在陕县孟津间位于山谷之中，且临近下游，故为建筑拦洪水库之优良区域。其筑坝之地址，应为陕县之三门及新安之八里胡同。惟如何计划以便防洪、发电、蓄水三者各得其当，如何分期兴建以使工事方面最为经济，应积极详细研究。

〔说明〕关于防洪之方法与讨论，将于"水之防范"各条详细言之。兹先择其与水之利用有关者加以讨论。设欲发展本段最大之水利效能，可于八里胡同筑坝，使回水仅及潼关，即能以控制下游水量于一万秒立方公尺以下，且可发生一百二十万马力以上之电力（此数量可于第三十六条订定后修正之）。若目前注意河防，而资金未能兼顾，可于八里胡同修一较低之坝，专节洪流而不及发电，或于三门峡修一坝，使回水不越潼关，亦可达防洪之目的。惟后之二者各有其优劣。八里胡同至陕县间为峡谷式，水库之容量较小。陕县潼关间较为宽阔，水库之容量较大。换言之，欲有同一容量之水库，八里胡同之坝须比陕县者较高，因坝增高工费亦增，此之谓八里胡同不如陕县。虽然八里胡同山谷窄狭，地质情况颇佳，此则又非陕县所能伦比。故真正之优劣，尤须作进一步之研究，始可鉴定之也。若就防洪与多目标之计划二者比较其经济，则以于八里胡同修一较高之坝为最适宜。盖三门与八里胡同间相距仅九十六公里，而落差则有一百四十公尺之巨，且两岸均甚荒寂，为发电之优良库址。此项资源绝不可听其荒废。是故若于三门先修一坝以事防洪，则将来仍必于八里胡同另修一坝专司发电。至若于八里胡同先修一较低之坝以事防洪，设事先此坝未准备加高，将来亦必另修一坝于三门，或重建八里胡同较高之坝。此等设施似皆欠允当。故应于决定之先，作详密之研究。其最严重之问题，当为水库之寿命。惟此在泥沙冲积情形未作进一步研究之前，殊难下一判语。盖今日泥沙运输之分析与观测，尚未足以说明其实际情形与理论，故笔者曾有《黄河沙量质疑》一文论之。然所可断言者，以所争者为寿命之长短问题，其终必丧失蓄水效能，则无疑义。故欲防下游水患，必同时作泥沙之控制，并于上、中游及各支流兴建水库。如是则此坝之寿命可以延长。即失效用，亦可以其他工事调节水流，免为下游之害。而本工程虽失防洪之效，尚可借水头落差以发电。因上、中游及各支流之水有调节，枯水流量必增，于发电亦属有利。

（50）库之回水影响，不宜使潼关水位增高。

〔说明〕尝闻日人曾有计划，欲于陕县筑坝，使回水西至临潼，北逾韩城，构成水库容量达四百亿立方公尺，以之容纳全年之流量，借此以供调节水流之需，及发生最大电量之用，虽淹没二百万亩之良田弗惜也。此一主张，正确与否，吾人应以本国人之立场计算其得失，熟权自身之利害，不可盲目景从。盖淹没关中二百万万亩❶之良田，无异使百万同胞丧失其养命之源。以若此之重大代价换得多少电力，其得失比较如何，势不能不深加考虑。故笔者之意，不欲使潼关水位增高，且不愿蓄水过于集中。笔者每拟以八里胡同水库节蓄龙门以下各支之水，河口镇龙门间各库节蓄龙门以上之水，意盖此也。惟是否即是，亦需进一步之研究与更详之讨论方可判定。此可于各项资料补充后为之。

（51）黄河下游，雨量缺乏，以河水大多高于平地，可开闸引水灌溉。

〔说明〕下游可溉之面积颇广，当第二十一条工作完成以后，辄可确切拟具其施灌之计划，惟灌溉面积恐将为水量所限耳。

（52）黄河下游两岸，盐碱之地甚多，荒废不毛。应利用河水灌淤，并配合排水系统，引水洗碱。

〔说明〕灌淤于洪水时为之，故不虞水量之不足。灌淤之区域已

---

❶此处似有误，应为二百万亩（再版编者注）。

经初步调查者，为鲁省沿河两岸及豫省南岸。此法在靖远行之已有成效，因知确为改良土壤之有力方法。

（53）下游航行之利，素不甚大，轮船行驶，全不可能。应先配合防洪之需要，以整理其河槽，继之即谋低水槽之调整，以期航运之逐期发展。

五、水之防范

（54）黄河下游为水患最多之区，亦河患特别严重之地，其治理目标，应列防洪为首要。

（55）黄河上、中游之水患，在过去及现在，范围均尚不大，灾情亦较轻微。但若干年后，可能因经济建设，人烟日密，财富日增，而渐感严重。故其计划，应参酌目前情形及未来之发展为之。

（56）防洪一事虽含有减灾之性质，但不能视为纯粹之慈善或振济问题，应顾到其于经济方面之关系。

〔说明〕防洪不应以决口能堵为已足，而应以预防免决为职责。故不应徒事善后之救济，而必须预有设施，以保其安全。此安全之设施，必不可以不计其利，而无限付出代价，必须有一适当之标准，此项标准何以拟定？则纯粹为一经济之问题。

（57）防洪之规划应勿拘于局部之利害，并应破除地域之观念，总以着眼大处为第一要义。

（58）政府举办防洪工程，其工料应按照市价给值。

（59）洪水防范与否，水患避免与否，其利害关系不仅限于临近之少数县份，更不只在于滨河之少数村镇，故不宜使此区域为防河之事而担负过重之义务。

（60）兰州为西北重镇，近年亦数受水患，应择其以上适当地点筑坝为库，以事节蓄，或配合其他需要合并办理之。

〔说明〕若有十亿立方公尺之水库容量，即足以控制兰州流量于四千秒立方公尺以下。

（61）绥远已数受水灾之威胁，救济之道，应以减低洪峰为首要。此一问题可于兰中段筑坝时统筹规划，合并解决。又河套平原，素为河槽迁徙之场，与下游之情形颇多仿佛，此段之治理，应着重控制冲积，巩固滩岸，改善河槽诸端，以免重蹈下游之故辙。

（62）韩城朝邑一带，亦时有水患。此于龙门以上水库筑成后，可以完全免除，但河槽之固定工作在本段仍有必要。

（63）陕县孟津间水库筑成后，可以节制洪水至一万或八千秒立方公尺以下，应视为下游防洪之有效办法。

（64）水库之有效年龄，本有限定，益以黄河挟沙过巨，淤淀较速，其寿命乃愈短。惟吾人在工程失效之前必有其他办法以补救之，于工程失效之后，更可利用以作他种生产事业。

〔说明〕参阅第四十九条说明。

（65）郑县及兰封南岸，原武及开封北岸，与长清或济阳北岸等处，可否开辟泄洪道，应分别研究并考其利弊。

〔说明〕黄河在洪涨期内足致水患之流量，并非过巨。倘于下游觅有可作分泄之道，以分其流，亦有减消洪峰之作用。关于可能开辟泄洪水道之地点，据目前情形观察，当不外以下数处：自郑县南岸花园口分流，使循抗战时期之泛区，沿贾鲁河、沙河以入淮河；自兰封南岸分流，使循咸丰以前故道，经徐州以入淮河；自原武北岸分流，使入于卫河；自开封陈桥北岸分流，使绕金堤入山东，再由陶城埠回归正河；自长清或济阳北岸分流，使入徒骇河。凡此所举，或为昔年故道，或曾决口漫流，就地势言，都颇有可能。惟实行计划之时，仍应作进一步之研究，并注意其地点之效能，盖以如在郑县附近，则洪峰分泄外流之率必甚大，若在豫冀之交界或更偏下，则其效能减低。分泄之道，究应采取一处或兼采数处，亦应切实研究，再行决定。再者分流之量愈多，工程愈大，费用自增，损害亦重，分流与节流究竟孰省孰费，应当何去何从，或两者兼用，如何分配节流、分流之量最为有利，均非臆测所能做到。故可与水库计划作一比较研究。

（66）鲁省民埝大堤间之蓄水及落淤计划，应加以研究，并期早日实现。更应扩大此种设施，沿河修造重堤或复堤，以使河岸日固，土地增肥，洪水有容。

〔说明〕昔日所修之双层堤，意在内堤决后，尚有第二防线。实则内堤一决，外堤亦难幸免，此非双堤之不可用，乃用之未得其道耳。今若以两堤之间作节蓄洪水之所，以之蓄洪兼供落淤，则两得其利矣。放水之时间，不必固定，亦非每年必须为之，仅高于某种水位时放入可也。放入之水，可俟正河水落，再开下口泄入正河。因水有泄路，停不过久，故亦无碍于种麦。惟此项办法，事属初创，百姓闻之，或兹疑虑，实行之始，或多窒碍，亟应选一适当地点先作试验，试验成功，再行推广。其向为单堤之处，并应先行增修其堤层，以为灌淤之准备。

（67）黄河之堤身，应依土质、堤距、环境等情形，及其他之需要，分别规定其标准断面，同时研究拟具保护之方法，以为修整堤防之依据。

〔说明〕据统计，陕县黄河流量达一万秒立方公尺时，下游河堤决口之可能率为百分之七十五；但在三千或五千秒立方公尺时，河堤之决，亦每有不免。由是可知仅赖水库或分流，下游河堤仍不足以保持安全。此系由于堤身之脆弱，堤线之失宜，故应加以修整，并使之强固一律。修整之标准，假设配合第六十三条之计划，则应以安全排泄郑县一万秒立方公尺之流量为限，或更配合第六十五条而定其限度。若仅以堤为防洪之具，则应以安全排泄郑县二万二千秒立方公尺为初步之标准。至于防护之不周或失当，亦为决口之重大原因，应并予筹划改善之。

（68）堤线之调整，应分步为之，初步之调整，应先择特别突出之"险工"，使之后移；转弯突锐之处，使之和缓；堤距过狭之处，使之放宽，当其他防洪工程进至相当阶段时，再作束窄堤距之图。

〔说明〕下游堤距宽广之处，颇有储蓄洪水功能，此可由陕县、高村、泺口三处洪水流量之大小悬殊证明之，初期修整不可贸然束窄。当郑县洪流控制至一万秒立方公尺时，豫省之堤距，可依之调整，但不可将旧堤全然废弃，可参照第六十六条办理。郑县以下鲜有支流，洪水峰必能逐渐延长其时间，而减低其高度。迨至鲁省当可比郑县为小，但此项洪流前进之推算，必须审慎为之，且应视为必须研究之重要课题之一。

（69）上、中游各工程建设以后，下游水流涨落情形，必与今日不同，换言之，即其变化必不如现在之突兀。届时下游之河槽控制，当亦比较容易。但为目前计，可备一平时河槽及洪水河槽。

〔说明〕黄河洪水之发生，时间均在七、八、九这三个月中，余时皆在四千秒立方公尺以下，故可暂时维持复式河槽。

（70）低水就范，则航运称便，洪水就范，则河患可除，故固定河槽一事，应视为今日之急要工作。而固定之法尤宜即行着手研究，并选择适当河段早日试行。

（71）黄河下游之水道，过度之弯曲尚少，应就其最严重者整理之，不可过事更张。

（72）护岸工程可先采取点之控制，其后逐渐扩充，而及于线之控制。

〔说明〕护岸工程如采用连续铺筑法，即凡属险工地段皆连续铺筑，不少间断，其护岸之效固属最大，且可资以利航，但所费太巨，恐非一时所能做到，故初期改善宜采用石质坝埽先以点控制之。坝埽之缺点固亦甚多，然若能使距离适当，建筑得宜，功效亦颇可观。

（73）秸埽能速成而不能经久，故仅可于紧急时用之，不可以为经常护岸之法。

〔说明〕在有他种方法替代前，秸埽决不可废，但须切记此非安全满意之护岸方法，应逐步以更有效之方法代替之。

（74）防洪料物之供应，多以水运是赖。惟以河槽不定，水浅多滩，船只行驶，多有困难，运输之量，实不能适应需要。航运之调整，最低限度可能对于防洪大有裨益。故治理下游河槽应兼及于此。

（75）利津以下河无正槽，虽以人烟稀少，不感其患，但现有淤田三百万亩，如能加以整理，则生产所得，颇可资治河之用。且可于此段依理想而拟订其计划，以为治理下游之模型。

六、其他

（76）治河之准备工作除工程计划外，尚有人才与料具二者，故对于工人及技师之训练补充、料具之制造储备，均应列入总计划及五年计划之中。

（77）治河虽为生产建设事业，但欲开其端，则有赖于资金之推动，筹措方法及年度预算皆应列于计划之中。

（78）治河基本方策及计划之草拟，固可由指定机关负责，然最后之核议，则应邀集有关及热心人士共同参酌研究拟定之。

（79）治河机关之权限，及研究之组织，均应扩大。

（80）治河工作应视为经济建设之一重要部门，其准备及实施均应及早进行。

论黄河治本

（一九四九年八月二十一日）

　　论黄河治本，就先说明治本之含义。世有视治本与治标之治河方法为对立者，如每谓下游之治理属标，上游之治理属本；临时性工程属标，永久性工程属本；关系局部之治理属标，关系整体之治理属本；又或以头痛医头、脚痛医脚者属标，根治病源者属本，等等。似均有不妥之处。盖以局部与整体互为关联，临时性与永久性工程相辅为用者也，又何可绝对相分。然或以目睹旧时代遗留下来之黄河烂摊子，大有百废待举之势，由于望治心切，辄有以治河有无治本之策相询者。固知其非欲推敲治本之名辞，而深以不满现状，欲求解决之方耳。因为文作答。

　　黄河治本之策为"掌握五百亿公方（立方米，下同）之水流，使其能有最惠之利用，为最低之祸患耳"！欲达此目的，不论工程之在上游与下游、临时与永久、局部与整体、治标与根除，但须有最适当之配合，而又能最合乎安全、适用、简单与经济之条件。综合此一切有关之工程，统称之为掌握五百亿公方水流之措施。有无可能，愿申论之。

　　五百亿公方之水流，为黄河在陕县全年下泄之平均流量。惟流量之变化，在一年之各季中极不均匀。大体言之，每年以十二月或一月为最小，其升降变化亦少。三、四月间，雪山解冻，流量增加。五月间复现低水，常有小于冬季者。七、八月为雨季，最大流量出现，而水流之升降迅速，变化亦大。九、十月雨量渐小，然常遇连绵霪雨，且以土壤中饱含水分，洪流亦可能再现。惟自十月下旬，水即消落。今仍以陕县水流为例，一九四二年八月最大流量为二万九千秒公方，一九二七年一月最小流量为一百五十秒公方。二者相比为一百九十三对一。由此可见，黄河高低水流相差之大，并足以说明自然形态之水流难得利用，而为害且甚也。

水之利用，约言之可分四种，即灌田、利运、发电与工业、生活供水。欲利河水以灌田，则必于农产需水之时有充足之水流，始可得较大之利用。而黄河大水之时适为多雨之季，余时水流低落。是以自晚秋以至来年初夏，可用之水颇少。如以数字说明，今特统计黄河在陕县二十七年（一九一九年至一九四五年）之水文记载，说明流量按月分布之情况。表一为各月流量占全年流量百分数之平均值。

表一　各月流量占全年流量百分数之平均值

月份	一月	二月	三月	四月	五月	六月	七月
百分数	2.99	3.30	5.04	5.02	5.28	6.69	13.95

月份	八月	九月	十月	十一月	十二月	全年	
百分数	18.93	15.20	13.13	7.11	3.36	100	

七、八、九、十这四个月之水流占全年者百分之六十一点二一。约言之，以全年三分之一之时间，得全年三分之二之水流也。在此时期虽植物繁茂，而正值多雨之时，农田需水较少。流水如逝，多无可用。迨夫田野干旱，又当河水枯涸之时，无多可用。是故欲得灌田较大之利用，必须掌握全年之水流，听候调遣，使多者蓄之，涸时济之。

再则，一般天然河道，最利航运之季为中水之时。洪水时期，水流汹涌湍急，率多停航。低水时期，沙滩横生拦阻，载重难行。是故航运对于水流所要求之调节，又与灌田者不同。换言之，河槽之内须有经常不断之最惠水流，俾四季可以畅行无阻也（工业、生活供水的要求亦略同此）。然非一般天然河道之所常能者，是则又有赖于施以掌握之工具矣。然以黄河之总流量较少，而下游又为冲积平原，滩浅散漫，若仅事掌握水流，尚不能达利运之最大效能，故又须从事河道之调整。换言之，尚须掌握河槽，听人指使，不令其任意变动也（阅者对上称黄河之总流量较少，幸勿误解。盖以黄河流域七十七万平方公里，年平均总流量仅五百亿公方，实不为多。而黄河为患之一因为洪峰特高，且又升降变化倏忽，请参阅下文。苟将来水利大兴，必又感黄河水之不足分配也）。

欲利河水发电，最惠之水流为四季相同。此点亦与利运所需者颇相似。盖以发电之多寡与流量成正比。而水轮机之最大效率又有一定限度，苟水流变化不常，效率减低，甚为不利。且供电出售最贵均衡，否则难得最大的利用。关于发电一项，除掌握水流之外，又须兼顾河势。盖以发电量之多寡又因水头而变也。所谓水头，即水面降落之多寡。解说水头之显明事例为瀑布，如瀑布落十公尺，即称其水头为十公尺，落二十公尺，则称其水头为二十公尺。近代发电之法，多为人造水头，即于河中筑坝，拦水抬高，则可利用。然河道之形势不一，地质的构造不同，各项利用水之要求又须兼筹，施工之条件亦须并顾，未必尽能获得发电最有利之因素。是以如何善用河道每尺下降之坡度，俾发最大之电量，则又在于善为掌握之也。

黄河下游为患之自然原因之一，为汛期洪峰猛涨，而水流之变化倏忽，且大小悬殊。约言之，冬季水小，难以维持适当之河道，迨水流高涨，河势遂改，险工与平工时有变迁，防守困难。历年决口常在平工，盖由是也。至于所谓升降倏忽者，乃指洪峰之来也突兀，去也倏忽。洪水来时漫滩薄堤，淘底冲岸；去时底尚未淤，而水面骤落，岸边犹湿，又失去顶托壅靠之力，于是淘根坍岸，险象环生。即一般所称之险工在落水也。当然，洪峰过高，流量过大，河槽难容，因而漫溢者亦所常见。是故每论为涨为落皆属危险。欲防漫溢与溃决之危害，必须掌握水流，使之储泄得宜。当洪水之涨也，则节储之，或分泄之，如是则下游河道之最大水流，可在安全限度以内。再于此限度以内，从事下游河道之整理与堤防之修筑、加固，再辅人工的修守，则水患可除矣。

谈未竟而客已不耐，频以泥沙问题相询。是亦诚为黄河危害下游之又一自然原因，是关系到广大黄土高原的治理问题，是采取综合措施进行保护与治理的问题。但与治理黄河有密切的关系，故又为治河者所特别关心。

黄河含沙量之高，是远非世界各大河所可比拟者。今仍以陕县水文站观测结果为例。根据十五年（一九三〇年至一九四四年）的观测结果，平均每年输送泥沙约为十九亿公吨。今仍以年平均流量为五百亿公方计，平均含沙量为每公方水流三十八公斤。今再将十五年间各月占全年输沙总量之平均百分数，列如表二。

表二　十五年间各月占全年输沙总量之平均百分数

月份	一月	二月	三月	四月	五月	六月	七月
百分数	0.82	0.98	1.74	1.65	1.93	4.56	18.66
月份	八月	九月	十月	十一月	十二月	全年	
百分数	39.86	16.16	9.46	3.03	0.97	100	

由表二可见，七、八、九这三个月之输沙量占全年者百分之七十四点六八；以全年四分之一之时间，约输四分之三之泥沙。七、八、九、十这四个月之输沙量占全年者百分之八十四点一四；以全年三分之一之时间，约输六分之五之泥沙。可见，沙之来量主要在伏、秋汛期。

泥沙之主要来源为何？以包头站五年（一九三六年与一九三七年，一九四一年至一九四三年）之统计言之，平均每年来沙量约为二点二亿公吨。其量仅当陕县者百分之十一点六。可知下游泥沙之来量，主要在托克托以下。龙门站五年之统计，平均每年来沙量约为十一亿公吨，约当陕县者百分之五十七点九。潼关站五年之统计，平均每年来沙量约为十二亿公吨，约当陕县者百分之六十三点二。泥沙主要为黄土高原冲蚀而来。治理之法端赖水土保持。已设有水土保持试验站三处，从事观测研究。至于有关多沙河流冲积之规律，则尚有待研究。

然则水流之来源为何？今先论洪水。一九四二年陕县站之最大流量为二万九千秒公方，其百分之七十五来自包头至龙门一带（流域面积为十六万三千八百平方公里），而来自包头站以上者仅占百分之七点二。一九三三年陕县站最大流量为二万二千六百秒公方，其百分之七十二来自泾、洛、渭地区（流域面积为十三万六千八百平方公里），而来自包头站以上者仅占百分之九点七。一九三七年陕县站最大流量为一万六千五百秒公方，其百分之五十二来自潼关至陕县一带（流域面积五万四千平方公里。惟根据一九四九年洪水之研究，推测一九三七年潼关站之记载或有错误，可存疑），而来自包头站以上者仅占百分之十六。一九三五年陕县站最大流量为一万八千二百六十秒公方，其来自上述三流域面积者约相等，而来自包头站以上者仅占百分之九。更就包头站九年间之水文统计言，包头站之最大流量在一九四三年七月二十四日，为四千三百一十秒公方。其涨水时期，又不与其他流域者相遭遇。由此可见，下游之水患，受托克托以上流域水流之影响无几。

然托克托以上之水流，对于下游洪水之供给虽属微鲜，而对于下游全年水量的接济，则极丰盛，使下游冬季不涸，中水得济，利莫大焉。今就沿河各站平均之全年总流量，择要列如表三，可见皋兰水流对于全河之重要性。

表三　沿河各站平均之全年总流量

水文站名	皋兰	包头	龙门	潼关	陕县	泺口
统计之年数	6	9	4	4	27	9
全年平均流量（秒公方）	1 071	858	1 356	1 672	1 357	1 562
全年总流量（亿公方）	338.90	271.94	429.31	529.46	429.91	494.47

陕县水文站记载起自一九一九年，初数年间之水流较低，近几年者较高。其原因尚待研究。若以自一九三三年至一九四三年间十一年之统计论，其平均全年总流量当为五百二十二亿公方。其他各站，除泺口站之记载起于一九一九年，三年后即中断外，余多起自近年，如皋兰站起自一九三八年，包头、龙门、潼关各站皆起自一九三四年。今若以陕县站近十一年的平均全年总流量与其各站相比，则皋兰站占陕县站者百分之六十五，包头站占陕县站者百分之五十二（二者之差可能由于河套地区引水灌田之故）。可见，皋兰全年之来水量所占

全河流量的比重。若再按各站年内各月之平均流量统计，更可见皋兰站在冬季与夏初对于下游供水的重大作用。

黄河水流与泥沙的供应情况，既已略得梗概，则欲"掌握五百亿公方之水流"，应从何处入手，可以知之矣。今先以掌握为患下游之洪水论，则可于中游之托克托至孟津峡中修建水库，以节蓄洪水，使下游河道得有安全之泄量。苟有不能，再于下游作滞蓄或分泄之计划。亦可先提出各种方案，比较核定，以期得最合理之安排。至于下游河槽，则可求得适合之断面而固定之，则有赖于护岸与固堤之工事矣。

至于泥沙之控制，则有赖于黄土高原之治理。土壤冲蚀对于当地生产之危害，及其防治之办法，作者曾有《土壤之冲刷与控制》一书论之。此等工作不只与防治水患有关，且为保护黄土高原，增加农业生产之重要措施。治理之法，约略言之，为对土地之善于利用。农作、草原与森林三者，须按实际情况合理利用，不可唯农作是务。即务农之土地，亦须改良耕作方法，或修筑新式阶田。对于沟壑则可先行阻止其扩大，如修建临时性或永久性的土坝，渐而恢复其生产，如种草植树等。

以言兴利，则灌田、利运、发电与工业、生活用水，皆须先使水流有调节，则上、中游与各支流之水库尚矣。此等水库且可兼收防洪之效益，综合利用。高地之不能自流灌溉者，则可利用所发之电力提升之。河流之梯级开发又为利运创造条件。平川地区之利运工作，则须整治河槽，此又与防洪之固定河槽互为联系也。

至于掌握水流措施之计划，兴利除害各项措施之结合，则千头万绪，非本文之所能及，亦非作者所尽知也。然黄河确有此天赋之条件，并可能掌握此天赋之资源，则可预言。拙著《黄河治理纲要》曾略述之。今者各有关机关和关心人士所从事之计划与研究，类多属于黄河治本工作之全部或一部，亦国人所早欲得而解决之者。故特揭其梗概，布其远景，以为进一步研究与计划之参考耳。

总之，欲根治黄河，必具有各项工程计划与经济计划，及其配合之总计划，再按步逐年实施，始克有成。非可以一件工程便能奏效，亦非可以一劳而永逸者也。换言之，"治理黄河，应上、中、下三游统筹，本流与支流兼顾，以整个流域为对象，而防治其祸患，开发其资源，俾得安定社会，增加农产，便利交通，促进工业，因而改善人民之生活，并提高其文化之水准"。此黄河治本之原则也。

人民治河与"河督"治河

（一九四九年九月十九日）

我在一九四九年六月下旬到开封的时候，适当黄河水利委员会召集的防汛会议将要结束，听说今年的防汛任务是"保证陕县的黄河水流涨到一万六千秒公方时，下游大堤不使决口"。这使我十分惊奇、怀疑，同时也透露着一些希望。陕县设站观测黄河水流，已经三十年了，它涨落的变化和数量都有记录。一万六千秒公方的洪水流量之高，差不多可以排在第四位。根据过去的决口统计，陕县流量涨到一万秒公方，下游大堤决口的可能性是百分之七十五。一万六千秒公方比一万秒公方高出了很多，怎敢有这样大胆的保证呢？况且黄河回归故道以后，才经过两个大汛，多年淤塞的河道、残破的堤防，又适在支援前线、解放战争正在积极进行的时候，会有这样大的人力、物力来治理修整吗？我很替这个诺言担心！

我逐渐地翻阅黄河的工作计划、报告和总结一类的文件，从这里我发现了许多新的事物、内容和精神，与旧的比起来，显得鲜明、活跃、有生气。所以，对治河也逐渐透露些希望。对于这些文件不只在翻阅，而是开始在学习了。可是从文字上的认识，究竟难以切实深刻，仅仅得到些概念而已。不久大汛到来，又经历了实际的情形，对于目前治河的情势，遂有了更进一步的认识。

七月上旬第一次涨水，陕县流量达七千秒公方，这时下游堤防仅有少数工程发生塌陷的现象。到了下旬，遇到第二次涨水，陕县流量到了一万五千四百秒公方。我认为考验的时候到了。自然，各处段亦都提高警觉，昼夜加工，可是又平平安安地过了。看到这样不惊慌不忙乱，而沉着应付的行动，大有游刃有余的气概，真的出乎意料。在以前像这样的大水，一定闹得天翻地覆，开封的人民亦不会安枕的。经过这次涨水，我对于黄河的看法不能不改变，不能不重新估计治河的力量。

这时候我们正在草拟明年的工作计划。山东省提出来明年防汛以泺口水流一万三千秒公方为目标，这是泺口一九三七年的最大记录，亦是自有观测以来的最大记录。平原省（在冀、鲁、豫交界，后撤销）认为明年防汛应该提高一步，要以陕县水流一万八千秒公方为目标，这是陕县最高记录的第三位。我很兴奋，这种积极负责的作风，给我很大的希望和鼓励。自从黄河有修防以来，虽然在理论上计划过，但从没有敢于提出这样坚决、进取的保证。这实在是黄河史上的新纪元，这是人民几千年的愿望。由于过去统治阶级的压迫、剥削、奴役和一次又一次的灾难，他们不敢起这个念头。只希望能减少些剥削和压迫，就满足了。稍微给一些剩余的，或要买人心的好处，人民就感到"皇恩浩荡"、"太平盛世"，哪敢还存着奢望？现在人民翻身做主了，他们可以表达出他们的愿望，亦真的就能自由地、勇敢地、努力地去实现这个愿望。不信吗？即刻又有了进一步的证明！

从八月下旬就阴天，虽然雨不急，可是下了二十几天，黄河的水逐渐地高涨起来。这次陕县的最大水，虽然还没有上次大，可是持续的时间很久。河南省的河槽很宽，可是到了平原省和山东省，堤距逐渐地缩短。这是黄河上畸形的堤防设施。若是陕县的水流倏涨倏落，那么，有些水滞积在河南段的河槽内，便减轻了下游的威胁。设若水流持续不降，这种作用就减轻，平原省和山东省就要危急了。这一次，陕县水流持续在一万秒公方以上的有一百小时，超过所有的记录，可以说是最持久的洪水。在五千秒公方流量以上的洪水总数为三十五亿公方，较之记录上最大的洪水总量之一九三三年的还高。所以说，这次的洪水峰虽不算最高，而一次涨水的洪水总量却是有记录以来最大的。泺口洪峰流量亦因之追上了一九三七年的记录。这一次考验是巨大的。仅只山东省寿张一带就出了三十几个漏洞，堤顶出水仅半公尺。于是单只平原省便有十二万群众、五千干部上堤。在风里雨里，不分昼夜地和黄河作了无情的斗争。虽然在寿张北岸的民埝和南岸梁山的民埝有两处决口，但终于获得了大堤防御的胜利，保全了数百万人民的生命财产。这在过去是不可能的！即使有这样多的群众上

堤，亦不可能有这些干部，亦只能是乌合之众，各人有各人的一条
心。在压迫强制和自私自利的个人本位之下，不可能有这样的成就。
现在人民觉悟了，大家抱在一块了，像救自己家的火一样的心情，千
百万人一齐干，哪有不能克服的事情？俗语说，"二人同心，其力断
金"。况且现在的千百万人呢！说他们有力量实现他们的愿望，还能
不信吗？反过来说，从前的决口多半是由于人为过失，能算是过分
吗？

　　人民治河与过去统治阶级治河是不同的。过去统治阶级治河，对
人民根本不负责任，除藉治河来达到升官发财、满足个人的欲望外，
真正为国家为人民的太少了，所谓一种最好的亦不过是抱着一种慈善
心怀，或者要买人心，来巩固自己的地位罢了。偶尔由于在这方面努
力的结果，有些许成绩，造成"盛世"，成为"能臣"，人民亦觉得
与自己无关，只不过是巩固了少数人的地位，满足了少数人的欲望而
已。而人民所付出代价，比惠益还多。所以，那时的治河只是少数人
的事、少数人的利益，是不能体现出人民伟大的力量的。所以，治河
几千年没进步，科学到中国几十年亦没进步，黄河下游地区解放才两
年就能有这样大的成就，这一个推转历史进步的巨轮的力量发动了！
停滞在睡梦中的千年古国因此有了新生！

　　我愿再举几个实例，表示这个伟大的力量。一九四八年的春天，
胶济铁路还没打通，黄河上亦不断有骚扰。仅山东省济阳县以下的沿
河十县（内有新建县二）春修工作，就超出了山东全境解放前五年
工作的几倍。据山东省河务局的报告：总计修筑各种土工一百六十一
处，用土约二百六十万方（一百立方尺，下同）（一九三九年至一九
四一年，以及一九四四年至一九四五年等五年山东全境的工作，仅当
此百分之十二）；共修各种秸埽三百一十八段，连同备防料物，共计
秸苇柳枝四千四百万斤（前五年山东全境的工作当此百分之四十）；
共修砖石坝三百一十七段，连同备防料物，共计砖石八万方（前五
年山东全境的工作当此百分之七十八）；用民工一千三百四十万个，
技术工十二万五千个。共计花费用粮四千六百五十万斤（前五年山
东全境的花费用粮当此百分之六十三）。而这一段的河长不及二百公

里，还不到以前山东全境河道长四百五十公里的一半。严格说来，括号内的百分数都应该减半，才是正确的比较。又据黄河水利委员会的统计，山东、平原两省共用土约三百万公方，砖石约五十五万公方，秸柳约两万万斤，和以前的就更不能成比例了。可是，在这样的艰苦情况下，这些成就从哪里来的？山东河务局在一九四八年春修堤工总结里告诉我们："甚至直到今年四月初，沿河干部和群众，对于我们究竟在大汛前能否应付工程的紧急需要，还是抱着很大忧虑。下游特别是蒲台，需要极大的土方工程，但黄河南岸的人力不敷分配；全河需要巨大数量的砖石料，但我们除了几座小窑外，没有任何砖石产源；下游需要大批粮食，但因蒋灾和天灾，下游粮食已告枯竭，必须由上游杨忠县运送工粮；而这时还正当胶济线进入决战，敌机不断袭扰我黄河上的交通，西部沿河更经常在敌人攻击的威胁下。这些条件给予工程以几乎不可克服的困难。但当四月治黄会议上，区党委、行署了解了全部情况，并在华东局、省政府同意下，做出坚决的决定后，全区的力量，便迅速动员组织起来，沿河各县的献砖献石、义务运输、突击材料运动展开了；二期工程在'天下农民是一家'的口号下，外区治黄的远征军组织起来，参加突击，治黄工程在空前规模的群众性运动下，仅在短短两个月间，便全部改观。在区党委、行署的号召下，济阳县党政干部领导着群众在对岸敌人碉堡的火力下，在敌机经常袭扰、民工及大车牲口时有死伤的情况下，英勇地突击完成十二万公方土的工程，献运六千公方石料，解决了全部工程的需要……。河北吴桥、东光、振华及山东阳信、无棣等五县组织了一万七千余人的治黄远征军……。"这一切不必再多引了。看出来这力量是从哪里来的了吧！其他各段的例子，亦不必再列举了。

无论是修堤或防汛，都是依靠人民的力量，要想发动这一伟大的力量，基本上在于党的领导、发动群众、组织群众，广泛深入地进行政治动员，使群众明白为谁工作，将治河和自救连在一起，自愿自觉地参加工作。只有这样才能保持着饱满情绪，并且必须给群众解决具体的困难，利用农暇，组织互助，照顾到农业生产和家庭生活，特别困难的可以先借给一些粮食，使民工能安心在堤上工作。生产是群众的基本利益，必须解除治河与生产的矛盾，并规定合理的工资制度，按件给资，多做多得。规定公平的分工办法，由群众酝酿讨论，快做快完。再则，对于工具帮助着准备好，使人力和工具得到适当的配合。并在技术上以适当的领导，以群众教育群众，发扬群众的创造性。这样，工具、技术结合着饱满的情绪，工作效率就要大为提高，群众的力量才能合理地发挥出来。

治河工作是通过组织群众、教育群众来进行的，是一个有组织的群众性的工作。拿河南省和平原省一九四九年的防汛来说明。除黄河水利委员会和三省河务局以下的各修防处和工程队外，沿河各县，皆设立防汛指挥部，专事处理防汛事宜，由县长任指挥长，修防段长任副指挥长，县委书记任政委；段界跨两县者，正副段长分任两县指挥长；下设三股办事。沿河各区设立防汛指挥站，原则上以十华里设一个，由区级派一较强的干部任指挥长。村级防汛，由村干指定专人负责。长期防汛员以庵或堤屋为单位，按水流上涨的情形，每庵由一人可增至十二人。危急时，总动员上堤严防。临时防汛员，就是防汛区的自卫队员，平时在家生产，遇水涨临时上堤。这是一个非常严密而负责的组织。经过今年大汛的考验，这个组织确实发挥了极大的作用。

以上是人民修堤和防汛的概况，和以往对照是大不相同的。姑且不说思想上的差别，单就办法来讲，从前征工是由统治者强迫的，民工的吃食是先由人民分摊的。到了完工几个月后，政府才将经费发下来。美其名曰按工给值，但是，由于民工没有组织和工作经验，五个民工亦当不了一个包工的能力。就是在作工期间发钱，亦是不够吃的。况且又在几个月以后发放，人民早散了，哪里会跑几十里路再来取款？多半是由县的负责人代领。这些钱究竟能不能发到人民手里，或能得到多少，是天晓得的。所以，一般治河居民的印象是，向来出夫修堤而没拿过钱。征调来了，就是应差，强迫的、被动的工作，和自己不发生什么关系。再加以那时统治者办事，敷衍塞责，偷工减料，贪污腐化，打骂民工，还能说到什么工作情绪和效率吗？

由于现在的干部对人民负责，工作的学习和检讨，便成为治河的有力武器。治河本来是技术性的工作，不是生手能干的。但是由于加强了学习，几年里就造就了许多人才。又由于对工作时加总结检讨，工作效率亦大为提高。总结文件中关于这类的经验教训最多。我佩服那种细心而有耐性的钻研精神，那种一丝不苟、抓住中心问题、力求解决的研讨精神。这和过去的官僚治河是绝不相同的。这些总结性的文件都涉及一些具体问题，说来琐碎。还是略举山东河务局一九四八年总结中的一二例吧。这一总结分"土工"与"埽坝"两大部分。其中，关于土工的又有四项，而第一项是"怎样布置工程"。在这一项里又分三节，第一节是"地方上如何动员准备"。在这一节下又分为三目，第一目是"怎样解决治河与生产的矛盾"。在这一目里列举了八种方法，并分别加以评论和探讨，认为其中两种办法为好，加以推行。这里仅单就这一目摘要说明，以示全豹。

这一目的第一种是"垦利县的全民出夫办法"。他们统一集中力量，农忙时搞生产，农隙时全部投入治黄。把分配的工作分期办完。第二种是"吴桥、振华等县的分组出工办法"。各庄分为小组，出工的保证完成任务回家，在家的保证帮助生产。第三种是"高苑、青城的人七地三的负担办法"。雇工代出工的人作生产，开支由全村按人七地三负担。第四种是"预先教育动员，自愿报名的办法"。第五种是"照民工单轮流出夫"。第六种是"抓阄办法"。第七种是"凑钱雇工"。第八种是"全村轮流换夫办法"，有的是三天一换。从以上各种办法分析研究而得的结论是：第一、二两种办法确能解决生产问题。第一种办法更适于沿河工大的县份。第二种办法适合于距河较远的县份。第三、四、五、六、七种办法，都未能将治黄与生产的矛盾更明确地解决。第八种是最不好的办法，公私两不利。它的缺点是：一、思想难掌握，因此质量难保证。二、抱着"干不干，四斤半，第三天，回家转"的思想，工作效率低。三、来往费时，浪费人力极大。这样分条别目地研讨，替人民解决重大的具体问题，是何等深入细致！

现在再举一个例子。这是上述"土工"第三项的"怎样贯彻工资政策"。其中第三节是"贯彻工资政策中间，如何打通干部及群众间思想障碍"。第三节的第一目是"如何打通干部的思想"。认为干部在思想上有四种障碍须得解决：一、干部偏听反映，不了解真正群众要求。例如，提出"多劳多得"的口号后，滑头破坏说："咱是一家人，不算这个账，谁多谁少，大家老少爷们，不在乎。"干部常认为是群众意见。二、干部思想麻痹自满。例如，只看到积极的，抬土多的，认为这是一般情况。三、片面群众观点，认为群众已经很辛苦，还能把人家累死吗？四、怕麻烦，不愿天天算账。于是就针对这些障碍，提出了打通的办法。第三节的第二目是"如何打通群众思想"。群众在思想上主要有三种情况：一、对工资是否够吃，有顾虑。二、认为治黄是支差任务，不想得粮。三、老实人埋头苦干的苦闷，觉得有些人偷懒，不得早回家。针对这些思想，则利用算账办法，按工给值，并推行立功运动。思想打通后，对于工资政策，大家十分拥护，说："实行这个办法，能早回家三天。"

其他的例子不必再引了。干部这样认真地为人民解决问题，这和从前统治阶级与人民站在对立面上，是绝然不同的。

现在再举一个检查错误与缺点的例子。一九四八年，河南、平原两省的总结，在总的估计中，于说出了成绩和优点以后，就提出了错误与缺点，并于每一项下举出实例和数字。现只就结语记在下边：一、在作风方面我们存在着严重的毛病，就是在决定或编制工作计划时，不调查，不研究，常常是主观地、盲目地提出了要求，决定了计划。二、在我们各级组织中，普遍地存在着无政府、无纪律、松懈废弛的现象。其根源是缺乏整体观念、组织观念，从个人出发，从本位和地方主义出发，把自己管理的地方，当作一个独立国，事前不请示，事后不报告。三、对全河员工政治教育与学习，各级领导十分疏忽。四、对黄河善决的特性认识上还是很模糊的，不了解黄河是一个几千年不驯服的怪物，在思想上常常产生麻痹与幻想。最后说："我们革命的战士，在共产党领导下，从来不隐蔽我们的缺点和错误，而且敢于无情地揭发，逐渐从我们思想上、行动上驱逐错误的思想，使我们走向更光明的道路。"

这种无情地揭发、勇敢地认错，是封建统治阶级所不敢为的。他们的一切是虚伪的、欺骗的，他们完全是自私自利的个人主义。现在领导群众的是群众的一分子，从群众中来，到群众中去，全心全意为人民服务。而广大群众亦认识了自己的地位，翻身了，变成为主人。因之，便觉得一切事物都与他们是休戚相关、苦乐与共的。他们集体地生活、集体地工作，上下团结一致，处处都在表现着一种不可战胜的伟大力量。这便是人民治河与"河督"❶治河的一个明显的对比。

---

❶"河督"是河道总督的简称，是明代和清代治河的官名。这里代表旧日治河的统治阶级。

黄河河槽冲积的变化❶

（一九四九年九月二十六日）

　　黄河下游河槽善变为其特性之一，亦其为患主要原因之一。针对这点，几年前就提出了"固定河槽"的建议。只是固定的对象是低水河槽、中水河槽，抑或洪水河槽，各家的意见颇不一致，所以迄今还没有具体的定论。后来屡次提出了固定主槽的建议。不管固定的对象怎样，对于必须固定河槽一点，是大家所公认的。这亦就是公认了河槽冲积变化的严重性。为了防备平工忽然变险、免生意外，在河槽未固定以前，对于它冲积变化的认识，仍然十分需要。所以，今年黄河水利委员会勘测组根据各处段河势的变化和实地的调查，提出了河势变化预见性的报告，以为修防的参考，并作为讨论倡导，这是很好的。不过，我们还处于凭经验作判断的阶段，还没有提高到理论认识的水平。我亦在初步学习，愿相与共同研究。

　　预测任何变化，都必须有事实和理论的根据。至于预测的准确程度，亦要以对于它了解的程度和判断的能力而定。现在对于河槽的变化虽然已经引起各国水工界的注意，并且把这部学问定名为"河象学"（英文名为 Potamology，现在还没适当译名，姑暂定之），想从模型试验，作为初步研究。黄河既然是个善变的河道，自然这门学问对我们更为需要。可是，它还正在发展，对于我们的帮助还不多。所以，对河槽变化的预测，当然还难以十分准确。黄河是变迁严重的河道，若能从研究中得些成果，对于这部学问亦必定有很大的贡献。所以，预测虽难以准确，而这个努力则是有重大意义的。

　　在说明我的意见以前，愿先提出几件事实。一般说来，黄河下游出山以后，在河南段的河槽比较顺直而宽浅（《黄河下游治理计划》

❶ 这是一篇讲话稿。

载：豫境河道主槽平均宽度为二千零三十公尺，平槽流量为二千二百
一十六至三千九百一十九秒公方）。山东段的河槽比较弯曲而窄深
（同上计划载：鲁境河道主槽比较整齐一致，宽度为三百至七百公
尺，平均为五百七十七公尺，而平槽流量为四千零五十三至五千三百
秒公方）。这是偶然的事么？是黄河独有的现象么？有人说，山东段
的堤距过窄，又加以护岸挑流工程的设置，所以把河槽逼成这种现
象。查山东修堤是在铜瓦厢决口改道以后若干年的事情。修堤的大致
方向、位置能不顺着河的自然流势么？河的坐弯若是不到堤根，会先
修埽坝么？这些人为的因素，不能说对于河象的发展没影响，但不是
唯一因素，亦不起主导的作用。再则，山东的堤距虽较窄，总超过五
百公尺（一般堤距在二千公尺以上，黄花寺以上平均为五千公尺）。
为什么它只能维持五百公尺的河槽而不拓宽呢？三则，山东段的平均
比降较之河南段者为缓（中牟至董庄平均比降为五千五百分之一，
董庄至陶城埠者为七千二百分之一，陶城埠至泺口者为九千分之一，
泺口至利津者为一万分之一）。为什么比降缓的河段反能维持深而窄
的河槽呢？

　　河槽变化最严重的一段，是从郑州起，下至董庄，包括旧豫、冀
两省的河道。这又是什么原因？它的变化情形，我在《黄河志　水
文与工程》和《黄河水患之控制》两书，和其他论文里都叙述过。
亦是在河上工作的人们所最熟悉的，不必再赘说了。我想起一句俗
话。常有人说："不到黄河心不死"，是指的什么呢？可能有许多解
释。从我个人的体会说，可能指的摆渡过河不容易。为什么不易渡河
呢？因为河槽善变。河南省境内摆渡没有一定航道，亦没有固定的码
头。风情水势不宜不能渡，平平静静地亦需半天才能渡过。它的难以
捉摸和困难，是没到黄河边上的人所难以想象、难以了解的。所以说
到了黄河，渡河的人便死心了。这亦不过是拿句俗话，来说明黄河善
变罢了。

　　要想说明以上的现象，不能不注意到"河水的冲刷力（或携泥
力）"和"河槽土壤的性质"，及其相互的关系。一般地说，河道在
冲积平原上，上段的土壤粗而松，下段的细而坚。因为河出山谷，速

度骤减，泥沙之粗者先沉，细者仍随水而下，行愈远而比降愈缓，细者亦渐沉淀，这是一般冲积平原的现象。粗而松的土壤易冲，细而坚者的抵抗较大，在易冲的河段，不费大的水力，就可以有大量泥沙掺和在水里。因此，水有负荷，它的冲刷力亦因而减低，终于到了饱和的程度，土壤虽然易冲，再亦不能冲了。所以，有些河道，在易冲的一段，河槽成了顺直的河道，而少弯曲。亦就是说，看不出有冲刷的现象，就是这个道理。水中携沙到了饱和程度，设若流速因某种关系变缓，泥沙就有一部分沉淀，负荷亦因而减轻了。设若流速因某种关系变急，水流有剩余的力量，又必从事冲刷，重新携带一部分泥沙。这是河道各部分冲积的大概情况。

设若河岸较坚，河水携带泥沙亦少，它有过剩的力量，对于坚岸必肆力冲刷。冲刷不动，藉旋流以淘深。河底淘深则岸塌，大量土壤坠入槽中。水流便将它运到稍下游的滩嘴，力弱沉淀。滩嘴愈出，愈逼河成弯。这样，在土壤较坚的河段，河槽常有弯而深的现象。至其极，更有大环若玦的现象，在水流涨发的时候，又每造成天然裁弯的局势。不过黄河下游玦形的弯曲还不多。

水的冲刷力和它的比降和深度有关系，亦就和流速有关系。水深的，若其他条件不变，冲刷力大。比降陡的，若其他条件不变，冲刷力大。设若河岸疏松，着水后便有大量泥沙坍在水里，负荷增加，水力不胜，常沉淀于冲岸下游附近之河槽内。有了沉淀，河槽便浅，它上游的比降亦缓。因此它不只有了饱和的负荷，而且冲刷力亦减低了。那么，它的沉淀更甚，虽然负荷比较以前少了，亦没有以前的冲刷力大了。可是沿河土壤的组织成分并不均匀。设若下游不远，又遇到较坚的河岸，这一小段河槽一定是较深的，而比降亦就忽然变陡。因此它又增加了冲刷力，向岸刷，向底淘，进行改变河槽的工作。所以在不远的一段河槽内，它的情况就有很大的变化，全是由于冲刷力与河岸土壤组织相互关系所造成。它虽一心一意地求得平衡，但却难以达到这个结果，所以河槽永远在变化着。

护岸工程是人为的使河岸变成坚硬的工作。水流到这里，若有过剩的冲刷力，因不能冲岸，遂即淘深。所以有护岸之处，河槽必深，这并不只是因为水深，才作护岸，而是在有了护岸后水更深了。若是护岸的方法不得当，会使河形愈加不规则。所以上文说山东段的河形并不是完全不受人为的影响，就是没有人为的设施，一般地说，山东段的河槽亦要比河南段的深。

黄河上中游本多黄土，它的组织疏松，泥沙冲到下游大平原，虽然河南段比较粗而松，山东段的比较细而坚，有些差别，还不那么显著。但是，已足以供我们说明河槽变化的基本原理了。

影响水流冲刷力的另一因素，是流量的多寡。虽然同一流速，在流量大的时候，常能携带更粗大的东西。尤其是在涨落变化时的影响为大。在涨水时，黄河上一般现象是河底淘深，各地不同，深的常有三至六公尺。在落水时，一般现象是淤淀。因为黄河的猛涨迅落，在涨水时因为比降骤增，所以有大量的冲刷，有一部分水由于漫滩，泥沙亦便淤在滩上一些；在落水时，比降骤减，负荷力弱，于是又将河底逐渐淤高。有的在一次涨落中，便恢复河底原状，有的直到秋后才能恢复原状。再则，当流量骤落之时，为期过短，未及淤淀，水面倏然下降，湿透的滩岸，失去顶托力，常常坍塌。这样就可以藉塌岸来填补淘深的河槽。又有时因为水面倏降，比降增加，流速反增，淘刷未加防护的堤（或滩根），因而发生新险工，亦是常见的现象。

以上是说明河槽在洪水涨落之间，上下和左右的变化。再则是因为水流在涨落的变化中，主流的方向常常改变，则顶冲滩岸的位置亦因而不同。在低水时，流量小，所占的河槽亦窄，水亦可流在较为弯曲的槽里。换言之，低水时可以走弯。就凹岸说，顶冲之处，在凹岸的上端。迨流量渐增，水位亦高，低水槽不能容纳，流势亦比较摆动开些，那么顶冲之处就逐渐下移。到了较大洪水时期，漫出河槽，溢流滩上。主流所趋，与低水时遂大不相同；顶冲之处更向下移，至于凹岸的下端。携带的泥沙部分淤于滩地，减轻了主槽的泥量，有的淤于下游对岸的凸出滩嘴，或横渡段上（亦有的称凹岸深为潭，横渡段为滩者）。若是河势变化不大，洪水落后，又恢复到原来情形。设若在洪水涨落之间，河势有较大的变动，那么就预示着在下一次涨水，或未来涨水时的趋势。这种变化的趋势，常为修防人员所关心，因为它将决定工作的方针。

以上所说的水流的冲刷力及其方向和施点，以及河岸的土质等因素，决定河槽的深浅、宽窄和曲直。河南省河槽的土质较松，受冲刷力及其方向和施点变化的影响亦较敏锐。些许水位的变化，便在较大的弯中生了若干小弯。所以，河道有"炉灰底"之称，形成比较宽浅的河槽，没有突出而较大的弯曲。

至于水流涨落时河槽变化的过程，勘测组的总结亦略有说明。黄河水流涨落的迅速，是它的特性。而且在全年中，除了洪水期和低水期，几乎找不到中水期。以陕县站二十六年记录的统计说，七、八、九、十这四个月的流量占全年的百分之六十一点二一。再进一步说，十二、一、二这三个月的月平均流量在四百八十至五百八十秒公方间，三、四、五、六、十一这五个月的月平均流量在八百一十一至一千一百七十七秒公方间，七、八、九、十这四个月的月平均流量在二千一百零七至三千零三十九秒公方间。当然，没有中水期，不是说没有中水流量，不过为时较短，不占有重要位置罢了。

在低水期间亦有涨落，河南段的河槽，在凹岸内因水位的变化，冲成若干小弯。遇中水而下挫，又成一弯，凹岸向外伸展。因为期较暂，影响亦小。洪水到来，顶冲凹岸之下端，其势虽欲进而成为一大弯，而以河岸抵抗力弱，不只弯曲之程度不能更甚，反有将凹岸伸直之势。而低水与中水之弯界，亦为洪水波荡所冲去。设若洪水持续较久，则其顶冲之地点，必伸出原弯曲凹岸之下端，而逐渐下移。它的变化情况，要按这次洪水的大小和持续的久暂以及下次洪水继来之迟早和大小而定。若是发展顺利，可能将原弯伸直后，于其下游又造一新弯，那么即使水落了河槽亦不恢复到原来的情况，河势就弯了。这一点变动，便能影响以下很长河槽的形势。设若发展不顺利，河槽没大变动，洪水落后仍归原槽或相似的河槽。所以说，河槽大势的变化，在大汛以后便可以决定。

现在我们对于河岸只控制少数几个点（河南情况），而对于河槽各处的土质又不了解。再则，对于未来的水流变化、涨落的情态、遭遇之时间等，更难以预测。若欲预知河槽未来的变化，是很困难的，即勉强为之，亦难准确。那么，亦只有凭常识与判断，大概测其趋向而已。今更有欲知数年内某一带河槽之变化者，则更为难能之事。

在我们初步学习的时候，谈长期的预见性似尚为早。似应先从观测研究，并辅以模型试验，探索河流冲积的规律入手。因为黄河是最难捉摸的一条河，而我们对它运行的规律还处于初步认识时期。若欲有所措施，最好辅之以模型试验。至于一般的修防工事，则可在总结经验之基础上，探索改进之。

最后，希望我们能在河象学这门学问中有快速的发展。

新黄河的光明前途❶

（一九四九年十一月七日）

说到黄河没有人不知道，而且都认为是中国的"祸害"。这个认识一点也没有错。自从有确切的历史记载以来，大约每十年有四次决口。以抗日战争前物价作标准，据统计，黄河水灾的平均年损失达二千五百万元。

可是黄河也有它有利的一面。上古史记载，中国人民原先是在黄河流域追逐水草而居的。因为黄河两岸有丰美的水草，所以我们的祖先才能在这里生活。又因为水草是生活所必需的，而洪水却又妨碍了生活和财产的安全，所以人民就和黄河展开了无情的斗争。这是历代史册都有详细记载的。

黄河的利益是水草，黄河的灾害是泛滥。那么，泛滥的灾害是怎样造成的呢？我们要想纠正这个缺陷或者战胜这个敌人，就应该先明白造成这种现象的基本原因。要想分析这个原因，我们不能不先了解黄河下游大平原是怎样造成的。亦就是说，应该首先认识供给我们生活所必需的土地是怎样来的。

据地质学家和地理学家说，黄河下游在现今的郑县以东的地域，原来都是海水，只有山东的山区像岛一样露出水面。从前地壳经过几次变化，中国的西北部便由风力造成广大的黄土高原。黄土层既然为风力所造成，所以土粒很细，土层很松。后来又经过一次地壳变动，东南的湿风可以吹到西北，那么西北又得到雨水。雨水浸蚀了地面，它的径流又逐渐地汇集成小溪，在黄土层上随地势下流。黄土的颗粒既细，地层构造又松，所以极易被冲。土被水冲就携带下行。到入海的地方，亦就是现在的郑县一带，土质沉淀。年代久远，积土成陆，

---

❶ 在全国各解放区水利联席会议上的讲话。

就是现在的华北大平原。这个平原在地质学上叫冲积层，就是说这块土地是由水冲土积而成的。

再就地理来说，古时的荥泽、圃田、大陆、大野、雷泽等都是华北平原的大湖泊，现在都成为历史名词，被黄河淤淀成陆地了。至近代在平原境的梁山泊及沿运河的八湖，现在亦仅余一部或仅存遗迹了。再说到大禹治理黄河，在大陆以东播为九河，这亦可以说明那时大陆以东大概是低洼的地带，现在都成为平原了。

这一切都说明了二十五万平方公里的华北大平原，北到海河流域的南部，南到淮河流域的北部，是积累了若干万年的淤淀所造成的；亦就是黄河若干万年的工作结晶，是一件功绩。但亦说明华北冲积平原上任一个角落，任一块土地，都曾上过黄水。黄河把北边淤高，就滚到南边，南边淤高，又滚到北边。这种现象在利津以下的河口一带，还能看到。黄河既然亲切地、努力地制造土地，所以它亦很公平地滚到各地。就拿黄河的六大变迁来说，禹道是很靠北的，王莽时期渐向南滚；到了宋代，大伾（浚县）以东的旧道没了，走着现在的河道左右；到了南宋初，夺淮入海，北流断绝；清末又向北迁，就是现在的河道。若听其自然，河道南北的迁徙是永远不绝的。这亦就是它危害下游的原因，必须从事治理。

黄河的冲积是自然的现象。那么，黄河灾情的严重固有其自然之原因，亦由于人事之未尽。黄河有它危害的特性，而过去统治者治河则仅为了巩固其统治地位，满足其本身利益，而没有尽到为人民治河的责任。那么，黄河水灾能不能治理，水源能不能开发呢？我初步认为是有可能的。

黄河本身为害的基本原因是携带泥沙过多和流量变化过巨。这已经是很多人所熟悉的了。黄河的名字本来叫"河"，因为携带黄土过多，就变成黄河。今以陕县水文站记录为例，平均每年输送的泥沙为十九亿公吨，折合含沙量为每公方水三十八公斤，是远远超过世界大河的含沙量的。这亦正是它制造华北大平原的本钱。因为携带泥沙过多，到了下游平缓地带，随地淤积，并使河道随时变迁，这种情形前边已经讲过。即令河道没大变化，它流行在两堤之间，泥沙的一部分也是要淤积在河槽或河滩上的，于是造成"水行地上"的现象。河身既高，堤身必须随着逐年加高培厚。然若一旦决口，因为河身太高，如果不能堵口使之再回故道，就可能改道他去了。再说河堤即令不决，河槽在堤内的变迁，随着涨落亦有很大的变化。所以河上的人常说黄河是"炉灰底"，形容黄河底像香炉灰造成的一样，极为松动易变。因为这等松动易变，亦就使防守困难。所以说，黄河难治的第一个特性就是泥沙过多。中国常以"正本清源"表示根本解决，"海晏河清"表示升平气象，这些话的来源多少都是与黄河有关的，亦就说明黄河的"黄"字，早已成为治理对象了。

至于黄河的流量并不算大，陕县站的最大流量记载为二万九千秒公方；而汉水最大记载即达三万五千秒公方，今年（一九四九年）亦在三万秒公方左右。更不必提长江了。那么，黄河流量不利的条件在哪里呢？在于它的涨落变化迅速而难测。在大水的七、八、九、十这四个月内，陕县站平常的水流亦只在三千至三千五百秒公方之间。遇到大雨，于二日至九日内即可涨到一万、二万秒公方甚至更大，短时期内又回落。况且黄河上、中游又常发生暴雨，洪峰特高，故下游多险，难以防御。

让我再补充几个数字，黄河的最大水一般多在八月，自一九一九年至一九四三年的统计，陕县站在八月的平均流量仅为三千零三十九秒公方，而最大流量涨到二万九千秒公方，自此可以看出洪水突出的形势。在低水的十二、一、二各月的平均流量在四百八十至五百八十秒公方间。而一九三八年一月之最低水流量竟降至一百五十秒公方。由此亦可见在低水时期的变化亦颇大。水流变化大对于河防的影响，早为从事治河者所觉察，第一是高低水对河槽冲积造成的变化特大，增加了防御的任务，增加了掌握的困难。第二是大水来临的难测，难作适应的准备。加以过去统治阶级治河并不是为人民大众着想。好一些的，抱着慈善的心肠，要买人心，来巩固自己的地位。另一种是藉治河为升官发财的门径，满足自己的欲望。治河虽然是关系大众的事业，但只成为达到少数人利益的工具。因此，这是不能发挥人民治河的伟大力量的。所以，治河几千年没多少进步，近代科学传到中国几十年亦没多少进步。可是解放战争刚获得了基本的胜利，治河就有了很大的成就，从王主任❶《三年来的治黄斗争》的报告里可以看到，这一切都显示出前途的光明。

那么，治理黄河今后的途径是什么呢？第一，我们要针对祸源，在积极方面下功夫；第二，我们不要只看到黄河危害的一面，还要看到可以开发兴利的一面。换句话说，要想根治黄河，就必须"掌握黄河五百亿公方的水流，使它能有最惠的利用，为最低的祸害"。我想就这一点略加说明。

五百亿公方的水流，是黄河在陕县站全年下泄的平均流量。不过流量的变化，在一年的各季中极不均匀。大体来说，每年以十二月或一月为最小，它升降变化亦较小。三、四月间雪山解冻，流量增加。五月又现低水，常有小于冬季的。七、八月为雨季，最大流量出现，而水流的升降迅速，变化亦大。九、十两月雨量渐小，但如遇淫雨，且土壤含水业已饱和，很可能再现洪涨。不过到了十月下旬，水便消落。从以上所说，可以看到陕县站最高与最低水流的比值，可达一百九十三。这足以说明，自然形态的水流，不只是危害的主要原因，亦是难得充分利用的原因。

以前说过，黄河为患的天然原因之一，是水流变化倏忽与大小悬殊。要想补救这一缺陷，就必须能掌握水流，使它有适当的节蓄和宣泄。当洪水上涨，设能有操纵机关，使洪水暂得节蓄，或分泄下注，那么，下游河道内的最大水流便可在安全限度以内。在谈节蓄或分泄的问题以前，还应先分析洪水的来源。

一九四二年陕县站的最大流量为二万九千秒公方，其中百分之七十五来自包头至龙门一带地区，而来自包头以上的仅占百分之七点二。一九三三年陕县站的最大流量为二万二千六百秒公方，其中百分之七十二来自泾、渭地区，而来自包头以上的仅占百分之九点七。一九三七年陕县站的最大流量为一万六千五百秒公方，其中百分之五十二来自潼关至陕县地区（惟据以后分析，这年潼关站的记载可能有

❶ 指黄河水利委员会原主任王化云（1908～1992）（再版编者注）。

误），而来自包头以上的仅占百分之十六。一九三五年陕县站的最大流量为一万八千二百六十秒公方，其来自上述三地区的数量约相等，而来自包头以上的为百分之十。更就包头站九年间的水文统计而言，其最大流量在一九四三年七月二十四日，为四千三百一十秒公方。包头站的涨水时期，又每不与其他三个地区相重合。从这一切的记载，我们知道为下游祸害的水源，不来自包头以上，而来自托克托以下的地区。这说明了要防治洪水，应当着重在托克托到郑县间本支流域的治理。

以前又说过黄河为患的天然原因之二是河水携带泥沙过多。那么，泥沙的来源在哪里，以包头站的五年统计（一九三六年至一九三七年与一九四一年至一九四三年），得平均每年的输沙量约为二点二亿公吨。这个数量仅当陕县站者百分之十一点六。从此亦可知下游泥沙的来源主要不在托克托以上。龙门站五年的统计，输沙量约当陕县站的百分之五十七点九。潼关站五年的统计，输沙量约当陕县站的百分之六十三点二。所以说，为下游祸害的泥沙亦来自托克托以下的地区。

至于河里泥沙的来源在哪里，一由于黄土高原的水土流失，再由于下游河岸的淘坍，河槽的不稳定。二者所占的成分现在还难以知道，但前者当为其主因。

现在且暂不讲节蓄洪水的方法和地点。转来讲水的利用，因为它们的解决办法有时是互相关联的。

水的利用约略地说可以分为三种，就是灌田、利运和发电。就灌田说，要想得到河水最大的利用，必须在农作物需水的时候有较大的水流。而黄河多水的时候又适当多雨季节，亦即在夏季或早秋，其余水流低落，可用的水颇少。仍以陕县站为例说明，据二十七年的统计，七、八、九、十这四个月的水流量占全年的百分之六十一点二一。亦就是说，以全年三分之一的时间，流去全年三分之二的水量。这四个月虽然是植物繁生季节，但正值雨季，农田需水较少，流水如逝，毫无可用。等到田野干旱，河水亦枯落了。所以，想得到灌田的最大利用，必须掌握全年的水流，听候调遣，使多水时节蓄，涸时接济。

再说一般天然河道最利航运的季节，是中水时期。洪水时期水流汹涌湍急，每多停航。低水时期沙滩横生拦阻，载重难行。所以，航运对于水流所要求的调节又与灌田不同。换句话说，要想得到航运的最大利用，必须有经常不断的最惠水流，能以四季畅行无阻。但又不是一般天然河道所常能的，所以必须建设掌握水流的工具。再则，因为黄河年平均的总流量亦不大，下游又流经冲积平原，滩浅散漫，设若仅掌握水流，或不能达到最大的效益，那么，又必须从事河槽的调整。换句话说，除去掌握水流，还应掌握河槽，听人指使，不得任意变动。

想利用河水发电，最惠的水流是四季相同。这点与利运的要求颇相似。水流变化过大，不只发电量难以稳定，水轮机效率亦大受损失。所以想得到发电的最大利用，亦必须能掌握全年水流，听候节蓄或放流。再则，发电的多寡又与水头有关，亦就是要善于利用河道的坡降，所以必须善于利用河道每尺下降的坡度和有利的地形、有利的地质条件，以发生最大的电力。

那么，怎样掌握水流来利用呢？我们以前曾分析了洪水的来源，那是以除害为对象的。现在我们再就全年中各地区水流加以分析。以前的结论是托克托以上的水流，对于洪水的供给很少。现在要说明托克托以上的水流，对于下游枯水的接济则是较为丰富而有利的。因为上游水源比较丰富，源远流长，能使下游冬季不涸，中水得济。这一点必须特别说明，亦是在谈兴利时最重要的一点。

今以陕县站的全年水流量为标准，皋兰站水流量当陕县站的百分之六十五，包头站的当陕县站的百分之五十二。这说明下游的洪水虽不受上游的影响，可是皋兰以上水流的供给，则占下游的很大成分。包头在皋兰下游，但由于河套地区的灌田需水，所以包头的年流量又较皋兰者为低。

由以上水文的分析，可以知道水流和泥沙的来源，也就是说，要想"掌握黄河五百亿公方的水流"所应当重视的地区。总括地说，为防治水患计，必须节蓄托克托以下干支流的水流，平抑暴涨；保持黄土高原的土壤，减低冲蚀。经过这等措施以后，对于下游的来水，必须使之安全地泄流在河槽以内，或者再作局部的滞蓄或分泄。对于下游的来沙，必须使之冲积得宜，而没有淤淀和淘滩的危险。为兴利计，必须能掌握本支各流及上、中、下三游的水流及河槽，尽量使滴滴的水尽归利用，寸寸的坡降皆能生利。这才可以"使能有最惠的利用，为最低的祸害"。

那么，掌握五百亿公方水流的工具是什么？前边亦略提到，有的在上、中游，有的在下游。这等工程不只是一件，亦不是一劳永逸的，必须若干工程互相配合，综合利用，建成后还要继续维修或添置，才能完成这个目标。每有人想用一项工程或一项措施来解决黄河问题，亦有人想在一次治理之，可以永保无事，这些想法都是错误的。治河是多方面的，是长期的，亦是随着经济的发展和人民的要求逐渐发展的。今天想将各种治河措施都来报告，不只为时间所不许，我现有的知识亦不够。现在只举几个主要例子，以表示黄河上有掌握五百亿公方水流的可能，供作进一步研究的参考。

今先以防洪而论，掌握水流的工具当为先在中游的托克托至孟津峡中建筑水库。这一带无论在地质和地形上，确有适当的坝址，可以修建大水库。今再缩小地区范围，只陕县至孟津间就有几处可以建筑高坝的优良坝址。在这区间建筑高坝，在不影响潼关的淹没情况下，足以将下游的洪水控制在安全流量之下。这是单就防洪说。现在怀疑的问题，就是水库内的泥沙淤积问题。在理论上已经有许多探索的意见，所差的在于水沙运行规律的研究和模型试验。

再说，河南省境内的黄河两岸堤距，平均为九点五公里。从孟津到濮阳间的洪水河槽面积有二千四百平方公里。设若这个洪水河槽的有效存水是一公尺，就可滞蓄二十四亿公方。自然河槽高低不一，这个数字还有待进一步论证。但已足以说明河槽的自然滞蓄能力是很大的。又在北岸濮阳到陶城埠的一段金堤与临黄堤间的面积为一千二百四十平方公里，南岸李升屯到黄花寺的一段大堤与临黄堤间的面积为八百六十平方公里，二者共计为二千一百平方公里。若能利用这两块面积滞蓄洪水，更设有效存水是一公尺，又可滞蓄二十一亿公方。孟津到濮阳间的一段为自然河槽滞水，已发生作用。后两块面积若能妥为计划，规定赔偿损失和救济办法，亦可以减低山东省洪峰，今年已局部运用。

更有人建议分泄洪流的办法，在作进一步研究之前，暂不介绍。但由此亦可见，设若能解决水库淤积，在陕孟间修建水库即可以掌握洪水。不得已而求其次，亦可利用河槽滞洪或另辟分洪区。

在下游河道有了安全水流之后，再加以固定河槽、巩固堤岸、控制冲积，则下游河道可治。

至于掌握泥沙，则必须在黄土高原上做工作。土壤冲蚀对于农业的减收影响很大。所以，这项工作不只与防洪有关，而且结合着当地人民的利益。这是面上的工作、群众性的工作。基本要求是用费省，工作简单，能为群众所接受，才能推广开展。至于治理的方法，欧美各国已多实行。约略地说，对于土地的善为利用与农作方法的改良等；对于沟壑则先行阻止其扩大，渐而恢复其生产力；对于河道的防御则为固坡。在黄土高原已设立三个水土保持试验站，从事观测研究。

说到水的利用，我们确切感到黄河水量的不足。全年五百亿公方的水流，约略相当于一千六百秒公方的水流。全部用作灌田，亦难满足。要想得到水流的最大利用，第一步仍是掌握水流，使能蓄泄得宜。掌握的范围必须包括上、中游及各流。掌握水流的主要工程为在适当地点修建水库，这些水库又可以和前边讲的防洪水库配合运用，灵活掌握。这亦为近代多目标工程实施的原则。

那么，黄河本支流是否有适当的建库地址呢？这个问题的解答是很必要的，设若不能解答这个问题，一切都是空谈。这里不能详说，但就个人已有的认识，略举几个名字。从下向上说：一、陕县到孟津间的峡中有三处适当坝址，是三门峡、八里胡同和小浪底；二、托克托到龙门间的峡中，适当坝址更多，如果能修成几个梯级，且可能使全段渠化，并进行多目标的开发；三、皋兰到青铜峡间的适当坝址，有大峡的西峡口、红山峡的弯弯坡、黑山峡的下口；四、贵德到皋兰间的适当坝址更多，如贵德上游的龙羊峡、循化上游的公伯峡等，尤为优越。略举这些地名，仅只说明远景不是幻想。

这个远景究竟怎么样呢？在有详细的计划以前，自然还不敢具体地说。大概地说，关于防洪已如前述。郑县以下的最大水流可以掌握大部。但就自然情况而言，则是丰富。至于上、中游的水力发电，尚无具体计算。至于灌田，以全流域之所需，现有水即感不足。此外，还有工业用水和生活用水。如此若和现在对于洪水的恐惧心情相对照，是怎样的不同呀！由此可见，随着水利的开发而兴起的工业、农业、交通，以及整个经济情况的改善、文化水平的提高，具有着无限的光明前途。

这个报告太肤浅了，由于个人认识水平所限，说的还可能有错误的地方。就此提出来，供大家参考和批评。黄河治理的工作是艰巨的，现阶段只在研究过程中。还有许多问题不能解决，因为基本资料的短少，现在亦无法解决。这个报告不只不是计划，连初步意见的资格都不够，存在着许多问题、许多漏洞。目的只在于提出对黄河的新看法、治理的新方向，并且说明黄河本身有这个条件，可以走向这个新的途径。黄河到了人民的手里，必能治好。十年或二十年后，黄河的面貌必然大为改变，流域的经济和文化亦必然随之大为发展。

当前防洪的几个问题❶

（一九五〇年八月二十四日）

一、当前的治水方针

我国地域辽阔，河流纵横。全国面积九百六十万平方公里，可耕面积二十四亿余亩，已耕田地十四亿七千万亩，各地年降雨量从二百毫米到二千毫米。一般自然形势是西北高亢，逐渐向东南倾斜，以达于漫长的海岸。大部地居温带，气候适宜。从发展的前途上看，不但农业生产还有广大的地域可资开发，水力的蕴藏量亦很丰富。

但就现代的眼光衡量，我国水利事业的基础是非常薄弱的。尤其是在近百年来，由于帝国主义的侵略、封建势力的压迫以及官僚资本的剥削，在科学昌明的时代，仍然使得我们停留在半封建半殖民地的状态，不只得不到水利，还过着旱涝交迫、灾荒频仍的痛苦生活。就以近三十年而论，一九二〇年的华北大旱、一九二六年至一九二九年的西北大旱及一九四二年的中原大旱，都造成严重的灾荒，数百万难民饥馑流亡。又如一九三一年的大水，仅江苏、安徽、湖北、湖南等八省的受灾农田即达一亿四千八百万亩，灾民五千三百万。一九三三年的黄河大水，受灾农田一千万亩，灾民四百万，有形损失二亿七千四百万银元。一九三八年国民党反动派在黄河花园口扒决，仅河南一省便有九百余万亩良田沉沦于水中者九年之久，苏、皖所受的影响还没计及。这些不过是几个例证，说明水旱灾害的一斑罢了。

人民革命战争的伟大胜利，推翻了封建阶级、帝国主义和官僚资本的统治，建立了中华人民共和国，在中国历史上展开一个崭新的伟大时代。在中国共产党和毛主席领导下的新民主主义的建设，给全国

---

❶ 在新闻工作者协会的报告。

各种建设事业，包括水利建设事业，开辟了无限光明、无限广阔的道路。自从中央人民政府成立以来，全国有领导水利事业的水利部，各大行政区、各省以及各大流域亦都有了主管水利的机构。全国土地改革的普遍实施，使农民的生产情绪空前提高。于是水利事业更逐渐具备了进展的条件。但是战争还没完全结束，人力、财力还存在着一定程度的困难，技术准备亦还有待于补充。所以在去年（一九四九年）十一月全国各解放区水利联席会议上决定的《当前水利建设方针和任务》的第一条是"水利建设的基本方针是防止水患、兴修水利，以达到大量发展生产的目的。在这一原则下，我们要依照国家经济建设计划和人民的需要，根据不同的情况和人力、财力及技术等条件，分清轻重缓急，有计划、有步骤地恢复并发展防洪、灌溉、排水、放淤、疏浚河流与兴修运河等水利事业"。因之，便决定了"一九五〇年的水利建设，在受洪水威胁的地区，应着重于防洪、排水，在干旱地区，则应着重开渠灌溉，以保障与增加农业生产。同时，应加强水利事业的调查研究工作，以打下今后长期水利建设的基础。至于水力工程、航道整理、运河开凿等事业，应根据实际需要和人力、物力、财力、技术等具体条件，择要举办，或准备举办"。

水利建设关系着多方面的利益，关系着广大群众的利益，它的任务自然重大，而它的内容亦极为复杂，需要若干基本资料和精密的研究，以便使水资源能发生充分的效力，得到最经济的利用，同时对于各项水利建筑亦必须使之成为最经济、最安全的工程。这些要求固然是一切经济建设所共同的，可是因为"水可载舟，亦可覆舟"的关系，利害的对比特别尖锐，所以对于这些要求亦特别重要，"有计划、有步骤地"进行水利建设，更须特别加以强调。换言之，水利建设是一个长远的事业，必须"根据实际需要和人力、物力、财力、技术等具体条件"，逐步兴办，不能在一年或极短时间将全国的、几千年待办的事业一下子完成。所以，一九五〇年的水利工作虽然举办了一些工程，而大部则在调查研究，为进一步开展作准备。因为防洪问题在目前至关重要，所以今天专就这一问题提出报告，请大家批评指正。

二、一九五〇年的防洪工程和任务

由于一九四九年的洪水，在全国广大地区造成或轻或重的水灾，使人民生活与农业生产受到很大的损失。所以，防洪与排水便被视为一九五〇年水利事业的一个突出的重点，其经费分配，占全国水利事业费的百分之七十三。但是，由于我们从国民党政府接收过来的基础过于残破，全国堤防几乎全部失修，基本资料非常缺乏，根本治理需要较长的准备时间，所以工作大都是治标的，或者偏于临时性的。又因为洪水灾害涉及的面很广，可以利用大量人力从事工作，所以工作的内容主要是土工，包括修堤和挖河。自去年冬季到今年春季，全国动员了四百六十九万民工，完成三亿五千万公方的土工。这个巨大的数字是空前的，是旧社会里所不可能有的。这一工作不只水利部全力以赴，全国各地党、政、军的领导机关也普遍重视，大力支持。所以全国各地的行政干部和水利干部、灾区与非灾区的数百万群众、一部分解放军，冒冰雪、沐风雨，胼手胝足，做了几个月才完成的。自然对于防洪的效能亦就提高了一步。

所谓防洪乃是防范一定量的洪水，使它安全地在河槽内宣泄，而不生溃决或漫溢的灾害。过去对于防洪措施是盲目的，见到河槽不能宣泄，便无目标地将堤身加高培厚。但应该加高到什么程度，却没有确切的认识。至于应该防范怎样大的洪水，更不计及。为了克服过去的盲目现象，切实掌握群众的需要和国家财力的可能，要提高计划的精确性。我们的防洪必须有个对象，亦就是必先缜密地研究防范怎样大的洪水，在这一标准下保证不发生溃决。这样才有奋斗的目标，才是切实为人民负责的态度。例如，今年对于某一河的防御是以十年一遇的大水为对象，工程的计划便以此为标准，防汛亦以此为目标。次年或者将来，可以依据需求与条件的许可，逐渐地将防御对象提高，如改为二十年或三十年一遇的大水等。这样才能使防洪工程逐渐地合乎经济上的要求和技术上的可能。但在去年冬修和今年春修工程中，由于资料和技术干部的缺乏，有的地区还没有完全按计划完成。所以在一九五〇年五月中央水利部召开全国防汛会议时，便以今年防汛的方针与任务作为中心问题之一进行了讨论，并且对于工程的缺乏计划性、不计算经济效益等缺点进行了批评。全国防汛会议所提出的方针是："以行政领导为主体，组织统一的防汛机构，上下游统筹联系，左右岸互相支援，依靠群众力量，分段进行防守，以求战胜洪水，保障农田安全，达到恢复与发展农业生产的目的。"

根据上述的方针与工作原则，并定出各个河流防汛的任务："除去要继续发扬我们对人民事业的无限忠诚，要求在任何情况下，对洪水做始终不懈顽强到底的搏斗以外，并根据各地区各河道不同的情况与春修工程的成就，将各河流必须保证的任务，具体做出如下规定，以明确负责机关最低限度的责任。"这里只举出决议中几个河道的保证任务的一部为例。

黄河：黄河防汛以防御比一九四九年更大的洪水为目标，在一般情况下，保证陕县流量在一万七千秒公方时不生溃决。

长江：中南区江堤保证一九四九年最高洪水位不生溃决，争取一九三一年最高洪水位不生溃决。华东区江堤保证一九四九年最高洪水位不生溃决，争取一九三一年最高洪水位不生溃决……。但安徽以西的铜马段则保证一九三一年最高洪水位不生溃决，争取一九四九年最高洪水位不生溃决。

淮河：正阳关至五河段保证一九三一年最高洪水位不生溃决。正阳关以上与五河以下保证一九四九年最高洪水位以上一点五公尺不生溃决……。

珠江：珠江干堤保证在有水文记录以来最高水位时不生溃决……。

汉水：保证在碾盘山流量一万二千秒公方（或一九四九年最高洪水位）时不出险……。

永定河：芦沟桥回龙庙流量达二千秒公方时保证不生溃决。

其他各河流不备举。除对于水流的保证以外，在经济效益上又提出两项保证："一方面是保障去年一亿亩被灾土地中之七千万亩土地，在发生与去年同样洪水的条件下免遭水灾……。另一方面，则保证在一定条件下，不发生新的水灾……"

由此可见，本年不只在防洪工程上由于大量的投资、大力的培修，在防御的能力上增强一步，而对于防洪的基本认识上、负责的精神上亦提高了一步。再则，本年的防汛组织亦加强了。中央成立防汛总指挥部，水患较重的各大行政区、各省及流域机构亦都成立了防汛组织。本年的报汛站亦较为普遍，在邮电部的协助下，水情的掌握亦加强了。这都是本年防汛的有利条件。不过，如前所述，本年的防洪工程还是治标的或偏于临时性的，因之，防御能力还是有限的。

三、本年汛期的防守与灾情

现在大汛未了，关于各河的防汛工作自然不能骤加论断。可是各河先后涨水，多已得到相当的考验。八月中旬亦正是防汛的最严重阶段，应该检查工作，提高警惕，争取完成防汛任务。现就各河情况，提出报告（以下各项统计数字与水情分析多为依据各地报告，将来作进一步的调查研究后，或有修正，特为声明）。

（一）珠江流域

珠江流域各河的最高水位多现于六、七月，亦有早在四月，或迟至九月者。本年洪水来临较早，如西江高要于五月六日接近危险水位（一一四点〇〇公尺），五月二十六日超出危险水位。北江清远自四月下旬至五月上旬，超过危险水位（一一六点〇〇公尺）者三次。东江石龙自四月下旬至六月中旬，超过危险水位（一〇八点五〇公尺）者四次。韩江潮安自四月下旬至六月中旬，超过危险水位（二点七五公尺）者六次，其最大超额为一点八三公尺。

迄今为止，珠江流域受灾面积约八十万亩。大都在三角洲沙田区，因低洼积水，或因民围单薄所致，或在小河流由山洪暴发所致。但水退抢修后仍可耕种。其余各处地围虽生险象，经过抢修，已安全渡过。

（二）长江流域

七月初，洞庭湖各支流水位普遍上涨，尤以澧水为猛，但对干流影响无多。七月八日以后，川江陡涨，宜昌流量达六万三千秒公方，十一日沙市水位达四四点三八公尺，打破历年最高记录。同时汉水亦上升,遂使长江中游一度紧张。幸洞庭湖系未涨,汉水来源有限,故城陵矶以下水位缓步上升,尚称平稳。然干堤因此发生险工,在湖北、江西、安徽境内有十五处,均经抓紧时机,大力抢护,未曾出险。

汉江于七月中旬,在汉川附近曾发生溃口一处,因干部见机应变,迅速挖开通往汈汊湖的民埝,水流入湖,灾情得以缩小。江西信江五月底涨水高于历年水位零点二八公尺。赣江六月底涨水,水位较最高记录低零点七五公尺,因与长江水位错开,未致齐头汇合,故未成灾。据报湖南全省受灾约二十三万亩,江西约二十八万亩。

(三)浙闽水系及浙江海塘

浙江富春、浦阳、曹娥三江及东西苕溪等流域于六月下旬普降大雨,雨量于二日内降一百毫米以上,山洪暴发,各河猛涨,宣泄不及,加以防守麻痹大意,造成水灾,淹地六十万亩。除部分田地因积沙不能再种外,大部分已救出补种。现正加紧抢修险工,堵塞决口。

福建闽江汛期甚早,入夏以后曾三次洪涨,共淹地九万余亩,大部分均已救出。

苏、浙、沪海塘现尚平安。

(四)沂河、沭河流域

新沂河第一期工程完成后,除承泄沂河洪水一部分外,目前主要为排泄沭河全部洪流。七月间沭河上涨,洪水流入新沂河,虽发现堤身蛰陷、堤坡冲刷、鼠穴獾洞,均经及时抢救,安全渡过。中运河之束水坝工程亦甚平安。惟以旧沂河的整理不在第一期工程以内,略有漫溢。排水系统亦尚未修整,雨水不能下泄,有积涝成灾之处。

(五)黄河流域

黄河正在大汛期间,迄今只有一次涨水,尚无危险。

(六)淮河流域

一九三八年日本侵略时期,国民党反动派因腐朽无能,竟在黄河花园口扒口,企图以水代兵。结果使黄河改道入淮,豫东、皖北二十三个县沦为泽国。九年之间,黄河的泥沙把淮河流域的干支流和湖泊一律淤高,打乱并阻塞了豫东、皖北广大地区的排水系统,给淮河留下长期难治的病根，造成"大雨大灾，小雨小灾"的现象。

今年淮河流域的降雨量突破了以往的记录，它的特点是连续性、集中性和普遍性。在六月二十四日以前，四十多天无雨，群众大力抗旱。自六月二十六日起到七月十九日止，正阳关降雨量达六二八毫米，蚌埠降雨量达五三二毫米，均超过一九三一年同期内的雨量甚多（超出数为一〇六至一三三毫米）。而正阳关七月三日一天的降雨量为一一三毫米，宿县七月四日八小时内降雨量为一一九毫米。东自津浦路，西至京汉路，北自陇海路，南至长江均有大雨。因此，河水暴涨，洪河口马台子水位达二八点四三公尺，超过一九三一年一点一七公尺；老观巷水位为二七点六八公尺，超过一九三一年零点五八公尺；正阳关水位为二四点七七公尺，超过一九三一年零点七二公尺；蚌埠水位为二一点一五公尺，超过一九三一年零点九四公尺。总之，淮河干支流的水位都超过了一九三一年。

淮水盛涨之时，堤身多没水中。涨水时计决口八十七处，内三十四处为溃决，五十三处为漫溢。决口原因，约言之有二：一为今年洪水既早且猛，堤防不足抗御，因而漫溢，如老观巷等地；一为洪水到前，皖北大旱，地方正忙于抗旱，思想麻痹，对防汛准备不足。有些干支堤为群众挖开缺口，用以引水灌田，领导未严格检查、及时堵塞或堵塞不牢，以致溃决。有些涵洞建筑不当，因而漏水，终致溃决。如怀远张家沟、颖上乌江口、三汊沟、战沟口等。但亦有虽经奋力抢救而仍溃决的，如沫河口、鲁子口、禹山坝等。

淮河既遭遇未曾有的洪水，因之发生严重的水灾，计皖北淮域重灾二千二百五十万亩，轻灾九百一十万亩，合计三千一百六十余万亩。重灾人口三百万人，轻灾人口六百九十万人，合计九百九十万人。目前，除进行紧急救济，分散安置灾民，准备晚秋用的菜籽，进行抢险保堤，减轻灾情发展外，于涸出地区正在播种菜籽，并准备工赈。

河南境内潢川、信阳等二十四县亦有水灾，据估计约有一千一百万亩。

（七）华北各水系

七月间，华北各水系除子牙河外，各涨发一次或二次，永定河高涨四次，一般平安渡过，间有因麻痹大意防守不严，发生决口情事，淹地二十五万亩。进入八月，连续大雨四至五天，地区颇为普遍，时间集中，雨量特大。计由一日至四日降雨量：香河三九〇毫米，中有十九小时急雨，为三〇六毫米；紫荆关三一四毫米，中有四小时急雨，为一六三毫米；天津杨柳青三〇四毫米；临城二一二毫米；保定三〇二毫米。雨骤水急，造成大片积水成灾，平地水深多至一公尺。山洪暴发，除南运河外，各河同时暴涨，防汛护堤，抢险护路，处于极端紧张状态。各河最大流量多超出去年一倍至四倍。永定河芦沟桥八月四日流量为二千七百秒公方，因而在泛区造成一部分溃决。据初步估计，河水淹地四百五十万亩，沥水成灾一千二百五十万亩，总计受灾面积一千七百万亩。所修的潮白河下游整治工程，虽然尚未全部完成，但已发生效力，新河道安全过水，减轻了沿河数县的灾害。

今年华北雨量和洪水不小于去年，而春工限于人力、财力，着重修筑主流干堤，支流未暇顾及，即主流干堤亦有未及施工者，这是造成决口的主要原因。但亦有少数地段，由于防汛经验不足、麻痹疏忽、电信联络不好或工程质量不够标准，而生溃决。水利部和河北省已及时纠正。

现在大汛未完，雨季未过，正加强河防，护岸修险，严防再有溃决。并尽可能堵住应堵与可能堵之口，以排水脱地，缩小灾区，抢护稼禾，抢种晚菜。同时准备麦种并办理急救，组织生产救灾工作。

（八）东北及内蒙古地区

辽河流域下游浑河、太子河均于七月二十一日涨水，超出历年最高水位三分米，造成决口，淹地三十万亩。吉林松花江流域双阳河、珲春河、热河、赤峰、老哈河及内蒙古的奈曼、公益村、四合福、占家窑等地亦有溃决，但淹地不多。

以上仅就全国各河流的大致水情、防汛及灾情简要报告，自然有不完备或遗漏的地方，各项统计又系初步估计，或有欠准确的地方。至于成灾情况和工作的全面检查，因为现在正在抢险，报告不全。除已发现工作有不当之处的业经随时纠正外，至于总结性的报告，现在还未能有。

四、几个有待研究的问题

一九五〇年的防洪工程和防汛措施是有成效的，并且已经起了一定的作用。淮河水系和河北各水系的流量大都超出了工程保证的限度。但这并不是说在工作上全然没有缺点和错误，三亿五千万公方巨量的土工和全国性广大范围的防汛，无论就准备工作、经验和干部数量来说，都是很勉强的。但是，过去的水灾太严重了，群众对治水的要求太迫切了，所以在国家财政还存在相当困难的时候，政府拿出大量的经费用于防洪抢险。在完成任务的过程中，随带而来的亦有许多缺点。现在既然还不到作总结的时候，愿意先提出几个问题供研究。

水利工作是具有群众性和科学性的，必须掌握情况，掌握各河流的特性和规律进行工作，才能不犯错误或少犯错误。我们在这一方面还做得很不够。这项工作包括多年的和各河的雨量、流量、水位和含沙量的观测研究，流域的地形测量、土壤调查、地质测量以及流域的经济调查。尤以关于雨量、流量等项的观测，不只要普遍，且必须准确、悠久。从准确、悠久而普遍的观测成果，才能研究出各河水流的规律。无论为防水灾或兴水利，工作的主要对象都是水。若不能掌握水流的规律，一切工作的基础便建立在沙滩上，是毫无把握的。其他的测量和调查亦必详尽、准确而普遍。虽然可以短期完成，但必须有大批干部。国民党统治时期并没有留下许多资料，有些水文资料，经检验之后，对其准确性亦多表示怀疑。在这一薄弱的基础上，计划就会发生错误或难以达到预期的效果。有系统的调查研究是绝对必要的，尤其对付变化莫测的水流，因为设施不当，不只无利，反而可能引起灾害。如何尽快地开展勘测调查工作，是很值得研究的，此其一。

水利工作是具有整体性和统一性的，必须统筹全局，兼顾各项和各方的利益，如此才能获得水源的充分利用，并将水害减低到较小限度。要想达到这一目的，则必须提倡计划性，并精确地计算经济效益。这一点做得还差很远。例如，有些工作未经计划即行动工或者计划不完、中途变更，造成大量浪费。这当然是应当严加纠正的。更进一步说，各河皆有其特性，不尽相同，所以各河的治理方策亦不相同。但是，在一个流域内，河流的治理却有其整体性，不可分割。过去上下游的矛盾、左右岸的矛盾皆由从局部着眼而生。所以，必须先有个流域的整体治理计划，在不违背这一计划的原则下，再作局部的或支流的治理计划，这才能收到兼顾各方利益并提高用水的效果。再则，就水利事业的内容说，防洪、灌溉、利运与水力发电等，对于水的利用都存在着相当的矛盾，这是由于各项目标对于水流蓄泄的要求不同所致。要想统一这些矛盾，必须将这些事业统一在一个计划之中。可是，现在几个大河的整体性和统一性的计划都才开始，距完成还远。而现在各大小河流的待治均殷，尤其是对于局部水患的免除，为群众迫切的要求。怎样才能双方兼顾，求得目前适当的解决，亦是值得研究的，此其二。

水利工程本身是个技术问题，这一问题的解决，必须依赖技术干部。不必说更大的更艰的工程，即是目前土工的兴修，已经深感技术干部的不足。根据最近统计，全国高级技术干部七百四十一人，中级技术干部一千七百六十五人，低级技术干部二千八百五十四人，共计五千三百六十人。水利部计划五年内培养各级技术人员一万七千八百人，其中高级二千六百人，中级五千二百人，低级一万人。就事业的需求说，这个数字并不为大。但是，全国各项事业的人才都很缺乏，必须统筹教育。所以这一计划的实现亦需相当的时间。由于没有或缺少技术干部，则以上所说的两项问题，亦将难以解决。现在我们已经感觉到，事业之不能大力推进，不是钱少而是人少。这个问题极为严重，此其三。

由于这些问题没有得到适当解决，在今年的防洪工程上就有了许多缺点。现在大家都注视着淮河，即以淮河为例。去年淮河的工程计划，是由各县区的请求积累起来的，因之带有零碎性，把握不住重点，形成不计算经济效益、盲目施工等现象。淮河流域去年水灾，主要由于积涝所致，但本年大部分力量却用于修堤，而疏浚与涵闸工程反居于次要地位，以至宿县、阜阳两专区广大低洼地带，今春遇雨，即遭灾害。沿河湖泊本为蓄水之所，但有若干新堤隔断河流与湖泊，计划将湖水排出，以增加耕地。这都是由于调查研究不足，在计划上所发生的缺点。又由于技术干部的缺少，在施工和抢险方面都深感领导不足。自然，遇到今年的大水，超出了计划防御的标准，这是成灾的主要原因，但不能掩盖存在的缺点。

当然，如何改进工作，做好工作，还不只是上述的几个问题，均有待于继续总结研究。现在再略论今后水利工作的方向。

五、今后水利工作的方向

关于今后水利工作的方向问题，在一九五〇年防汛会议当中，已经初步提出讨论，认为目前的工作是以防洪为主，在防洪工程中，又大部分是属于治标的或偏于临时性的工程。今后的方向则将随着全国财经状况的好转，结合三四年内大规模地发展农业生产的需要与将来工业与交通的发展，水利工作将逐渐转于更高的阶段，对于各个河流要逐渐求得根本的治理，同时要注意向蓄水的方向发展，以求控制水流，完成对水的最大可能利用。

关于这个问题亦愿作简单的说明。

一方面要说明，这并不是否定筑堤对防洪的作用，亦不认为一九五〇年的防洪工程以培修堤防为主的方针有什么偏差，因为就防洪而言，堤有一定效用。堤防的作用，是在于增加河槽的容泄量，减轻两岸田地财产遭受淹没的危险，它本身有独立的价值和作用。亦不能单纯地认为它是治标的或临时性的工程。一九五〇年的防洪工程，以堤防为主，乃是实际的需要。因为一九四九年的水灾如此严重，各种基本资料又如此缺乏，惟有筑堤防水，是在原有工程基础上，利用广大地区的人力，才可以在短时期内完成大量的工作，以减免水灾，满足现实的紧急需要。所以不但在一九五〇年的防汛工作中，堤防起着相当大的作用，今后的防洪工程中，堤防仍应加以重视。这是需要加以说明的。

另一方面，亦要了解堤防工程的作用有其一定的限制。堤防的作用是在于使河水利于排泄。换言之，是在于使水能顺利而迅速地宣泄入海。可是若考虑到水的利用，便非堤防所能解决。譬如我国有许多地区经常是旱涝交替，所以在防洪的时候，又必须考虑旱时用水的需要。这样，堤防便不是解决问题的唯一方法。即单就防洪而言，有些河流的水灾，亦不是单靠堤防所能解决的。必须在堤防以外考虑其他配合的措施，如蓄洪、分流、改善河槽等。在这些措施之中，蓄水可以把"防止水患"和"兴修水利"两个目标结合起来，统一起来。所以应当把蓄水作为一个较高的目标，加以提倡。

还有一点须加说明的是，一项水利事业的确定，基本上是一个经济问题。换言之，投资的多寡，必须依获利的厚薄而定。就防洪工程来说，对于洪水的防御，是要作绝对的防御，还是作一定程度的防御，或是略加防御，都必须依据投资与收益的比较来决定。例如，某地虽然年有漫溢，但影响不大，设若免除这个漫溢，须用大量投资，得不偿失，便值得考虑。更有一些地区，须要利用洪水淤灌，修了防水工事，反把此项利益消除，自然不须修筑。再就修建蓄水库来说，多数水库是藉着水库上游土地的淹没，来换取其下游水灾的免除的，则更应精打细算。再则，修建水库投资较多，且其寿命又常受泥沙淤积的影响而缩短，如此等等，必多方研究决定。还有，水库的修建，若单从防洪来说不合算，但若配合灌溉与发电的综合利用，可能又合乎经济，则应考虑修建。总之，必须技术上可能、经济上合理，才能修建。

由以上的探讨可知，对于防洪的措施，今年的修防工程是合乎实际需要的，可是将来的发展却不能停留在单纯的修防阶段，必须有步骤地改变方向。由于去冬和今春的大力修堤，虽然亦收得一定的成果，可是因为淮河水系与华北各水系的大水，使人愈感只靠堤防不能解决问题，对于进一步的要求更为迫切了。关于这些问题有的正在研究，有的得到初步解决方案。例如，永定河的治理已经有了解决的方案，黄河、汉水、淮河有了初步的治理意见，其他则正在研究。

我们的治水方针是"防止水患，兴修水利"。要想达到这一目标，便必须重视蓄水，或调节水流。因之，对于这一方面必须创造条件，加紧准备。河流在人民面前，加以现代的科学技术，会得到适当解决的。

从治淮看我国的水利建设❶

(一九五〇年十一月六日)

伟大的治淮工作业经政务院批准，开始布置了。这一工作在第一个年头（一九五一年）的投资是五十万吨（十亿斤）大米，以战前物价折合，约当银币七千五百万元。其中，仅土工一项即为二亿二千万公斤，须动员三百万人。这一根治工作要继续三至五年。其结果不只可以免除水灾，且可获得灌田、利运和发电等效益。这样为大众谋福利的事业是空前的，是旧社会所不可能有的。在中国共产党和毛主席的英明领导下推动了，自然会受到沿淮五千八百万人民热烈的拥护和支持。

治淮工作仅是我国若干大规模治水的开端。事实上，现在对于有些较小河流的根除水患工作已在进行，或者基本完成。同时还有些河流的流域计划正在草拟，或者已经大体拟就。但是治淮的方针、内容及其和群众利益的关系，却可以作为这项计划的代表。所以，我愿意就治淮的决定，谈谈我国水利建设的前途。

一、淮河的基本情况

淮河主流发源于河南省的桐柏山，流域面积为二十四万平方公里（沂、沭除外），人口五千八百万，耕地一亿八千万亩。蚌埠以上的流域面积为十二万五千平方公里，其中淮南山水区占二万九千平方公里，淮北山水区占一万二千平方公里，淮北山水、坡水界区占一万四千平方公里，淮北坡水区占七万平方公里。

主流自河源到海口，水程一千一百五十八公里。河道在上游较陡，中、下游平缓。河身宽度亦不一致，大约自洪河口到三河尖，河

---

❶ 在清华大学的讲演。

宽一百五十至四百公尺；三河尖到正阳关，河宽二百至五百公尺；正阳关到蚌埠，河宽三百到六百五十公尺；蚌埠到双沟，河宽三百到一千公尺。其间有凤台、怀远、浮山三处有山夹峙，约束河槽。

主要支流自左来汇的有洪河、颍河、西淝河、茨河、涡河、北淝河、浍河、沱河、濉河以及汶、泗诸河，自右来汇的有史河、淠河、池河。

主要湖泊在皖境的有秋家湖、戴家湖、唐垛湖、焦岗湖、江家湖、霍丘之城东湖、城西湖、孟家湖、寿县之城西湖、方丘湖、花园湖、瓦埠湖，约计面积为三千平方公里。洪泽湖面积为二千四百平方公里。苏境的高宝湖为二十四湖的集合体，面积为一千九百平方公里。

淮河虽然有许多湖泊，但由于其他各种特殊情况，则组成它易遭水灾的性格。其主要情况有六：

各支流汇流入淮，多集中在一点，如在洪河口和正阳关，有数支流汇合，成扇骨形。因之各支雨水很可能同时汇聚主流，造成洪水的猛涨。此其一。

主流的坡度太缓，如三河尖到正阳关一百零五公里间，河床坡度约为五万分之一；正阳关至盱眙三百公里间，河床坡度约为九万分之一。当涨水时，水面坡度可能较此为陡，但水流仍极迟缓。据测，洪水时的平均流速亦仅为每秒六公分（零点六米）。因之水流不畅、壅高水位。此其二。

淮河流域暴雨多集中于六、七、八等月。然除分水岭外，域内并无高山，足以使其气候变异。无论为涝为旱，全域颇属一致。设有台风暴雨来袭，常使阴雨连绵，可达二十天或一月之久。此其三。

淮河本为独流入海者，但自黄河南侵（一一九四年），河道开始败坏。及至黄河夺淮（一四九四年），河道更为淤塞。入海之路不通，遂由洪泽湖出蒋坝，沿苏北各湖南流入江。入江水量由七个归江坝控制。并在高邮县城以南，开三个归海坝，以备大水不能宣泄之时分流入海。淮河原来入海之口淤塞，而入江水道亦不顺畅，造成积水难泄的毛病。此其四。

再则，过去淮河并无适当的防御工事，而自洪河口到洪泽湖间的河槽容量不足。这段的宣泄量仅约略相当于曾经遭遇过的最高洪水的一半。所以一遇大水常遭漫溢。此其五。

自一九三八年黄河在花园口被扒决，南流九年之久，漫经颍、涡一带，左岸各支流水系因之大为破坏，几失去排水作用。淮河主流在正阳关一带亦淤高一公尺以上。洪泽湖新生嫩滩很多。排水系统淤淀，遇雨便积涝成灾。此其六。

以上是淮河几个特殊的情况，其他一般的就不详说。淮域有个歌谣："大雨大灾，小雨小灾，无雨旱灾。"明白以上的情况，亦可以知道造成这种结果的原因了。

二、一九五〇年的水情

一九五〇年的暴雨，从六月二十六日到七月十六日，共二十一天。其间凡有三次暴雨，中心分别在正阳关、信阳和新蔡。总计蚌埠降雨量为五百三十七毫米，正阳关为六百五十七毫米。降雨密度很大，以新蔡论，在七月十五日一天之内，降雨达二百七十毫米。

据约略估计，蚌埠以上地区在二十一天内，平均降雨量为四百毫米，相当于五百亿公方的水。由于这一雨量所得的径流，据实测，蚌埠最大流量为八千七百六十秒公方。如果以上没有决口，核算蚌埠最大流量当达一万四千秒公方。

一九三一年曾得以前最大的洪水记录。那年降雨从六月十七日到七月二十五日，共三十八天。蚌埠以上平均降雨五百七十毫米，折合为七百亿公方的水。雨量虽较大，但时间延长了十七天。

一九三一年和一九五〇年在皖北都有决口，淹没了很大面积。现在再拿这两年决口以后各地的最高水位加以比较，见表一。

一九五〇年水位较高的原因，一则降雨时间集中，水的来源较猛；再则河床由于过去九年黄河侵袭淤高。即此亦足说明，一九五〇年的洪水较之一九三一年的情况更为险恶。

表一　一九三一年和一九五〇年决口以后各地最高水位比较

站名	水位（公尺）		一九五〇年超出数（公尺）
	一九五〇年	一九三一年	
蚌埠	21. 19	20. 20	0. 99
正阳关	24. 74	24. 05	0. 69
三河尖	27. 65	26. 95	0. 70
洪河口	28. 43	27. 26	1. 17

一九五〇年的治淮工程计划目标，则为低于一九三一年最高洪水位半公尺到一公尺不等，大都以一九四九年的洪水为对象。而事实上，一九五〇年的洪水却较一九三一年的更为险恶。因之使淮河流域被淹面积达四千三百五十万亩（其中可能包含一部分受沥水积涝面积），受灾人口一千三百三十九万。但由于皖境宣泄不畅和苏北的防守得力，苏北得以保全。一九五〇年的被淹总面积较一九三一年少三千四百万亩。

一九五〇年的淹没面积虽然较少，但是灾情亦有严重的一面。皖北曾遭受黄河九年的水灾，又遭受一九四九年的水灾，水灾在皖北是有连续性的。再则，一九五〇年春间，宿县和阜阳两专区，曾因积雨使小麦受淹，且遭虫、疸等灾。更以这年的来水时间提前，秋禾未收，而一九三一年的来水较晚，早秋业已登场。

三、各地区对于治淮意见的矛盾

七月二十二日，周总理召集董副总理，中财委薄副主任、计划局孙晓村副局长和水利部部长等，传达毛主席根治淮河的指示，并商讨拟订计划的办法和大体计划完成的日期。中央水利部遂于八月二十五日在京召开治淮会议，华东、中南水利部及河南、皖北、苏北等省、区和治淮水利工程总局的负责干部都来参加。会议于九月十二日结束。

根据毛主席的指示，治淮工程包含两个目标：第一，这一次治淮，要做根本的治理，以求永远消除淮河水患；第二，因为淮域连年灾荒，治淮工程明年便要能基本上减免水灾。这个要求是符合广大人民利益的，但是完成这一任务的工程设计却是十分困难的。根据这样的要求，并针对淮河为患的特性，中央水利部最初提出的治淮方针是上下游统筹、标本兼施、临时工程与长远工程相结合。上游（河南）应以拦蓄洪水、发展水利为长远目标，目前则应蓄泄兼顾。所以除山谷建水库、坡地辟陂塘以外，对于干支流的河槽，得加以适当的疏浚，并培修堤防。中游（皖北境）则应按照最大洪水来量，一方面利用湖泊临时拦蓄干支流洪水，一方面应整治河槽，承泄湖泊拦蓄以外的全部洪水。下游（苏北境）洪泽湖以下，一方面开辟入海水道以利宣泄，一方面巩固运河堤防以策安全。

这一原则虽获得各方同意，但谈到具体工作，则有地区间的矛盾。十九天的会议中，大部分时间都用于解决具体问题上（这些矛盾在以前是永远得不到解决的，亦为那时淮河不得治的主要原因之一）。

河南地居上游，利于水的迅速下泄。要蓄水便须临时淹没土地，而且过去永远没想过蓄水，因之有顾虑，不愿承担。皖北同样希望能迅速向下送水，但是因有凤台、怀远、浮山等三处卡水，不可能迅速下泄，因之对河南的排水有顾虑。苏北地居下游，对豫、皖的向下送水有顾虑，主张将洪泽湖的三河坝工程完成，以控制入江的水量，使其不得超过入江的安全流量，这样苏北不只有了保障，而且可以利用洪泽湖的蓄水灌溉田地，接济航运。但是，洪泽湖的汛期水面必然因而抬高，扩大淹没面积，并壅塞皖北水的下泄，所以皖北反对这个主张。

开辟入海水道，是大家所同意的。因为它不仅减轻苏北运河的负担，而且洪泽湖多了一个出口，泄水自然顺畅，于皖北亦有利。但是完成这一工程，初步估计需土工八千万到一亿公方，控制闸坝的工程量还未计及。苏北一九五一年必须继续完成上年业已动工的导沂工程，并且要完成"土改"与复员工作，不可能再动员一百五十万人从事入海水道的开辟。同时，就防汛说，苏北现在已是"四战"之地，北有新沂河二百公里的新堤，西有运河堤，南有长江堤，东有海防，若在当中再添一条入海水道（长度约二百公里），防汛任务将更困难。事实上入海水道在一九五一年亦难以完成。再则，皖北今年灾情特重，除治淮外，还须救济灾民。因此，希望土工愈多愈好，以便结合救灾。而工作愈多，则愈能巩固皖北堤防。皖北不生水灾，则下泄的水量必大。苏北对此则有顾虑。

皖北虽有不少湖泊，但是一部分湖田业已垦殖，蓄水与生产自然亦有矛盾。而河南的天然蓄水条件很差，在第一年内，山谷修坝的可能不大，若要蓄水必须选择洼地。因之，亦有了动员迁民的工作，并和生产有矛盾。

这些矛盾的产生，固有其传统的原因，亦由于对实际情况的了解不足。于是便开始进行水情分析和推算，希望因此而减少顾虑，并进而拟订工程的类别和数量。

四、水情的分析和推算

分析一九五○年的水情，应该先从各地区实测的数据说起，一九五○年蚌埠以上的雨水共计五百亿公方。溃决后，在蚌埠实测的最高水位是七月二十四日的二十一点一九公尺，流量是八千七百六十秒公方。根据估计，雨水经渗透和蒸发损耗，自七月一日至十月八日，经过蚌埠的总径流量为三百三十亿公方。

正阳关实测的最高水位是七月十八日的二十四点七四公尺，流量是七千三百五十秒公方。根据估计，自七月一日至十月八日经过正阳关的总径流量是二百三十八亿公方。

浮山实测的最高水位是八月二日的十七点七三公尺，流量是七千一百二十五秒公方。根据估计，自七月一日至十月八日经过浮山的总径流量是三百二十五亿公方。

洪泽湖出口（中渡）实测最大流量是八月九日的六千三百秒公方。蒋坝在八月十日的水位是十三点二八公尺。

高邮在无江水顶托的情况下，实测最高水位是八点五八公尺。

根据估计，蚌埠以上降水量为五百亿公方，损耗一百七十亿公方，径流三百三十亿公方，径流系数是百分之六十六。径流量包括地下径流一百一十亿公方，地面径流二百二十亿公方。

根据估计，浮山以上降水量为五百七十亿公方，损耗二百四十五亿公方，径流三百二十五亿公方，径流系数是百分之五十七。径流量包括地下径流一百一十亿公方，地面径流二百一十五亿公方。

现在定豫、皖没有决口，除河槽外没有节蓄，估计：蚌埠最大流量当为一万四千秒公方。蒋坝最高水位当为十五点三六公尺。中渡最大流量当为一万零八百五十秒公方。高邮在不受江水顶托时的最高水位当为九点二五公尺，最大流量当为一万秒公方；在受江水顶托时的最高水位当为九点五一公尺，最大流量当为一万零二十五秒公方。

根据估计，一九五〇年由于决口，在泛滥面积上临时停蓄的水量是八十亿公方。所以上述各地的实测水位和流量，就相当于蚌埠以上节蓄八十亿公方时淮河水流的情况。今再分别推算蚌埠以上有计划地节蓄七十亿和六十亿公方水流时淮河水流的情况。

蚌埠以上节蓄七十亿公方时，一九五〇年的水流在蚌埠的最大流量是九千七百秒公方；蒋坝最高水位是十四点五〇公尺；中渡最大流量是八千九百七十五秒公方；高邮在不受江水顶托时的最高水位是八点九〇公尺，最大流量是八千四百五十秒公方；高邮在受江水顶托时的最高水位是九点二一公尺，最大流量是八千五百秒公方。

蚌埠以上节蓄六十亿公方时，一九五〇年的水流在蚌埠的最大流量是一万一千秒公方；蒋坝最高水位是十四点七七公尺，中渡最大流量是九千五百秒公方；高邮在不受江水顶托时的最高水位是八点九八公尺，最大流量是八千八百秒公方；高邮在受江水顶托时的最高水位是九点二五公尺，最大流量是八千八百二十五秒公方。

根据毛主席"治淮要豫、皖、苏三省同时动手，工作均以此为中心"、"确保豫、皖、苏三省"以及周总理"有福同享，有祸同当"的指示，根据对于水情的分析及对于各地实际情况的进一步了解，估计河南可以临时蓄水二十亿公方以上，皖北可以临时蓄水五十亿公方。这样，蚌埠以上便可蓄水七十亿公方。根据以上的推算，蚌埠最大流量是九千七百秒公方，中渡最大流量是八千九百七十秒公方。会议时估计，入海水道虽不能于一九五一年完成，但准备放水二千秒公方。如此，自中渡经苏北入江的最大流量是六千九百七十秒公方。但以后又由于苏北的请求，一九五一年入海水道不能放水，始规定由中渡入江的最大流量是八千五百秒公方。

五、治理淮河的决定

治淮会议经反复研讨后，拟定了治理淮河的方针及一九五一年应办的工程。经向行政院汇报以后，有以下决定：

"关于治理淮河的方针，应蓄泄兼筹，以达根治之目的。上游应筹建水库，普遍推行水土保持，以拦蓄洪水、发展水利为长远目标。目前，则应一方面尽量利用山谷及洼地拦蓄洪水；一方面在照顾中、下游的原则下，进行适当的防洪与疏浚。中游蓄泄并重，按照最大洪水来量，一方面利用湖泊洼地，拦蓄干支洪水；一方面整理河槽，承泄拦蓄以外的全部洪水。下游开辟入海水道以利宣泄（按：关于此点，以后有修改），同时巩固运河堤防以策安全。洪泽湖仍作为中、下游调节水量之用。淮河流域内涝成灾，以至严重，应同时注意防治，并列为今冬明春施工重点之一，首先保障明年的麦收。

根据上述的方针，一九五一年应先举办下列工程：

上游：低洼地区临时蓄洪工程，蓄洪量应超过二十亿公方。整理淮、洪、汝、颍、双泊各河河道，包括堵口复堤、放宽堤距及疏浚，以防泛滥。低洼地区配合麦作期排水需要，择要举办沟洫涵闸工程。塘坝谷坊，先行试办，筹划推广。山谷水库尽速进行测勘研究，争取早日兴工。

中游：湖泊洼地蓄洪工程，蓄洪量应争取五十亿公方。正阳关以上，淮河干堤按最大洪水设计，堵口复堤，部分退建。正阳关以下，北堤高度应按最大洪水设计，在必要修筑遥堤地段，其原堤堤顶高度平于一九五〇年水位。南堤堤顶高度，除正阳关、蚌埠、淮南煤矿三地区应按最大洪水设计外，其余暂以平于一九三一年洪水为原则。干支流低水河槽的淤塞部分，在照顾下游原则下，进行疏浚。阜阳、宿县两专区配合麦作期排水需要，择要开辟沟洫，修建涵闸。濉河上游蓄洪及整理河道，应配合同时举办。

下游：应即进行开辟入海水道、加强运河堤防及建筑三河活动坝等工程。入海水道工程浩大，一九五一年完成第一期工程，一九五二年汛期放水。在入海水道辟成放水前，仍暂以入江水道为泄水尾闾，洪泽湖入江最高泄量暂以八千五百秒公方为度。万一遇江淮并涨，水位过高，仍用归海坝，以保运堤安全。运河入江水道及里下河入海港道部分疏浚工程，亦应配合举办。"

为加强统一领导，贯彻治淮方针，以原有的淮河水利工程总局为基础，成立治淮委员会，由华东、中南两军政委员会及有关省、区人民政府指派代表参加。下设河南、皖北、苏北三省、区治淮指挥部。另设上、中、下游三工程局，分别参加各指挥部为其组成部分。

六、决定中的精神

从治理淮河的决定，我们可以看出几点精神：

历来各河的治理，大都是头痛医头，脚痛医脚，只有局部的、暂时的治理，没有考虑到整体的、长远的利益，所以终不得治，甚至越治而病势越重。如治理淮河，自从清末就着手倡导，亦做了些工程，但终没解决问题。原因是所谓整治，只限于苏北地区，只考虑这一地区的利害。在入江和入海水道方面，虽进行探讨，但没有考虑上、中游的治理。治水是流域性、整体性、统一性的工作，绝不会由于局部的或片面的治理，而使水灾减少到最低的限度、水利发展到最惠的限度的。治淮的决定是上下游统筹、标本兼顾、兴利与除害相结合的"流域计划"。正如毛主席所指示的"豫、皖、苏三省同时动手"，"确保豫、皖、苏三省"，不分畛域，不分厚薄，一齐动手。这样才能根治，亦就是我们现代治水的方向。此其一。

苏、皖利害的矛盾是历史性的，关于纠纷和争执等案件的记载很多。在过去，这些纠纷不只在会议上解决不了，就是械斗亦解决不了。某一方面暂时得势的时候就占些便宜，失意的时候就吃些亏。完全是"今天东风压西风，明天西风压东风"的情况。而现在则在局部利益照顾全局利益、目前利益照顾长远利益、小利服从大利、大利适当照顾小利的原则下，得到了统一的意见。这就打破了过去治水的一个大难关，广开了为人民谋幸福的大门。此其二。

这一工程在第一个年头即须投资五十万吨大米，占全国水利事业经费的五分之二。在淮河流域解放后的第二年，全国经济还有一定困难的时候，由于人民的迫切需要，便投入这样大的资本，若不是在全心全意为人民服务的中央人民政府领导下，这是不可想象的。水利事业是群众性的，与广大群众有直接的利害关系，它的目的在于保障生产以及增加生产，它有着无限大的发展前途。此其三。

有了这样大的投资，举办这样大的工程，便又顾虑干部不足，尤其是技术干部缺乏。诚然，动员三百万群众，完成二亿二千万公方土工，是一件艰巨的工作。据估计，一九五一年需要工程员以上的技术干部一千四百人。现在除了原淮河总局的技术干部二百七十人外，尚由华东、中南各水利机关调借助理工程师以上干部一百二十人，华东各大、专土木及水利系临毕业学生和教员共四百八十人。此外，一九五〇年华东各大、专、高职土木及水利系毕业生及华东教育部原定分配治淮的数百人，又由中央各部调借若干人。现又委托各大、专院校设立训练班，招收四百人。皖北各区训练收方员，前后招生约二千人。河南训练收方员四百人、测工四百人。珠江水利工程局协助两个测量队，计四十人，长途北上。行政干部则大都由沿河省、区调拨。可见，在统一的旗帜下，互助团结，短期内人才可补充足用。此其四。

全域大规模的动工，常患技术资料的不足，影响计划和施工。治淮工作亦自相同。惟根据已有的资料并进行大规模的调查研究，大体上完成全域治理计划及一九五一年的施工计划。这足以说明困难是可以克服的，而且是能够克服的。此其五。

而最主要的还是中共中央的正确领导。这次会议的召开，是遵照毛主席的指示，而在会议的过程中，又屡承指导，并纠正错误。周总理亲自召集各负责干部进行讨论和解决问题，共达六次之多，其他个别的商谈不计。每有会商，辄超越预定时间，延缓了总理的其他约会。这种正确而及时的领导，对于会议的胜利完成是起决定作用的。这又说明，对于人民迫切需要的事业，中共中央是何等关怀，并积极地推进。此其六。

这一切都说明新民主主义国家和资本主义国家以及半封建半殖民地国家的不同。这是我国水利建设的动力，亦是建设新中国的动力。

七、我国水利建设的前途

除淮河外，再看其他河道的治理和规划，就知道淮河的治理，亦代表着各河治理的开端。

解除苏北淮海区和鲁南沂蒙区的水灾，要赖于沂河和沭河的治理。这两个河道本来亦是汇淮入海的，但是自从黄河南侵，夺泗入淮以后，淮泗下游普遍淤塞，形势完全改变。淮河入海的道路阻塞，而沂、沭亦就失去排泄尾闾，造成苏北、鲁南水道的混乱局面。例如，大沙河在颜家集的河槽，仅能容纳沭河最大流量四千五百秒公方的五分之一；蔷薇河在卸甲坊的容量，仅当沭河最大流量的二十五分之一；沂河最大流量为六千秒公方，泄入中运河后，一部分经里运河入江，一部分由六塘河入海，而这些河道的泄量，都不能承泄这样大的洪水。所以每逢暴雨，苏北、鲁南必遭水灾。要想根治沂、沭两河的水患，亦必另辟入海水道。这些艰巨的工程已于一九四九年开始，新沂河在一九五〇年放水，新沭河则可于一九五一年放水。

治沭工程为自临沭县神木庄起，开辟新道，穿过岭腰，引入沙河，至小东关以下由临洪口入海。新河道长七十一公里，较旧河道缩短一百三十公里。计划新沭河排泄洪水三千秒公方，而超过这一数量的一千秒公方，由溢洪道泄入沭河旧道入沂。主要工程为开山的石工约二百五十万公方，挖河筑堤等土工约二千一百万公方，溢洪道及其他建筑物用条石九千八百余公方，块石三万九千余公方。

治沂工程共分四期，而主要工程则为自嶂山东去，经沭阳城北，穿灌云海滨，到燕尾港（浮子口与套子口间）的一段，约二百公里的新河道工程，包括嶂山切岭和到海口的堤工，以及在皂河镇建筑控制泄水入运的工程。全部工程仅土工一项，即为九千二百余万公方，其他开山修闸的工程不计。一九五〇年新沂河堤工造成，且已放水，完成土方五千万公方。

再说河北省的潮白河，下游本来经顺义李家桥，下达通县，入北运河。一九一二年河在李遂镇决口，大溜夺箭杆河，经香河、宝坻，在八门城注入蓟运河。其后由于改道，又从宝坻之老高寨入蓟运河。蓟运河下游的泄水量是二百五十秒公方，而潮白河的最大来水量可达五千八百秒公方。因而时常漫溢溃决，造成京东数县的严重灾害。

治理潮白河的方法，以在上游蓄洪，中、下游辟游水池❶及分洪道为主。惟上游水库的准备工作尚未完成，遂以三千秒公方的水流为对象，举办分洪工程。

第一泄水路线，由苏庄及牛牧屯两处分泄潮白河一部分洪水入北运河，再由土门楼泄水闸放流入青龙湾河，穿东淀堤头汇于七里海，再由东引河排泄入海。利用东淀堤头、七里海等洼地为游水区。

第二泄水路线，自香河之焦康庄起另辟新道，以至黄庄洼，下经小蜈蚣河入七里海，仍由东引河入海。利用黄庄洼为蓄水池。

以上两条泄水路线，包括二十八项工程。一九五〇年已完成八项。第二泄水路线已放水，经过了洪水考验。

以上所说沭、沂、潮白三河的治理，均就根除水患着眼，而且是流域性的计划。其他，若永定河的流域性的治水计划业已完成，并已着手布置施工；黄河、汉水的流域计划业已着手草拟；其他各河亦正在准备。

同学们！大家都知道工业化是我国国家建设从新民主主义向前发展的重要关键，同时亦知道工业化是要有一定的过程的。斯大林曾经说过，一个国家的工业化，有四种方式：一种是英国的方式，便是依靠殖民地的掠夺。一种是德国的方式，便是依靠赔款；一种是依靠奴役性的租让地，是旧俄国的方式；一种是自力更生的方式，全靠自己的力量和节约，换名话说，亦就是靠自己的农业生产和节约，苏联便走的是这条艰苦而可靠的道路。我们中国目前的情形和当时苏联的情形不同了，当时苏联是得不到任何国家的援助的，我们现在却有了苏联的援助，同时有许多人民民主国家，可以互通有无、互相帮助。但

---

❶ 类似于滞洪区。

是，我们的建设主要是靠自力更生，亦是不可否认的。因此，我们可以看出我国经济建设的前途，在工业高潮的前面，一定有一个农业的高潮。至于水利工作在整个经济建设中的地位，一方面它是发展农业生产的主要保证之一，同时在水力发电和发展航运方面，又是为工业化准备条件。发展农业生产方面的工作虽多，而最迫切需要的还是免除水旱灾害。周总理在国庆日报告中，特别指出，今年全国获得丰收，水利工作是主要原因之一。水利工作发展的方向，是从单纯地防洪、灌溉走向多目标的流域开发。其中水力发电一项，全国的蕴藏量即达一亿四千余万千瓦（当时的数字——编者注）。这对于新中国的工业化将是多么巨大的贡献。从此可见，水利工作不但是目前的迫切需要，同时亦是中国将来巨大建设的奠基工作，现在才开始。它向千千万万青年伸出召唤的巨手。据初步估计，仅只三五年内便需要增加技术干部一万七千八百人。将来还需要的更多。我晓得，现在的同学比我们那个时代的学生进步了，不但热心学习科学技术，同时又具有高度的政治觉悟。你们一定能够响应国家建设的号召，选定方向，努力学习，迅速填补建设工作中空缺的岗位。

为战胜洪水而奋斗❶

（一九五一年六月二十二日）

目前，全国各大江河，就要进入汛期。广东省的珠江和江西省、湖南省的长江支流已经先后涨水。黄河、淮河和华北、东北地区的河流不久亦就要到汛期了。为了战胜洪水，保障农田不受水灾，工业、交通不受威胁，争取今年全国的丰收，提高生产、增加抗美援朝的力量，全国人民应该积极地动员起来、组织起来，为战胜今年的洪水而奋斗！

大家都记得，在国民党统治时期，中国的水灾是很严重的。每次水灾，都使很多的人民流离失所、无衣无食，过着极其悲惨的生活。比如，一九三一年受水灾的人民有五千二百七十多万，淹没土地一亿六千万亩。一九三八年国民党反动派把郑州附近花园口南岸的黄河大堤扒开了，黄水淹了河南、安徽、江苏三省的广大面积，仅河南一省被淹死的就有五十多万人，人民的损失是没法计算的。

一九四九年，全国还没有完全解放，解放战争仍然在进行着，河流堤防还没有来得及进行整理，仍然发生了严重的水灾。全国人民迫切要求消灭这个祸害，以保障生活的安全，促进生产的发展。所以在中央人民政府刚刚成立不久，就召开了全国各解放区水利联席会议。决定了加紧治理各河，逐步地消灭水灾，并且发展灌溉事业，提高农业生产。一九五〇年的春天，人民政府动员了四百六十多万人参加了水利春修工程，筑堤用土四亿多立方公尺。若是拿来修筑一公尺高、一公尺厚的土堤，约可绕地球赤道十周。这样大规模的治水工程，在中国的历史上是没有的。比如就山东一省的治理黄河来说，一年的工程量比国民党统治时期抗战前五年的工程大十七倍。只有人民自己的

---

❶ 在中央人民广播电台的讲话。

政府，才能有这样大的成绩。所以在一九五〇年防汛期间，除淮河遇到了十多年所没有的洪水、遭受了严重水灾外，其他全国各大江河，都在全国人民的努力和人民解放军的协助下，战胜了洪水，大大地减轻了水灾。今年中央人民政府又拿出大批的粮款来治水，毛主席并亲自下了指示："一定要把淮河修好！"今年在水利上的投资，比国民党统治时期全国水利投资最多的一年还要多几十倍，仅淮河的投资就亦当那一数值的十倍。不过由于国民党多年的统治，一切建设不是停滞就是破坏，使得全国河流的防御工程残破不堪。所以水利建设的恢复和发展，还需要一个相当的时间，一两年的时间还不能完全解决所有的问题。要战胜洪水，除去依靠堤防工程外，还必须依靠人为的努力，以补救堤防工程的不足。

今年的汛期就要来了，中央人民政府政务院在六月八日发出了关于加强防汛工作的指示。这是一个非常重要的指示，必须贯彻执行。

为什么今年的防汛工作特别重要呢？因为：

第一，全国人民正在进行着轰轰烈烈的抗美援朝的伟大运动，中国人民志愿军在朝鲜前线上艰苦奋斗，不怕困难和牺牲地和美国帝国主义的侵略军作战。他们是为了朝鲜人民的解放，是为了全中国五亿人民的安居乐业，全国人民的积极支援是理所应当的。为了支援人民志愿军，就要多打粮食，增加生产，以更多的物资来供应他们，早日把美国帝国主义侵略军队推到海里去，使中国人民、朝鲜人民、全世界人民都能过着安生的日子，所以今年的防汛工作一定要做好。

第二，全国绝大部分地区已经实行了土地改革，贫苦的农民已经分得了土地，生产情绪很高。因为农民几千年来，受着封建地主的压迫，没有土地，过着牛马一样的生活。而今天在共产党领导之下，他们分得了土地，所以很希望能够得到丰收的年景，改善生活。同时，也只有这样，才能使他们彻底翻身。

根据以上所说的两点，我们必须争取今年的丰收。要想争取今年的丰收，就水利方面来说，就必须战胜洪水，减轻水灾。

那么，在防汛工作方面，目前我们应该做些什么事情？怎样去做呢？根据中央人民政府政务院的指示，我们目前要做的有以下几点：

第一，要建立统一的防汛领导机构。根据去年的经验，仍应该以地方人民政府为主体，组成防汛指挥部。亦就是，由政府首长领导，由水利机关办理日常业务，并邀请当地驻军代表和其他有关机关、团体参加，组成统一的领导机构。必须有这样的强有力的领导机构，才能动员起广大群众和有关机关的集体力量，以完成这个重大的任务。一条河流如果流经两个以上的行政单位，那么，就要事先把防守堤段划分清楚，把防守的责任明确起来，或者建立联合防汛指挥部以统一指挥。一定要做到统一领导，分段负责，上、下游密切联系，左、右岸互相支援，才能战胜洪水，确保安全。中央防汛总指挥部业已成立，其他各地方的防汛组织有一些亦先后成立了。至于还没成立的，希望能早日成立，指挥防汛工作。

第二，洪水未到来以前，要做好一切准备工作。上面已经讲过，目前我们的水利工程，还不可能解决所有的防洪问题，要战胜洪水，还需要加上人力的抢护。防汛工作对于人民的生命财产关系很大。所以沿河地区的人民，应该组织起来，组成巡堤队、抢险队和必要的后备力量，并且要使大家学会防汛抢险的一般知识。这种组织，现在需要立即建立起来，并且一直坚持到汛期结束。去年珠江洪水来得特别早，群众还没有组织起来，于是造成了局部灾害。去年浙江、福建等地，入夏时天旱，大家忙于抗旱，忽然洪水来了，措手不及，亦造成了灾害。所以，我们务必立即行动起来，并且随时警惕，千万不要麻痹大意。再者，关于防汛的物料、设备、交通工具亦是极重要的，必须事前妥为准备，不然临时便会发生困难。

第三，进行堤防大检查。堤防工事是防汛工作的物质基础，所以为了堤防的巩固，要对堤防进行一次普遍的大检查。根据过去的经验，堤防的决口有两种情形：一种是洪水满槽，漫堤决口；一种是堤防发生漏洞，抢救不及决口。漏洞是堤防的隐患。根据去年的检查，隐患是普遍存在的。如去年检查黄河堤防时，就发现了獾洞五千二百多个。检查河北省各河堤防时，亦发现了獾洞、狐洞、水眼七万三千多处，并且捉住了害兽二千四百多只。湖北的荆江大堤，在汛期发现了跌窝五十多处，漏洞一百二十多处。所以今年中央人民政府政务院指示要进行堤防大检查。黄河的堤防检查工作已经开始了，并且还创造了用钢筋钻探的方法，收效很大。各处应该立即进行这一检查工作，以期保证堤防的安全。还有，对沿河的涵洞亦要检查一下，因为涵洞是堤防上的严重弱点。今年江西省赣江发水时，在丰城拖船埠决了口，就是因为涵洞漏水，使大堤崩裂造成的。去年亦有不少例子。总之，对堤防和涵洞的检查，是很重要的事情，而且现在就应当马上动手。该补的补起来，该修的赶紧修，不然到了大水的时候修补就困难了，或者亦来不及了。

第四，在防汛期间，要警惕反革命分子的破坏活动。在防汛期间，对堤防工事的任何破坏，都可能造成很大的灾害。这一点，我们不应该有任何一点的麻痹和大意。自从大张旗鼓镇压反革命以来，已经使很多的反革命分子落入了人民的法网，亦有的低头悔过。但是，还有一些死心踏地的反革命分子，没有被捉起来，他们还会疯狂地进行破坏活动。比如，在春修的时候，河北省就曾发现了好几次特务分子的破坏活动；特务分子给治淮民工当中的一个模范女工队放了毒药；其他地方亦发现了类似的破坏事实。所以，中央人民政府政务院指示，在防汛工作中，要提高警觉性，严防特务、反革命分子破坏，这是非常重要的。

防汛就是和洪水打仗，在堤上抢险就好像是在战场上消灭美国帝国主义侵略军队一样，一点亦不能放松。大家都知道，要想打胜仗就要有能打胜仗的军队，亦要有枪炮和弹药、有通信联络。我们的防汛工作要想胜利，就要有巡堤队和抢险队，亦要有必备的料物和工具。上下游的联络亦要作好。只有这样，我们的仗才能打胜。

中国人说到对人民有害的东西，常常和"洪水猛兽"相提并论。这话说得很对。中国人民志愿军在朝鲜前线打美国野兽，我们就要在后方战胜洪水。志愿军在前方打野兽已经取得了很大的胜利，我们亦要学习他们的精神来战胜洪水。

汛期已经逼近了。为了战胜洪水、保证农产的丰收、减轻水灾的威胁、支援中国人民志愿军，全国人民应该根据中央人民政府政务院的指示，立即动员起来，为战胜洪水而奋斗！

中国水利建设在毛泽东旗帜下胜利前进

（一九五一年十一月十日）

一

　　水利事业包括防治水害、发展水利两个方面。目前的工作，是根据国家建设的总方针，首先配合农业生产的恢复和发展，着重解决防洪和灌溉两个问题。对于其他水利事业，有的虽已开始，但主要是调查研究，进行准备工作。两年来的工作是有成绩的。

　　过去我国水灾情况的严重，是大家所熟悉的。举几个突出的例子来说：一九三一年，淮河和长江两个流域淹地一亿五千余万亩；一九三三年，黄河淹地二千余万亩；一九三四年，黄河淹地九百七十余万亩；一九三五年，黄河淹地一千五百余万亩，长江与汉水淹地四千余万亩；一九四七年，珠江淹地一千零八十余万亩，一九四九年，全国各河淹地在一亿亩以上。这只是近几年的例证。可是两年以来，全国河道的防御情况发生了根本的变化。过去对安全无保证的，现在有了适当的保证，过去保证很低的，现在有了较高的保证。

　　因为水利事业是广大群众的迫切需要，一九五〇年全国在水利事业方面的经费，相当于国民党统治时期水利经费最多一年的十八倍，一九五一年相当其四十二倍。两年来，全国动员参加水利工程的民工先后共达一千零三十七万人次，还有中国人民解放军三十二万人协助工作，共做工五亿余工日。所做大小建筑物总共一万一千二百八十三座，所做土工总量，计九亿五千九百万立方公尺，若筑成高、宽各一公尺的土埂，可以围绕地球赤道二十四周。土工效率亦有显著提高，过去每人每天平均做一点五立方公尺，今年平原省平均则达四立方公尺以上。通过这样巨大的工程，对全国主要河道四万二千公里的堤防都进行了加高培厚和整险护岸的工程，部分河流并且开始进行了治本工程。

举几个主要例子，来说明这些工作的内容。

黄河在新中国成立以前，只要陕县流量在一万秒立方公尺时，决口的机会就占百分之七十五，陕县流量在四千秒公方时，亦就有决口的可能。新中国成立以后，一九四九年已经保证陕县流量一万六千秒立方公尺不生溃决，一九五〇年可以保证一万七千秒立方公尺不生溃决。今年在平原省黄河北岸临黄堤与金堤之间设立滞洪区，并在长垣县石头庄做了分洪堰工程，以便在异常大水时分滞一部分洪水。因之，便可以保证陕县流量二万三千秒立方公尺时，不致决口改道——亦就是在陕县有水文记录以来，洪峰最大时不致决口改道。在治本的工程实施以前，有了这项措施，加以历年对于下游堤防的修整护养与完善的防汛组织，黄河流域人民的安全已经得到初步的保障。至于治本工程，现已着手调查、研究、规划。

长江在一九三一年淹地一千九百余万亩，一九四九年淹地两千余万亩。最危险的一段，是湖北省的荆江大堤（即从沙市到城陵矶间的长江北岸堤防）。在这一段，因为河槽狭窄，不能容泄较大洪水，威胁三百万人口、八百万亩土地的安全。国民党统治期间，长期失治，江底淤高，形势更加危急。而治本的工程又不能在短期内着手。为了预防万一发生异常洪水，造成巨大灾害，今年已经在南岸太平口虎渡河以东、藕池口以北地区，修筑了临时分洪工程，估计可以减少长江的洪水量一万三千秒立方公尺，基本解除荆江大堤所受的威胁。此外，对于湖泊亦开始整理，大通湖的蓄洪垦殖工程业已完成，其他各段堤防亦予以适当加固。可以保证一九三一年或一九四九年最高洪水不生溃决。

长江支流汉水的堤防已大为加强，仙桃以上保证一九四九年最高水位，亦即历年记载最高水位不溃决。仙桃以下，保证一九五〇年最高水位不溃决。今年汉水洪水特大，汉川以下超过保证水位，亦未成灾。其治本工程正在进行准备。

苏北和山东的沂河、沭河都是连年成灾的河流，从一九四九年就已开始进行带有治本性质的工程。新沂河工程现已大部分完成。苏北沂河流域的淮阴专区，过去几年几乎没有收成，去年产粮八亿斤。今年沂河的洪水很大，未生灾害，淮阴专区产粮增加到二十亿斤左右。

珠江堤防亦大为加强。一九五〇年和一九五一年都遭遇很大洪水，主要堤围未生溃决。

东北和内蒙古的辽河，河北的大清河、子牙河、永定河，除一般加强堤防外，都是必须进行治本工程才能解决水灾问题。辽河已经修理完成日寇侵略时期没有完成的二龙山水库工程，蓄水十亿五千万公方，除去灌溉利益以外，今年已使三百一十三万亩土地免受水灾。其支流太子河的水库，明年就要动工。永定河官厅水库工程今年下半年正式开工，完成后可以免除永定河水患，保障京津铁路和天津的安全，并有较大的灌溉和发电效益。大清河除去已经开始进行的独流入海减河工程，水库工程亦在查勘准备之中。

现在谈到毛主席所号召的根治淮河工程，它不单独为防洪，而是一个多目标的流域开发工程。这一个改变整个淮河流域自然面貌的工程，它的主要目标是，使淮河流域五千五百万人民、二十一万平方公里的土地，永绝水患，同时还可增加四千万亩的农田灌溉，改善一千公里的航道交通，并有相当数量的水力发电效益。现在它的第一期工程已经完成了，包括二千一百公里的堤防、八百六十公里的疏浚、一座水库（还有两座水库在兴建中）、十二处湖泊洼地蓄洪、九十二座涵闸，共做两亿立方公尺的土工和数量很大的石工及混凝土工。第一期工程的完成，就已经基本上保证了淮河流域不再发生严重水患。此后的工程则是要根绝水患，并进行兴利的工程。

通过以上这些巨大的工程，拿一九四九年做一个转折点，各主要河流防御洪水的能力都在逐步提高，因之，全国遭受水灾的面积在逐步缩小。一九四九年的水灾在一亿亩以上，一九五〇年的水灾在六千万亩左右，一九五一年的水灾是二千一百万亩。这些数目可以说明全国人民克服自然灾害、保障农业生产的伟大成就的一方面。

二

另一方面是灌溉工作。这是从三个方面进行的。其一是大型灌溉工程，由政府投资或贷款举办；其二是小型灌溉工程，由政府领导，群众举办；其三是根据土地改革以后的新情况，实行民主管理，讲究经济用水，以增加现有工程的灌溉面积。现已经取得一些成绩。在政府举办的工程方面，两年以来恢复并增加灌溉面积约八百万亩；在群众举办的工程方面，两年以来恢复并增加灌溉面积约二千一百五十万亩。关于实行民主管理和经济用水方面，去年陕西一省，就增加灌溉面积二十五万亩，东北查哈阳一个灌区，就增加灌溉面积九万亩。今年全国实行土地改革，这一方面必然有更大的发展。

全国灌溉工程以西北为重点，两年来恢复并增加灌溉面积约四百万亩，新疆一省就恢复并增加一百五十万亩。正在进行的黄河下游引黄灌溉济卫工程（即人民胜利渠），除可灌田三十六万亩外，并可增加卫河的枯水流量，使新乡到天津的航运畅通。这是黄河下游的创举。

要增加农田单位面积的产量，保证丰收，改变"靠天吃饭"的状况，则防涝和抗旱的工作必为其主要条件之一。这两年来虽然获得了一些成就，但仅是一个开端。现正在进行调查研究，为进一步发展作准备，有的已具有计划轮廓。至于有关水力发电与航道整治，因非这两年的重点，进展无多。

三

从中华人民共和国成立到现在，不过两年的时间，为什么能够获得这样大的胜利呢？贯穿在一切工作中的最有力的因素，是毛泽东思想的领导。所以水利事业的胜利，就是毛泽东思想的胜利。现在以治理淮河这个具体的例子来说明这一点。

淮河流域发生巨大的水灾，是在一九五〇年七月中旬。当时的情况是，新中国成立还不到一年的时间，美国帝国主义却已经开始了侵略朝鲜的战争。人人都可以看出，美国帝国主义的刀锋不会停止在朝鲜，而是要对新生的中华人民共和国进行无耻的干涉。当时国内经济的情况是，经过剧烈的战争，刚刚获得财政金融的稳定，工商业亦才得到初步的调整。当时水利事业，是经过长期反动统治的破坏和一九四九年全国普遍的水灾以后，千疮百孔，百废待兴，而治河的基本资料很缺乏，准备工作亦没开始。在这样的情形下，淮河发生了巨大水灾。估计到各种条件的困难，估计到治淮工程的复杂艰巨，我们只考虑到怎样进行紧急的防护，以换取计划的准备时间，没有敢考虑进行根本的治理。

毛主席在看到华东军政委员会报告灾情的电报的时候，立即提出根治淮河的要求，并要求即刻着手准备，秋后组织大规模的施工，要求在一年以内，就取得显著的成效。毛主席的决定，当时对我是一个巨大的震动，而对淮河流域人民则是极大的安慰，这个决定传达下去后，淮域五千五百万群众迸发出一片知心的欢呼！

周总理根据这一要求，指示中央水利部必须于八月底以前拟出治理淮河的办法。经过与有关各省、区及水利部门的会商，政务院决定，淮河就按毛主席所指定的时间开工，到今年六月，第一期的工程已按决定的项目完成，而且都能合乎标准规格。

在这一年中，从毛主席提出号召，经过会商、决定、调查、研究、计划、施工到完成，我一直为不安的情绪所扰。这样复杂艰巨的工程的正确计划，怎能快速地拿出来？又怎能及时地完工？在每送来一张图、一份报告的时候，我一方面细读详研，一方面捏一把汗。可是，到今年六月，第一期工程如期地、合乎标准地完成了。这是一个活生生的、伟大的实践教育。

毛主席所掌握的主要根据是什么？是人民的要求，是群众的力量，凡是广大群众所关切要求的就必须办。当时曾有人提出任务繁重，如土地改革等。毛主席指示：淮域三省一切以治淮为首，不得已时，其他工作可以暂向后放。因为淮河不治，便没有安居乐业的可能。水患是人民生活的严重威胁，必须治理。由此亦可见，人民革命战争，从无到有，从小到大，主要不是依靠财政力量，而是依靠一条正确的政治路线，紧紧地贴住了人民的要求，组织起广大人民的力量，提高了热情，发挥了智慧，于是就能克服无数困难，取得最后胜利。

毛主席所掌握的主要根据，也可以说是我们的人民民主专政制度的优越性。在治淮工作上的具体反映，鲜明地表现为以下三个问题：为了谁？依靠谁？谁领导？这三点是决定一个工程的性质、规模及其成就大小的根本关键，亦是我们的水利建设和过去封建时代、半殖民地半封建时代以及资本主义国家的水利工作的基本区别。

就以淮河的治理来说，从——二八年（宋高宗建炎二年）到一八五五年（清文宗咸丰五年），黄河南侵夺淮合流的时期，明、清两个封建王朝，治淮的方针始终遵循着一个政策，就是维持运河的"漕运"。漕运并不是为了人民的便利，而是为了封建统治者的特别需要。明、清两个王朝都是建都北京，北方的食粮不足以维持其庞大的军政机构的需要，每年必须从江南搜刮几百万石食粮，运到北京。所以他们把漕运畅通看作统治者的生存命脉，完全不顾沿河群众所受的洪水泛滥的灾害。沿淮群众有一首歌谣说："说凤阳，道凤阳，凤阳本是个好地方，自从出了朱皇帝，十年倒有九年荒。"这具体说明了人民对于帝王不治淮的刺骨的怨恨。从一八五五年到一九三八年，黄河脱离淮河，应该是治淮的最好时机，可是由于帝国主义的侵略，中国沦为半殖民地。从清末的封建统治者到国民党政府，只考虑怎样镇压人民的革命运动，以满足帝国主义的要求，并维持其摇摇欲坠的政权，根本不考虑人民的利益，所以淮河得不到改善。一九三一年淮河发生巨大水灾，淹地七千万亩以上，国民党政府曾藉口治淮，向美国帝国主义借了一笔巨大的卖国款，却只用其中极小部分来进行治淮，而把大部分使用在镇压革命和扩大四大家族的官僚资本上。其所标榜的治淮，基本上是一个骗局。至于其治淮的具体工程计划，则由于统治阶级的封建割据性，从全局来看，是偏袒了苏北的地主阶级的利益，完全忽视了河南和皖北的利益。在苏北工程中，亦没有解决洪水问题，却孤立地在运河上修筑了两三个船闸，只是为了资本家的利益。一九三八年，国民党反动派挖掘黄河堤防，使黄河再度泛滥入淮，造成淮河流域九年的大患，更充分暴露统治者残暴的本质。直到新中国成立以前，国民党反动派对于治理淮河水患根本拿不出办法来，任其泛滥。今天的治淮目标非常明确，首先是为了淮河流域五千五百万广大人民的要求，同时亦完全符合整个国家建设的需要。

　　过去反动统治阶级的治水，是为了维护其本身的利益，所以是依靠封建地主阶级，依靠腐朽的官僚机构。因之在工程计划上严重地存在着"以邻为壑"的思想，造成地方与地方间的无尽纠纷。而工程的实施，只采取徭役劳动或雇佣劳动的方式，大小工程都有"偷工减料"的可能，谈不到安全与经济。又由于帝国主义的侵略，则包办技术性较高的工程，以便大量地剥削殖民地国家劳动人民的剩余价值，并为帝国主义国家的工业品寻找市场。和这种情况恰好相反，现在治淮工程是依靠广大的群众力量，是依靠有高度的为人民服务思想的行政和技术干部，是依靠自己的生产能力，并学习社会主义国家的先进经验。通过民主的组织形式，二百二十万民工真正成为工程的主人，因之发挥了积极性和主动性，工作效率就大为提高。所以能在这样短的时间取得这样大的成就。这在任何反动政权下都是不可想象的事情。

　　以上所说，是治淮工程的主要特征。但是所以能够在全部工程中实现这种特征，则是由于有了工人阶段在思想上、政治上、组织上的领导作用。在治淮工程中，具体地表现在以下几方面：第一，建立了流域计划的整体观念，关于此点以下再为说明。第二，只有在中国工人阶级掌握了现代化的制造工业和建筑技术的条件下，才可能设想依靠自己的力量修筑这样多的现代化工程。第三，治淮工程大部是依靠广大农民的力量，但是必须学习工人阶级的先进的组织性，农民的力量才能充分发挥。第四，工人阶级直接地支援治淮工作，上海一百余家工厂的工人，昼夜工作，坚持几个月的时间，研究创造、赶制润河集分水闸的钢材和机械，并亲自到工地，协助进行安装和试验工作。

　　以上说明，在中国过去的封建时代、半殖民地半封建时代，不可能有这样大的成就。这是进步的社会制度的优越性在水利建设方面的具体表现。正如毛主席所说，"一切事实都证明：我们的人民民主专政的制度，较之资本主义国家的政治制度具有极大的优越性。在这种制度的基础上，我国人民能够发挥其无穷无尽的力量。这种力量，是任何敌人所不能战胜的"（《毛泽东选集》第五卷第五十页）。

四

由于毛泽东思想的启示，水利计划突破了旧的范畴，向新的方向迅速发展。

毛主席经常教导我们，要树立为人民服务的思想。毛主席经常教导我们，对每件事情要进行阶级的分析，才不致帮助了敌人，危害了自己。正是由于这些教训，使我们在计划水利事业时提高警惕，以批判历史的、传统的、错误的成见，使我们所计划的事业，能真正成为为人民服务的工程。在决定治淮的时候，毛主席首先提出根治的要求，这是要求从长期的、远大的利益着眼，来根本地解决问题。在商讨治淮计划时，针对着上、中、下游的历史矛盾，毛主席又提出河南、皖北、苏北三省（区）共保、三省（区）一齐动手的指示。正是由于这些重要的启示，才确立了全流域统筹规划的思想和小利服从大利、局部服从整体、除害照顾兴利、现在照顾未来的整体观念。毛泽东思想给我们指出了我国水利事业发展的方向。

这一方向的具体表现，亦可以拿中央人民政府政务院"关于治理淮河的决定"为例。第一条指出："关于治理淮河的方针，应蓄泄兼筹，以达根治之目的。"接着说："上游应筹建水库，普遍推行水土保持，以拦蓄洪水、发展水利为长远目标，目前则应一方面尽量利用山谷及洼地拦蓄洪水，一方面在照顾中、下游的原则下，进行适当的防洪与疏浚。中游蓄泄并重，按照最大洪水来量，一方面利用湖泊洼地，拦蓄干支流洪水，一方面整理河槽，承泄拦蓄以外的全部洪水。下游开辟入海水道，以利宣泄（关于此点，以后有修正），同时巩固运河堤防，以策安全。洪泽湖仍作为中、下游调节水量之用。"

根据这个方针，从几十年的雨量和水文记录中，推算出全流域各支流以及干流各段的最大洪水量，作为各地防洪的标准，并且推算出各地枯水季节最小水量以及各地的用水量，作为各地蓄水的标准。根据这些标准，再依据客观条件定出工程计划。正是在算了总账之后，才规定全域规划。所以不但可以达到根绝水患的目标，同时还可以使水流得到充分的利用。既然经过上、中、下游共同调查、共同研究，比较利害大小，求得合理解决，所以才能真正做到上、中、下游意见的一致。

再则，过去只讲求泄水，目的在于赶快把水送到海里去。这亦是由于从片面的治水思想出发，认为水是有害的所致，可是等到农田或航道用水的时候，却又无水可用。现在的蓄泄兼筹方针，正可以补救这一缺点。不过，无论是利用湖泊还是利用山地蓄水，总须占用一些土地，因之就有少数人受害。所以这个方法虽然好，在旧社会制度下亦行不通。现在的办法是，对于湖泊洼地设以控制工程，只等着较大洪水来时才放水入湖，因为湖内常空，湖的蓄洪容量可以大为提高；另外，湖边的田地，原本十年九淹，现在可以保证一季麦收，且可时常获得秋收。因之，湖泊洼地的效用亦就大为提高。至于山地筑坝蓄水，不只可以节洪，而且可以供给灌溉、航运及发电之用。虽然是少数人受灾，而广大人民则受其利。在"一户搬家，千户发家；一户搬家，千户安插"的号召下，问题亦得到解决。

在过去的治水工作中，只是孤立地看问题，说防洪，便单纯地讲究如何尽快地把水排出去；说灌溉，便单纯地讲究如何尽量地把水蓄起来；说发电，便单纯地讲究如何片面地获得最大的发展，诸如此类。因之，防洪、灌溉、发电之间引起了矛盾，对立起来，而得不到解决。治水的对象是水，而水的来源是一定的。要想免除灾害，并发展它最惠的利用，只有统筹全局，照顾整体利益，才能得到合理的解决、统一的结论。

毛泽东思想的启示，除了改变旧的治水方向以外，并且使水利工作者的工作态度起了基本变化。例如，治水必须有技术人员参加。可是，过去的水利工作者在计划时常犯单纯技术观点的错误。从毛泽东思想的启示和两年来实践工作的教育，已经基本上纠正了这等错误思想，而建立了正确为人民服务的态度。水利工作者又常有保守思想，不容易接受新事物，又常犯教条主义，使理论与实际脱节。从毛泽东思想的启示，和两年来实践工作的教育，已经基本上纠正了这种思想，并认识到实践的重要性。这一切都有助于水利事业的发展。

　　总之，两年来水利事业的成就，是毛泽东思想的伟大胜利。在毛泽东思想的光辉照耀下，我们看见了新中国无限光明和无限美好的远景，亦看到了水利事业的光明美好的远景。我们一定要把全国的河流治好，一定要使几千亿立方公尺的洪水，变为服务于人民的甘泉。

黄土高原水土保持的初步认识

（一九五三年七月三十日）

水土保持对于我们来说，是一个新的工作，我们的经验很少，不知道应当怎样做，甚至于连这一工作应该包括哪些内容知道的也不多。因此，对于这一工作常有片面的、局部的甚或是主观的看法。

一九五二年十二月，中央人民政府政务院发布了"关于发动群众继续开展防旱、抗旱运动，并大力推行水土保持工作的指示"。在这个指示里，关于水土保持工作部分，特别提到了西北，指示说：在一九五二年除去已经开始进行水土保持的地区仍应继续进行外，应以黄河支流无定河、延水及泾、渭、洛诸河流域为全国的重点。为了贯彻这个指示，一九五三年四月下旬，水利部、农业部、林业部、中国科学院和西北行政委员会的有关部门组织了"西北水土保持考察团"，内有水利、农业、林业、畜牧、植物、土壤及地理专家共三十六人。以陕西、甘肃水土流失严重地区——无定河、泾河、渭河流域的榆林、绥德、庆阳、平凉、兰州、天水等地为重点，进行考察研究。自四月二十日至七月十五日，历时八十五天，经过准备、考察、总结三个阶段。

这次考察的目的，是初步了解西北水土流失不同地区的地形、土壤、气象、水文、植物被覆、土地利用、社会经济及水土流失等情况，结合重点区域深入考察，以便初步找出水土流失规律，总结水土保持经验，研究黄河泥沙问题，提出今后进行水土保持工作的方向和当前工作的意见，以便更进一步地进行查勘、测量、研究、计划、实施。

经过这次考察，我们认为对于水土保持有了进一步的认识。这里只就对于它们的认识加以介绍，也就是主要说明什么是水土保持，它包含哪些内容。为了说明这一点，必须先介绍一些有关水土流失的情况，进而找出水土流失规律。

黄河流域的一般形势是西高东低，在这一流域内虽然也有略近南北的几道山脉，像贺兰山、六盘山、陇山、中条山等，使一些水流的方向不能与一般形势相吻合，但这也只是局部的现象。

黄河流域的一个突出特性，是约有一半的面积，三十七万平方公里，覆盖着一厚层"黄土"。虽然世界上其他地区也有黄土，但面积较小，远不能和黄河流域相比。就现在的情况来说，黄土覆盖地面的厚度，一般是二十至一百五十公尺，薄的地方也可能只有几公尺，厚的地方有达四百公尺的。

一般的情况是黄土层下有红土层，或红色土层，或红层，再下为岩石。

黄河远在黄土层风积生成（十几万年到二十万年前）以前就大体构成了它的排水系统。所以在黄土层生成以前，黄河和它的许多支流就进行着冲刷和淤积的工作。经过悠久的侵蚀，黄河将很多地方的岩石冲深一百多公尺，造成峡谷。它的主要支流也有类似的情形。这只是水力冲刷现象的一个例子。黄土比岩石松软得太多了，那么，经过悠久的岁月，冲下去的数量自然是很大的。

河水的来源是雨水（或雪水），直接从地面上流到河里，或者经过渗入地下再涌出来而流到河里。雨水降落以后有三条出路：一部分水由于蒸发的作用，回到空气里；一部分水渗入地下；除上述两部分外，剩下的雨水便顺着地面流到低洼之处，逐渐汇集而流入小沟、小溪，转而汇流入河。

对于地面起冲刷作用的是直接从地面流走的一部分雨水，这部分水叫作"径流"，就是直接流走的意思。径流初期的冲刷是片状的，也就是从地面上刮去很薄的一层土。径流汇集大了，水流集中了，便进行沟状冲刷，也就是将地面冲成沟，或把已有的沟扩大。

片状冲刷也包括地面纹状细沟的冲刷，因为沟很细小，再则由于耕作的关系，经过犁、锄，这些细沟也很容易被消灭，所以不能引起人的注意。但是在冲刷严重的陕北地区，这种现象是瞒不过农民的。农民有的说："三年或五年就把一犁土冲去了"；有的说："每年犁地要犁入生土一指深"（也就是每年冲去一个手指深表土的意思）。

水流汇大了便冲成沟。沟的冲刷有三方面：刷深、扩宽、沟头向上进展。若干小沟又汇成较大的沟，逐渐成为一个较大的排水系统。这些沟的深度不等，如在洛河和泾河流域，一般的是一百至三百公尺深。在这样一个排水系统里，由于冲刷的逐渐发展，像蚕食桑叶似的，沟的面积逐渐扩大，而地的面积则日见缩小。年代久了，沟越发展越多、越大、越宽、越深，而高原便被沟壑割裂成为零星破碎的地区了。

在黄土生成以前，这一地区已经有了山脉河流的形势，黄土是一边被风堆积一边为水流冲刷的。同时，黄土的堆积也受原来地势的影响，表面也有起伏现象，积层也有厚薄。因之，黄土高原实际冲刷的情况是很复杂的。现在只拿绥德、定西和庆阳一带的一部分地形作代表，来说明一般的情况，自然，广大的地区情况，是介于它们之间的。

西北黄土高原的冲刷现象是严重的，其中要以无定河流域的绥德一带为最甚。有人拿"地无三尺平"形容山区地形。但山区还可能有山梁，而绥德一带不只无平地、无山梁，而且地形极为破碎。登丘顶远眺，则见丘顶大略同高，而微有起伏，绝无奇峰突峙或玉笋插天的形态，也没有山梁绵亘蜿蜒的形势，而是丘顶孤立棋布，千沟万壑，纵横排列。下丘顶入沟则迷失方位，莫知所适。丘顶圆而突出，如蒙古幕帐，其下有些坡地，如肩披蓑衣，俗称"峁"地。再下则坡度较陡，至丘脚而有由滑塌堆成的较缓坡地。再下则为排水沟。丘与沟的界线很难分，因为它们只是相对的称呼。所以有人把这一地区称为"丘陵沟壑区"，因为不是丘陵便是沟壑，只在河边有少量的平坦滩地，俗称"川"地。

有些地区虽然是丘陵或山地，但没有这样破碎，几个丘的峁地还相连接，而成为微有起伏的山"梁"。最显著的例子是六盘山以西，沿西兰公路，过静宁县葫芦河而西，便逐渐上坡，达顶后，直至华家岭以西，其间约有八十公里的路程，走在一个不断的山梁上，路面只微有起伏，但梁的两旁则为坡地，直下沟底。所以公路的位置像在屋脊上。

现在再举一个"厚"地的例子，就是泾河流域的庆阳一带。泾河支流蒲河与马连河之间有一片高原，以西峰镇为中心。这是陇东的著名产麦区，名为董志塬。现有公路直穿高原的心脏，也约略地就是上述两河的分水岭。公路南由萧金镇入塬，经董志塬、西峰镇，而至驿马关，再向北就渐近丘陵了。这片高原现在冲刷也很严重。分水岭的东西有很多大沟，分别流入马连河与蒲河。拿蒲河的一个沟——南小沟来说，它的集水面积是二十八点三平方公里，而沟占十三点三平方公里，即占全面积的百分之四十七。约略计算，要填平这个沟，需十亿立方公尺的土。有名的董志塬的形状，已经像蚕食余的桑叶，只有中心叶脉还连接着。而在长武亭口以上的泾河流域内的塬地面积现在只有二千七百五十平方公里，约占流域面积的百分之八点二，其他则变成丘陵和沟壑了。

像董志塬这类的地形会不会变成像华家岭一类的地形？华家岭一类的地形又会不会变成像绥德一类的地形？具体到这三个地点，可能由于它们的客观条件不同，自然不能说一定要经过这三个过程。但是董志塬已经为大沟所割裂，驿马关以北已渐成丘陵，而庆阳县以北的华池、环县据说只有小塬，已成为丘陵区了。所以说由"高原"而变为像今日董志塬的"高原沟壑区"，再变而为"丘陵沟壑区"则是可能的，而这种变化现在还正在继续发展着。换言之，听其自然发展下去，冲刷的前途是很可怕的。今日的西峰镇或董志塬将来可能成为像绥德的一个峁顶，孤零零地站在沟壑的中间。

以上只说到自然力量对于土地表面和沟壑冲刷的工作，这也是形成西北地貌的一个主导力量。自从有人类开垦耕作以后，是不是对于冲刷有影响呢？有的，人为的力量对于冲刷起了助长的作用，同时对于土壤的破坏则又造成严重的恶果。

人为的力量助长冲刷、破坏土壤主要表现在滥垦、滥牧、滥伐方面。也就是说，由于过度地开垦荒地，同时破坏了未垦地的植物被覆，因而助长了水土流失，减低了土壤肥力。土地的不合理利用和过度掠夺，是由于过去社会制度造成的。肥美的土地为地主所霸占，农民只有"上山"开垦。地主贪得无厌，剥削农民，更加重了对土地的榨取，加重了滥垦、滥伐的现象。"官向民要，民向地要"这句古话，正说明了这个事实。因之，森林被砍伐了，现在只剩余很少的原始林和一些零星的梢林；草原被破坏了，现在只间或有些稀薄而品种不好的草皮，坡地被垦殖了，三十五度的陡坡被垦殖了，耕地的表土大量被冲蚀。这样的情况自然加速了水土的流失，破坏了土壤的发育。

黄土的自然稳定坡度为三十至三十五度。耕种三十五度的坡地，在没有雨的时候，由于人畜的践踏和耕作，土也会滑下来，遇到雨水自然会有大量的侵蚀。比较缓的坡地，也由于耕作方法不善，没有滞水、蓄水的措施，加以黄土的结构疏松，涵水能力不大，也有很多的表土被冲走。地表的有机质被冲走了，一层比较有团粒结构的土壤被冲走了，因之，土壤的肥力减低。施以肥料，肥料也会很快地被冲走。山区中一大部分地是较陡的，而这些地的生产量很低，农民的耕作很粗放，常抱着"人种天收"的思想。生产低落就要求多种，正如所谓"多掏一个坡坡，多吃一个窝窝"（窝窝是用杂粮所作的一种食物）。要想多种地，就只有开陡坡，地越陡水土流失越严重，生产量也越低。其结果是种地很多，而收得很薄。

此外，还有燃料、饲料、肥料缺少的现象。由于燃料的缺乏，要花费很大的劳力去砍柴、割草，甚或挖草根、树根。这样不只减低耕作的劳力，而且破坏植物被覆，助长水土流失。饲料缺乏，则无限制地放牧、割草，破坏了植物被覆。如若燃料能获得解决，也可以省去一部分作为燃料的农作物，以其干茎作为饲料。由于肥料缺乏，有的将有草皮的一层土铲去作肥，如常有的"溜坡"现象，有的将坡皮整片地刨下一层，燃后作肥。这些也都助长了水土流失。三料（燃料、饲料、肥料）俱缺是农民生活贫困的表现，也直接影响着水土流失。

新中国成立以后，农民分得了土地，生产情绪很高，耕作方法日有改善，生产力也已经提高了。但由于土地的不合理利用，农业的生产方式还是单纯地依靠粮食生产，所以土地还不能发挥其最大的生产效益，而水土流失现象也还继续存在。

黄土的本质是好的，它含有相当丰富的磷、钾、钙等矿质。但是它的矿质却不易为植物所吸收。它的组织疏松，黏性不强，易为水冲。它不能抗旱，涵蓄水分的能力低，而且因毛细管作用水分易从地面蒸发，也就是说不易"保墒"。因此，它的生产力不高。是不是黄土的肥力不能发挥出来，或不能增加呢？显然不是的！

陕西是我国最早的农业区，《禹贡》曾称赞这一地区"厥土惟黄壤，厥土惟上上"。西安是古时建都之地，自然也有赖于西北的农业。现在除关中平原外，其他地区的生产都是不高的。土壤似乎变化的不如古时了。

由自然情况推测，西北可能大部曾是草原及森林、草原地。林、草可以增加土壤肥力，增加土壤里的有机质，促成土壤的团粒结构，因而改变土壤的颜色为黑色。有机质能增加培养植物的养分，由于菌类的繁殖，能使矿质变为酸类，易为植物所吸收。团粒结构能增加土壤的涵水能力，减少地面蒸发量。这一切都是增加土壤肥力的必备条件。

有些地区曾发现古时土壤的残余，并证明是草原的残余土质。有些地区也曾发现一层黑色的埋藏土，在黄土地面半公尺以下，约有半公尺厚。这是黄土风积间憩期草地的遗迹。换言之，它本身是黄土，这是经过草的生长而改造的土壤。埋藏土已经被压得很紧了，但是它的涵水能力仍然比一般地面黄土为高。经过试验，它的涵水能力约当一般黄土的三倍。

种小麦的黄土地里的土粒大于零点二五毫米的占全量的百分之四，但在多年生禾本科与豆科混合种植后的地里，这种土粒增加到百分之二十二点二。这也就有力地解决了过去有些人对黄土能否促成团粒结构的怀疑。

对于土壤有机质的含量，也曾作了观测。在一般坡地里的有机质含量为百分之零点五，长草的坡地有机质则增至百分之三点五，长期草地可达百分之六点五，梢林地可达百分之四点五，兰州兴隆山青杨林下土地中有机质含量为百分之五点六，云杉林下为百分之三。这一切例子充分地证明黄土经过种草植树以后土里的有机质可以大为增加。

黄土里的氮肥是缺少的，但是经过豆科植物的生长，则可以弥补这个缺陷。

由所发现的残余土样和对于目前情况的研究，可以说明这一地区在初开辟为农田时，土壤的肥力是大的，生产力是高的。其后这层土壤被冲去了，而土壤的发展又赶不上冲去得快，所以暴露在地表的只是黄土的母质，或近似母质，也就是一般所谓"生土"。在坡度陡的地区，这层肥沃表土冲去得更快，新暴露的生土更没有机会发展成为肥沃土壤，所以它的肥力更低。

这一切都说明水土流失对于土壤肥力破坏的严重性。地面的表土刮去的太多、太快，根本就不能发育成为肥沃土壤。而供给农作物生长的只是黄土的母质，或近似于母质，就把黄土的弱点完全暴露出来了。但是黄土曾经是很好的土壤，也发现了恢复肥力的可能性。今后的工作，就在于以人为的力量去恢复黄土的肥力，而这一工作是和水土保持分不开的。

陕甘黄土高原的年平均雨量不算少，各地年平均雨量少者三百五十毫米，多者五百五十毫米；温暖季节也相当长，各地无霜期短者一百五十天，长者在二百天以上。这是有利的条件。但是也有缺点，大陆性气候相当显著，变差大，不稳定。例如，气温日差大于十五度的天数有一百至一百七十七天。冬季特别寒冷，而夏季温度相当高。各年的雨量变化很大，分布也不均匀，多集中在七、八、九月，而且多暴雨，患春旱。夏季三个月降雨量常占一半以上。西峰镇一九四七年七月一次历时八小时的暴雨为一百三十二毫米。兰州一九五一年八月一次暴雨为一百一十九毫米，占全年雨量的三分之一。天水一九四九年七月一次暴雨为三百一十三毫米。

暴雨是造成水土流失最重要的因素之一，因为它不但产生大量径流，而且雨点破坏土面，分散土粒，使之与水混合，助长侵蚀。但是西北的雨量还不过大，对于这一因素，也可以用人为的力量减低侵蚀的作用。

由于气候的特性，故常有旱灾、风灾、雹灾、霜灾。

西北的古今气候有无差异，难以详考，但是气候要受环境的影响。西北森林、草原的破坏，必然会影响气候。森林和优良的植物被覆，可以增加空气湿度，调节气温，调节雨量。植物被覆不好的地面，大部分太阳热力用于空气的加热，提高气温，引起空气对流而成风。好的植物被覆使太阳热力用于叶面散发和田地的辐射，只有一小部分用于空气的加热。因之，气温变差缩小，风力减小，湿度增加。西北广大地区的植物被覆遭破坏，必然影响着气候。相反地，如若在西北能培植森林和牧草，则气候也必然会变成更有利农业的。

旱、风、雹、霜等灾害，在气候改变后也必大为减轻。再由于土壤肥力的增加，农作物的抗灾能力也必加强。

西北雨量虽不丰富，但是若能改善耕作方法，增加土壤涵蓄水分的能力，减少地面蒸发，是能稳定丰收的。

现在的雨水，落在西北地区，除一部分供给当地使用外，一部水携带着大量土壤，随着水流到黄河下游去了。根据陕县水文站的统计，平均每年经过陕县随黄河输送到下游去的土壤为十二点六亿公顷。

这样大量的土壤，经过悠久的岁月，填成了华北大平原。据最近五年的统计，黄河口每年向海里前进二点五公里。

落在西北的一部分雨水，到黄河下游汇成了洪水，泥沙填高了河身，威胁着下游人民的生命财产安全。洪水与泥沙，尤其是后者，成为黄河难治的根源。这就是说，在黄河的上、中游，雨水未尽其利，反而冲去了肥沃的土壤，到了下游又造成洪水的灾害。

由于以上的情况，可见西北黄土高原便利于冲刷的自然条件是存在的。例如陕甘黄土区域的排水系统，在风积时期终止以前已经广泛形成，没有全为风积所埋没，所以不需要多少时间，就能发育成广泛而且较密的水系，这是土壤侵蚀影响广大的一个根据。而塬、梁、峁与附近已发育有川地的河流的高差很大，换言之，河流多低于附近的塬、梁、峁二百至三百公尺。在其他因素相同的情况下，相对高度相差愈大，土壤侵蚀愈大，而黄土高原这一个特点是突出的。再者，在陕甘黄土区域中，塬地面积不多，而峁与梁的分布最广，塬地上的大沟也很多。换言之，坡面（包括峁坡、梁坡、沟坡）占面积的绝大部分，是由黄土所组成的，这也是水力侵蚀强烈的一个自然基础。

其次黄土组织疏松，颗粒较细，易为水冲，而且多暴雨。这一地区过去又曾发生剧烈地震，虽然平均几十年才有一次，但是地面组织物质大都松软，一经震撼，自易崩陷分裂，对于土壤侵蚀的加速作用还是很大的。

上述的自然条件是陕甘黄土区水土流失的主要原因，它在有人类历史以前就进行着。但是人为力量，如开垦陡坡、耕作方法不良、摧毁天然植物被覆等，则加速和助长了水土流失。我们现在的责任是要用人力来恢复或制止人为的破坏，要用人力来制止或减轻自然力的破坏，要用人力来改造自然的不利条件。

由此可见，水土保持是综合性的改造自然的工作，它不是单独地防治一个沟的发展，或某一块地的冲刷的问题，而是必须考虑整个大片土地的合理利用，正确地发展综合性的农业生产，正如苏联现在正实行着的一种先进的耕作制度——草田轮作制所规定的。在谈论黄土高原水土保持之前，有必要对之加以简略的介绍作为参考。这种制度包括下列各种农业措施：

（1）在高地上、轮作田地边界上、山谷的斜坡上、湖河岸上和池塘边上种植防护林带，以及造林和巩固沙地。

（2）正确地划分区段，采用大田作物及饲料作物轮作，合理地利用土地。

（3）采用正确的土壤耕作法、田间管理，以及广泛应用休间制、秋耕和减茬。

（4）正确地施用有机肥料和矿物肥料。

（5）选出适合当地条件的优良种子进行播种。

（6）发展水利，利用本地水流修造池塘水库。

简单地说，这种措施包括：正确地种植防护林和造林、正确地采用轮作制、正确地采用耕作方法、正确地施用肥料、选择优良种子与发展水利六项工作。这实在是一个综合性的耕作制度，它要求对于高地、坡地和洼地都应当独立地加以利用，而对于每一种土地的土壤肥力的恢复，都应当施以不同的方法。因之，将土地分为田地、草地、森林，这正是土地合理利用的具体方法。苏联部长会议和联共（布）中央委员会在一九四九年十月二十日所通过的历史性的决议中说道：

"这一耕作法是抗旱的可靠工具，它能促成土壤肥力的提高、高额产量的获得、土壤冲刷和风蚀的停止、沙地的巩固，以及土地最正确的利用"。

"此外，这种耕作法能使多方面的农业发展具有农作、畜牧和其他部门间正确比例的可能性，并保证了农业中商品产量的巨大增长。"

从这种综合性的耕作制度中，我们得到很大启发，就是必须正确地利用土地，正确地将土地分为田地、草地、森林区，在各种地上施以土壤改良，并发展水利，增加单位面积产量。如此，不只使广大的土地有适当的植物被覆，增加了蓄水能力，停止土壤的冲刷，而且可以增加生产。

前边也提到，西北黄土高原的平地或缓坡地是少的，而丘陵、坡地则占绝大部分。这种自然地形就提供了西北农业发展的方向。也就是说，要发展农业生产，就必须合理地利用陡坡地，必须改变农业生产单纯依靠粮食生产的办法。

陡坡地的粮食生产量是很低的，一般不及缓坡地的二分之一或三分之一。此外，缓坡地的深耕细作的条件也好。如若在缓坡地上改良耕作方法，它的产量要比陡坡地的产量高得更多。反过来说，若将陡坡地封耕，改种牧草或森林，则其收益必较种植粮食作物大为提高。所以山区的发展方向应是农、林、牧相结合，这样才能使山区农民的生活富裕。

谈到土地合理利用，或者有人以为离题太远了。但是水土保持工作必须在土地合理利用的基础上进行，否则就难以完成使命。须知水土保持工作不配合农业生产则没有内容，而农业生产计划如没有水土保持工作则没有保证。所以，水土保持工作应结合农业生产，在土地合理利用的原则下，在农、林、牧相结合的发展方针下，在获得高额产量的要求下，有计划、有步骤地进行。

但就目前农村情况说，施行上述办法是有限制的。尤其在扭转旧农业生产方式的开始阶段，必须解决农民当前利益与长远利益的矛盾，也就是必须解决农、林、牧的矛盾。但随着我国生产和社会建设的发展，扭转这个方向和解决这个矛盾是完全可能的。为了完成这个任务，作好水土保持工作，必须掌握和贯彻两种精神：

（1）水土保持工作必须结合农业生产。提高单位面积产量是走上土地合理利用的第一步，是进行水土保持工作的第一步，自然也是农业综合性发展的总目标。为什么它是进行水土保持工作的第一步呢？是因为为了停止人为因素对于冲刷的助长，为了减轻自然因素对于冲刷的促进，就必须把不宜耕作的土地种植牧草、培育森林。而这些地除了包括现在的一些农地外，还包括现有耕地中不宜耕作的部分。也就是说，必须封耕现有的一部分田地。那么，在封耕一部分田地之前，就必须先做到提高宜于耕作的田地的单位面积产量。只有在这一基础上，封耕一部分土地来造林、种草，才能为农民所乐于接受。

由于过去耕作粗放和劳力、畜力不足，以及肥料缺乏的关系，缩小耕作面积，集中力量，精耕细作，提高单位面积产量是有可能的。先进的互助组、合作社已有逐渐放弃陡坡地植林、种草、发展畜牧、缩小耕地面积的，且已提高产量的事实。更拟延安、绥德两专区的调查，每人平均折合，可得川地、塬地或水地二亩。这样的土地都有提高单位面积产量的可能。如果在统一计划下进行生产，当可基本上解决该地区农民食粮问题。自然在改变农业生产方式之初还有些困难，政府应有奖励和协助办法，以利进行。

（2）改造自然必须与改造社会结构相结合。组织起来是开展水土保持的重要环节，水土保持应结合合作化运动而推行。苏联经验证明，社会主义制度为改造自然开辟了道路，自然的改造又为社会主义建设创造了物质基础。同样在我国新民主主义社会制度下，水土保持不但有了可能，而且有了宽广的道路。水土保持必将随着社会改造，而日有进展，在逐步地实现农业集体化的建设方针下，根据农民的需要和觉悟程度，结合农业生产的要求，逐步由小到大，由少到多，由低级到高级，而至全部胜利，是可预期的。

西北水土保持工作还应结合黄河水利建设进行。黄河的治理已是不能容缓的工作，不只下游千百万人民还经常受着水灾的威胁，而黄河干支流的大量水利资源，为了配合工、农业生产也有待于及早开发。但是黄河的治理与其所携带的大量泥沙的处理是分不开的。设若大量泥沙得不到适当的处理，则其他工作必将减低其效益，甚或不易进行。所以泥沙的处理，成为治理黄河的首要工作。

处理大量泥沙的办法有二：一为使土壤稳定，停止移动，分散处理，步步设防，也就是依靠水土保持工作；一为分区拦淤，将流入沟壑或河流的泥沙分散地拦蓄起来。但总的说来，在黄河干流上拦蓄泥沙不如在支流上拦蓄，又不如在支流的支流以及各大沟里拦蓄。而分区拦蓄，则又不如使土壤稳定，停止移动。如是则水土保持乃成为治理黄河的根本工作。

根据以上情况，我们认为西北水土保持工作应结合农业生产，配合黄河治理，分不同地区、不同情况，在"保塬、固沟、护坡、防沙"的要求下，以拦泥蓄水及改良耕作制度的方法，逐步展开农、林、牧、水相结合的、综合性的水土保持，以做到"水不下塬、泥不出沟、土不下坡、沙不迁移"。

水是冲刷的动力，所以保土必须保水，而保水的作用又不单独在于保土，且因保水又可增加土壤的肥力，其本身即有增加农业生产的作用。但保土也正所以增加农业生产。所以保水和保土都要求达到同一目标。上述的四项要求——保塬、固沟、护坡、防沙，从表面上看似专为保土，而实际上包括保水在内，亦即包括保水的积极作用在内，兹简要说明如下。

保塬的目的在于保持塬的面积不再因冲刷而缩小，表土不再被刮去。塬"是西北农作物产量较高的地区，也就是粮食的主要出产地"，必须加以保护。保护的方法有二：一为兴修田间工程，一为改良耕作方法。

田间工程的作用在于分散集水面积，也就是减小各个集水面积，使径流分散而避免集中泄流；田间工程的作用又在于减小水顺坡下流的路程，也就使水在坡面向下流的距离不过长，以免因加速关系而使流速过大。水流的冲刷力量是因流速和流量的减小而减小的。所以田间工程的目的在于分散水流，以减轻冲刷。另一方面，又可藉以拦阻水流，增加土地的渗漏，也就是增加地下蓄水，而减少径流。其结果是不只减少冲刷，而且增加土地的湿润。换言之，变有害的水流为有利，诚一举而两得。田间工程包括地埂、旱沟、拍畔、池塘等。

耕作方法的改良为提高产量。其有关水土保持方面者则为利用耕作方法以保持土壤，改良土壤，减少径流，保持水分。耕作方法如草田轮作、护田林、带状耕作、深耕等。

固沟的目的在于停止沟壑的发展，其积极的作用则为利用沟壑以从事适当的生产。固沟的工作包括对于沟头、沟缘、沟身、沟底的保护。

沟头是前进的矛头，单独前进或多头前进，则因地形及来水的情况而定，其发展初期多有陷穴。应在沟头所未达到的地上修堰埂，种植防护林带，以堵绝水的来源和冲刷。还应于适当之处修池塘，如在洼地或不宜生产之地，以停储来水。此项工作必须与保源工作相配合。设有多余之水，则应修适当的排水道，以防自然泄流而有冲刷。

沟缘的保护与沟头相似，应配合保源工作以减少水源，并沿沟缘修堰埂，种植防护林带，修排水道等，以避免沟缘的外扩，或新沟头的产生。

保护沟身的方法则为封耕陡坡，并于坡上造林、种草，其处理的方法如护坡，其目的在于防止沟身的扩大、沟岸的崩塌与滑脱。

沟底应修坝堰（谷坊）以减小沟的纵坡，抬高并巩固冲刷基面，一方面减低或阻止沟的纵面发展，一方面拦蓄泥沙。拦蓄泥沙的目的有二，一为分散处理泥沙，便于黄河干、支流的治理；一为淤出滩地，可供农作或其他生产的利用。

护坡的目的在于使雨水尽量渗入地下，使土壤稳定。坡地的利用为西北农业生产的主要课题，上文已论及之，因为坡地占绝对多数的面积，必须将坡地划分为宜农、宜牧、宜林的区域，依农、林、牧相结合的发展生产方式来经营，这是首要的。其次则应按保墒中所说的田间工程与耕作方法实施水土保持工作。惟为处理坡地，田间工程还应包括梯田、掏钵、水窖、水簸箕、排水道等。

防沙的方法则为种植防沙林。

于此尚有附带说明者，过去曾有人怀疑西北能否造林，这种怀疑是毫无根据的。西北古时原为草地及森林草原地，现在西北还有一些原始林和梢林，并且有优良的树种和草种。而西北也有适合于培育森林和牧草的自然条件。根据考察所到的地区，除耕地和岩石、沙漠、河流、村庄、道路以外，可以生长草木的土地至少约占全面积的百分之六十，其应封耕的一部分土地还不在内。于此可以看出西北的林、牧前途。

最后愿略为介绍群众对于水土保持工作的经验。西北群众为了蓄水、保土，曾不断与水土流失作斗争，因而创造了很多的水土保持方法，如修梯田、挖水平沟、挑水窖、修水簸箕、挖涝池、拍畔、打坝堰、等高横耕垄作、带状间作、掏钵点种、铺沙田等。这些方法在某些地区起了一定作用，这是很宝贵的经验。但仍限于局部的、零星的，所以全面的效果不大。今后开展群众性的水土保持工作，主要是引导农民逐步地步向土地合理利用，开展综合性的农业生产，而不能专靠一些局部的、零星的田间工程。现在先进的合作社已经走向这个方向，并创造了经验。所以应当有计划、有步骤、有重点地结合土地合理利用及农民的合作化运动来推行群众性的水土保持工作。

但是，黄土高原的水土流失严重，破坏面积广阔，则水土保持工作是十分艰巨的，而且是长期的。必须作进一步的调查研究，集思广益，制订详细的具体计划，逐步进行。

以上只是初步认识，可供参考。

人民民主制度的优越性

（一九五四年九月十二日）

我有一件很难以忘怀的事情。在一九四九年秋天，中华人民共和国成立的前后，我国还没有全部解放，国民经济的恢复才正要开始，我和几位工程人员研究有关黄河的一些资料，发现如果在京汉铁路桥以西，从黄河引水灌溉北岸的田地，并且接济卫河的枯水，以发展航运，很有可能。初步地计划了工程的轮廓，计算了投资的数额，并且估计了技术的力量，认为效益很大，工程上虽有困难，但可以克服。因而便向黄河水利委员会的领导谈论这一问题。主要是报告这一发现，以便作为将来治理黄河的参考，并没有立即实现的过高希望。但是，领导在考虑以后说，继续研究吧，我们打算做这个工程。这个回答远出乎我的意料，使我感到惊异，反而认为近似"轻诺"。我便说，这项工程的投资，折合每亩计算虽然不高，但总数却不少，现在有条件吗？回答是，只要能增加生产，对人民有利，经济上合理，技术上可能，就去办。这是我从来未有得到过的回答，我受到很大的感动，我的情绪很久不能平静。这使我深刻地觉得，我是生活在一个新的世界里，我自己亦得到新生。在过去个人的经历上，像这样的建议岂止一次，但所得到的回答，不是拒绝，就是敷衍一套官腔，永无下文。这样尖锐的对比，怎能不使人感动！我虽然不久就离开那个工作岗位，而这个工程在中央同意后，就于一九五一年三月开工，一九五二年四月正式放水灌田、济卫，一九五三年八月全部完成。这就是大家所知道的人民胜利渠。

五年来，全国类似这样的事情是难以计数的。这样，才能够使我们在三年内迅速地完成了国民经济的恢复工作，从一九五三年起，进入了计划经济建设，开始了第一个五年计划。现在各方面都已表现出建设的初步成就。这亦不禁使我想起今年我国人民和洪水作斗争的英勇事迹和所获得的成果。

今年长江和淮河遭遇了百年未有的大水，其他河流有的亦出现了罕见的大水，并有一些地区受到轻重不同的灾害。但是，由于有已做工程的基础，由于各地党委和政府的有力组织和领导、全国各地的大力支援和群众的英勇斗争，已取得了很大的胜利。同时亦使我回想起过去在一九二一年、一九三一年、一九三三年、一九三五年、一九三九年等大水年，各地无人负责的悲惨情况。这是何等鲜明的对比呀！

几年来，关于防御水灾曾做了一些工程，规模特别大的是修堤挖河，这种工作虽然对于一些河道还不能根本治理，但是由于它的范围很广，可以同时在广大地区上进行，而且有一定的防洪作用，所以宜于在治理初期大规模地实施。有的河道已经进行着流域性的治理，并且修建了一些控制水流的工程，如淮河和永定河。有的河道修建了局部的控制洪水工程，如长江、黄河和其他河道。全国五年来所做的土工是二十亿多立方公尺，石工是一千九百多万立方公尺，混凝土工是七十七万多立方公尺。这些工程在今年防御洪水斗争中，都发挥了作用，有的还在超额的负担下，完成了任务。

长江流域今年的洪水是近百年所没有的。由于十数万防汛人员的努力抢护和荆江分洪工程的合理运用，胜利地渡过了上游五次险恶的洪峰，保卫了荆江大堤的安全。特别是八月七日宜昌的洪峰，据推算，洪水到达沙市，将超过堤顶。虽在荆江分洪工程超额分洪的情况下，沙市水位仍超过几十年来的最高记录。

一九三一年是长江的大水年，曾遭遇严重的灾害，遍及湖北、湖南、江西、安徽、江苏等省，南京和武汉均被水淹。那年武汉最高水位为二十八点二八公尺，但在水位二十六点九四公尺时，武汉市堤即溃决，平地水深数公尺，被淹达四个月。今年武汉最高水位达二十九点七三公尺，从七月十八日起即超过以往的最高水位，迄今已近两月。在武汉人民与解放军的防守下，武汉市百余公里的堤防，经过五次加高加固，在水涨堤高的情况下，继续保持安全。

汉水在一九三一年，两岸均被洪水淹没。一九三五年又遭遇大灾，左岸天门、钟祥、汉川尤为严重，死亡很多。今年汉水亦发生大水，下游水位特高，但保卫了右岸的安全。

今年淮河流域的洪水大而且猛，亦超过一九三一年者。但由于洪泽湖以上各水库及洼地蓄洪工程蓄水达二百亿立方公尺，堤防又加强了。河南省境内洪水比一九五〇年为大，而灾害则较这年减轻很多。安徽省在大力抢护下，基本上保障了涡河以东淮北平原，津浦路畅通，蚌埠市、淮南市亦得保全。由于洪泽湖工程的控制，确保了苏北里下河地区的安全。这和一九三一年的情况有显著的差别。

黄河汛期尚未结束，但今年已经发生了九次洪峰，经过京汉桥下泄的洪峰流量，八千至一万五千秒立方公尺的即七次。黄河特性是暴涨暴落，时间较短，而今年高水位则持续一月以上，亦是少有的现象。估计今年已超过一九三三年同期的洪水总量。而一九三三年黄河下游决口五十余处，淹没山东、河南、河北、江苏的广大面积。今年除东平湖滞洪外，已安全下泄。

河北地区今年雨期很长，雨量亦大。独流减河超额地分泄了大清河和子牙河一半的洪水，独流镇以下的雨河（即上述两河合流后的名称）水位已超过一九三九年天津市被淹的最高水位。官厅水库闸门遂即关闭，以减低注入海河的水量。由于河北省、天津市人民的英勇抢护，已渡过危险。

在今年的洪水斗争中，这里只举了几个例子。各地区仍发生了轻重不同的洪水和内涝灾害，但和过去的情况相比，则被淹面积大为缩小，受灾程度大为减轻。又由于根据水情预报，凡可能受灾的地区，事前都进行了准备或迁移。受灾群众亦都进行了妥善的安置和救济。灾区退水的田地，立即进行补种。这不只是由于已有的治水工程发挥了功效，而主要的还是由于中国共产党和人民政府的坚强领导，全国各方面的及时支援，使全国人民成为一个有组织的整体，来和洪水进行斗争。固然，由于我国幅员广阔，气候不同，河流众多，各地有极为不同的水、旱情况，要在短期内完全消除水、旱灾害，尤其是在非常大雨或缺雨的年份，是很困难的。但是，新中国成立以前几年的水灾是我耳闻目睹的，而近五年的国民经济建设、水利工程措施，以及今年的水情、各地防汛的领导组织和防汛的英勇事迹，亦都是我所熟悉的。今昔对比，则有着显著的不同。这种不同，是由于社会制度的变革，是由于我们有了工人阶级领导的、以工农联盟为基础的人民民主制度。而在学习了宪法草案以后，有了更明确、更具体的认识。因为宪法草案是用文字把过去在政治上、经济上的经验加以总结而来的，并且反映了今后的根本要求和人民的愿望。关于这一点，印证个人的经历，更觉亲切。

宪法草案第一条规定："中华人民共和国是工人阶级领导的、以工农联盟为基础的人民民主国家。"第二条规定："中华人民共和国的一切权力属于人民……"这说明了我国的性质。同时亦指出了我国的前途，如第四条规定："中华人民共和国依靠国家和社会力量，通过社会主义工业化和社会主义改造，保证逐步消灭剥削制度，建立社会主义社会。"这就很自然地引出我们经济发展的方向，如第十五条的规定："国家用经济计划指导国民经济的发展和改造，使生产力不断提高，以改进人民的物质生活和文化生活，巩固国家的独立和安全"。我们的经济建设，既然是为了"使生产力不断提高，以改进人民的物质生活和文化生活，巩固国家的独立和安全"，就能使人更加明了一九四九年决定修建人民胜利渠的根源，明了一切经济建设发展的根源。归根到底，这一切都是由于我国建立了人民民主制度，而一切的成就正是表现着人民民主制度的优越性。

我们要效忠人民民主制度，努力为人民服务，促进社会主义建设，早日实现人民共同愿望——建立社会主义社会，并要以实际行动，庆祝新中国第一部宪法的诞生。

人民胜利渠

（一九五四年十一月）

　　黄河是自古有名的害河，但是到了人民的手里，它已经在它曾经为害几千年的下游平原上，开始驯顺地听从人民的指挥，灌溉着几十万亩棉田、麦田，输送着开往天津的粮船、货船，为增加农业生产，为便利物资交流，为发展国民经济而服务了。

　　人民胜利渠在施工的时候被称作引黄灌溉济卫工程，引黄河的水灌溉河南省黄河北岸新乡、获嘉、汲县、延津等县七十二万亩的农田，并且接济卫河枯水时期的流量，以改善新乡到天津九百公里的航运。这项工程在一九五一年三月开始兴修，在一九五三年八月全部完成，并且早在一九五二年四月，在一部分主要工程完成后，就放水灌田并接通卫河。农民们看到从前危害的洪水，安详地流到田里，滋润着发绿的幼苗，思谋着未来的幸福，满怀着无比兴奋和感激的心情，说道："在共产党和毛主席的领导下，黄河亦老实了。""毛主席不仅能把二流子改造好，还能把黄河改造好。"

　　在工程进行的初期，农民们有的亦表示怀疑，说道："谁敢放黄河水浇地！"但是等到黄水安详地流经村旁，又尝尝水味，看着渠道沉淀的土质，便增加了信心，说道："黄河水浇地比井水强，壮得很。"因此鼓舞了生产热情，要求"看好渠道浇好地，组织起来浇好地，平整土地浇好地，施肥细作浇好地"，并且高呼着"要用水渠提高生产，建设富强康乐的新中国"的口号。

　　人民胜利渠的引水口在黄河北岸，京汉铁桥以西，河南省武陟县秦厂村以南。控制引水的建筑物是渠首闸。总干渠便从渠首闸起，东北行，约五十二公里，到新乡市东关接入卫河。渠首闸进水量是每秒五十立方公尺，用每秒二十七立方公尺的水供给灌溉，每秒二十三立方公尺的水接济卫河。在总干渠的两侧，开掘干渠、支渠和直接送水到农田的斗渠、毛渠，还有各级的排水渠道，共计渠道一万二千一百多条，全长五千七百多公里，全部土工一千六百多万立方公尺。并在渠道上修建筑物一千四百多座，使用料物十三万多吨。

人民胜利渠在放水以后，农业生产和交通运输都发生了很大的变化。一九五二年灌田二十八万亩，棉花产量一般地当未灌水田地的百分之二百，谷子产量一般地当未灌水田地的百分之二百九十。这一年增产总值为五百七十多万元，相当于修建工程投资的一半。一九五三年，小麦产量一般当未灌水田地的百分之一百五十。一九五四年，小麦产量一般地当未灌水田地的百分之一百六十。现在才灌田五十三万亩，还有待于发展。而农民对于种水田还不习惯，例如施肥不足，一般还按旱田的施肥数量，土地的平整还不好，用水量也没制定出定额等，所以还没有发挥灌溉的全部效益。

卫河从前水量不定，平时一般木船只能装载五成到七成，特别是新乡到临清间，水浅河窄，枯水季节，航运停顿。从黄河引水接济以后，就保证了卫河航运的通畅，一百吨的木船可以满载。将来改善卫河河道以后，还可以行驶载重二百吨的汽船。一九五二年完成的货运总吨数为一九五一年全年的百分之一百四十六；一九五三年为一九五一年的百分之一百九十三；而一九五四年上半年的货运吨数与一九五三年同期相比，为百分之一百三十四。可见货运的迅速提高。如若再配合卫河河道的整理，必能将这一棉、麦、煤的产区到海口间的运输更为改善。

人民胜利渠的成功，诚然是一件大喜事，不只因为它对于农业生产和交通运输发挥了很大作用，还因为几千年来，这一地区只受到洪水泛滥的灾害，而这一工程却表示着变害河为利用的开端，表示着黄河开发的无限美好的远景。

黄河为害的原因，固然有它的自然条件，但是反动统治阶级不关心人民生活，不谋求群众利益，专为巩固自己的统治地位，追求自己的高度利益，因而对于黄河便疏于治理，甚至藉着黄河的灾害以达到其自私目的，却成为黄河为害的人为因素。因之，黄河在过去四千二百多年里，决口达一千六百次，平均计算，约两年半有一次决口，成为下游广大平原上人民生命财产的严重威胁。但是在人民革命胜利以后，黄河下游两岸一千七百多公里的堤防大为加强了，加培土工近一亿立方公尺，堤顶一般超过一九三三年最高洪水位一点五到三公尺，临水护岸几乎全部改为石工，并以锥探方法，发现隐藏在堤内的洞穴、裂缝七万多处，进行了修补。为防御异常洪水，并修建了分洪、滞洪设施。在大水期间，沿河则组织几十万人的防汛大军。所以战胜了过去几年的洪水。同时又完成了人民胜利渠，使黄河开始为人民服务。这一切事实的出现都不是偶然的，是有了人民民主制度才可能的。

人民胜利渠的成功，又说明黄河在自然方面的困难是可以克服的，变害河为利河是可能的。根据初步调查研究，黄河蕴藏着巨大的资源，由于它的自然有利条件，可以发展大量的电力，可以灌溉几千万亩的农田，可以便利几千里的航运，可以免除洪水的灾害。而黄河流域和它的附近又有着多种的、丰富的矿藏，有着肥沃的、广大的平原，有着适宜农业生产的气候，亦就是说，有着发展工业和农业的优越条件和广阔前途。这两种情况的结合，就为黄河的开发创造了条件。现在有成千成万的人员分布在黄土高原、下游平原和干支流的深山狭谷，进行着查勘、测量、钻探工作，为黄河的治理收集资料，为美好的将来作准备工作。黄河开发的远景是并不遥远的。人民胜利渠在曙光照耀的黄河上首先出现了，必然会有一连串的、范围更广的、有利于工农业发展的事业继续出现。人民对于黄河"害必根除，利必尽兴"的要求，必然会在中国共产党和人民政府的领导下，在全国人民的支援下逐步实现。

黄河概况及其开发前景

（一九五四年十二月二十日）

谈到黄河，人们都感到非常亲切，因为从幼年读历史和地理的时候就已经熟悉它了，知道它是我国古代经济文化的孕育地区，知道它有丰富的水源、肥沃的土壤、雄伟美丽的风光，同时也熟悉它泛滥为灾的严重性和大禹治水的故事，等等。在这块土地上，到处有着几千年来我国劳动人民与自然和社会斗争的痕迹。古今的诗人、歌手也经常地吟咏、歌唱它。它屡次出现在伟大的诗人李白的诗句里。"怒吼吧！黄河"的歌词又曾在天南地北为青年和老人普遍地歌唱着，鼓舞着他们抵抗帝国主义侵略的战斗意志。现在中国人民革命已经获得伟大的胜利，正在从事社会主义社会建设，黄河所蕴藏的丰富资源也已暴露在人间，它们并且伸出欢迎的双手，等待祖国劳动人民的开发，它们将成为建设祖国、提高生产的宝库。

打开青海省地图，便可以看到有名的昆仑山脉占据在这个省的西南部。这一带有很多雪线以上的高峰，经年积着光泽皑皑的雪，正是常说的康藏高原的一部分。巴颜喀拉山脉是昆仑山脉的一系，约略以西北—东南的方向斜横着。巴颜喀拉山脉里有座雅合拉达合泽山❶，它的主峰高程大约是海拔五千四百四十公尺。在雅合拉达合泽山南边不远，有个名叫曲麻莱的地方，长江长游金沙江的上源通天河从这里流过。山下西南方向的水流入色吾渠，就转汇到通天河。西北方向的水流入柴达木盆地，成为内陆河流。它东面的水便流入约古宗列渠，就是黄河的上源。当地藏民流传着以下的民歌：

　　黄河水从哪里来？
　　约古宗列。
　　约古宗列渠的老家在哪里？
　　雅合拉达合泽。

❶ 现名雅拉达泽山。

从黄河的发源地，顺着水流，便到了约古宗列滩、马涌（意即黄河滩）等沮洳地。又经过满布大小水池的草滩，名叫星宿海（藏名错尕世泽）。以下是两个湖，鄂陵湖（藏名错鄂朗）和扎陵湖（藏名错加朗）。出扎陵湖东走，便到了黄河沿（玛多），它是青海通往西康所经过的要道。黄河上源虽然离海很远，以黄河的水程说，大约是四千八百公里，而河水面的高程虽然在海拔四千公尺以上，可是山上和河滩上都生长着丰茂的草，可以作为牲畜的食料，有着丰富的水流——河、湖、泉——可以作为居民和牲畜的饮料，是一个很好的牧畜区域，是一个很大的富源。这里还有成群驰骋的野马、遍天飞鸣的百灵、游泳上下的鳇鱼，以及其他禽兽。虽然气候比较冷，气压比较低，每天的气温变化比较大，但是这里从事牧畜的人民却克服了自然的困难，从事于开拓的工作，愉快地过着高原上的生活。

从黄河沿而下，黄河绕积石山东南流，复折而西北，成一大转折，又东北流经共和县，再东是贵德县。贵德以上的黄河又名马楚（玛曲）。这一段黄河又称为上源，所流经的地区，除河谷以外，大都在三千或四千公尺以上。虽然很高，但是高原上受到强烈的日射，而广阔的山岭遮蔽了西北季风，所以气候虽较冷，但并不像所想象的那样，全年的平均温度在六度以上，因之植物便有了很好的生长条件。

从河源到贵德河长约一千一百公里，水面降落到二千四百公尺，这段的流域面积大约是十三万平方公里，属于草原地带，基本还是没有开发的处女地。

贵德而东，黄河流域的情况有了改变，它从康藏高原转入黄土高原。从青海省的贵德到河南省的孟津，河长约二千九百六十公里，这一段流域面积约为五十八万七千平方公里，其中就有三十七万平方公里的面积为黄土所覆盖。黄河古时本来名"河"，由于它携带很多黄土，颜色浑浊，便加了一个"黄"字。广大面积的黄土不只影响了黄河的特性，而且为农业生产创造了有利条件，关于这一点以后还要谈到。现在先顺着黄河干流看看它的一般形势。

黄河从贵德而下，仍然流经山地。入甘肃省永靖县后，在仅八十四公里的距离内，就容纳了大夏河、洮河、大通河等三大支流，不远就到兰州。兰州以上的流域面积虽然只当全河的三分之一弱，但是由于水源充沛，水的来量都相当于黄河全年入海水量的十分之七。也就是说，每年流经兰州下泄的水量为三百三十亿立方公尺。这个丰沛水源，而且来自地势较高的兰州以上，就充分说明了黄河资源的丰富。

为什么这样说呢？先就现状说，黄河从兰州直到海口，在低水时期的水流大都依靠这个水源的维持。陕西和山西只在暴洪时期供给下游大宗的水量，这也就是造成泛滥的水量，而在低水时期的供给较少。所以兰州的来水对于维持黄河经常的水流起着很大的作用。再说将来的开发，兰州水面高程约为海拔一千五百一十公尺，也就是说从兰州到孟津（孟津水面高程约为一百一十八公尺），黄河水面有很大的落差。有了充沛的水源，有了很大的落差，这说明它的水能蕴藏很丰富，可以利用来发电。水能发电，只利用水从水轮流过，它并不消耗水，水流出来，再经过下边的水轮可以再发电，当然，如有必要，也可以灌溉农田。充沛的水源既然来自兰州以上，那么它下边可以一级一级地发电，同时可能灌溉的范围也是很广阔的。包括甘肃、宁夏、内蒙古、陕西、山西及下游各省。还有，从兰州和它以上水电站，经过一级一级的水轮，水流除了灌溉农田以外，还可以改善各段的航运。充沛的水源既然在兰州，那么它下边的长距离的河道，便不愁没有了供给航运的水流了。有了这样的自然条件，怎能说黄河没有丰富的资源呢？

兰州而东，河东北流，右纳祖厉河和山水河，出中卫的黑山峡，较为开阔，更东出金积的青铜峡而为河套平原。

从贵德到青铜峡，黄河仍然在山峡里湍流，不过山峡是一段一段的，在两峡之间有着大小不等的川地。贵德以西是龙羊峡，直到青铜峡共十九个峡。峡里水流湍急，旋涡沸腾，所以不能行船，只有牛皮筏或羊皮筏。兰州、靖远、中卫附近的川地较为开阔。

这种一束一放的地形对于经济活动都有着很重要的意义。川地宜于耕种，山地宜于植林，有很好的配合条件。现在较大的川地都是农业重点，有的也是工业重点。而峡谷则又为修建水流的控制工程创造了条件。根据初步了解，有些峡谷的地质是适于修建这类工程的。什么是水流的控制工程呢？是在适宜地点拦河修坝。所谓地点适宜，就自然条件说是地形和地质适宜，上面已经说到。还有一个条件是水文，就是说能控制一定的水流，这一点也有条件，因为兰州有很大水流，前面说过。就经济条件说是配合国民经济开发计划。我们知道西北的地下矿藏是丰富的，地表土壤是肥美的，将来的开发是必然的。工程的兴修计划，只能是经济开发计划的一部分，这里也不必多说。现在还继续着说修坝的事，修坝的作用有二：第一是修坝以后，上边壅水成湖，可以蓄积水，也就是说蓄积多雨季节的水，调节到枯水季节使用。这种坝要求上边的水库有大容量。一束一放的地形远比长距离的山峡为有利，因为川地开放的地方可以多容水。第二是修坝以后使水面抬高，它的主要要求是把长距的河床落差集中在一点，用来发电。例如有个斜坡道不便行人，把它修成台阶，成为一个阶梯，一级台阶便像一座坝。设若上边有一个大水库，它能发生调节水流的作用，以下有几个坝，虽然它们的蓄水作用不大，但从上边大水库调节后的水流，便经过它们一级一级地下落，一级一级地发电，这一段的黄河是有这个自然条件的。

青铜峡以下，黄河两岸开放，流经冲积平原，是古代引水灌田的地区。出青铜峡河流荡漾于贺兰山与鄂尔多斯高原之间，流向东北。经石嘴山河势一束，它以北又放。到磴口河渐东流，河身宽放，地势平坦，北界狼山、乌拉山和大青山，南界鄂尔多斯高原，就是大家所知道的后套。河流到托克托河口镇，左纳黑河，并从这里南折，又入山峡。以上的这片平原是一个农业区，附近还有畜牧。从青铜峡到河口镇河长约七百五十公里，支流很少，雨量也少，中卫、金积一带没灌溉便没有生产。所以这一地区很早就有灌溉，从水渠的名称，如秦渠、汉延渠、唐徕渠等，就能略知它们的历史。在灌溉地区呈现着一幅富庶景象。真的，长期在黄土高原上旅行，忽然到了中卫、银川一带，杨柳垂青，稻田连陌，不只有江南的感觉，也深感觉有水就有生产，有水就有居民。再往北到后套也有同样的情景。由于水的可贵，也就联想到整个黄河对于我国的关系。不过这一带的水还没尽其用，地也没尽其利，有待于改进的地方还多，但是这也不会是很遥远的（河口镇以上曾被称为上游）。

从河口镇而下，直到龙门（在陕西韩城和山西河津境），黄河在这一个长峡谷里南流，在约七百公里的距离里，水面降落约六百公尺。这段河谷底宽一般为二百至四百公尺，两岸陡峻，有的成为峭壁，高出水面数十公尺或一百多公尺。虽然其间或有宽三到四公里的地方，但就整个形势说，全段好像一个峡谷，和青海、甘肃一段的情况不同。

龙门以上约六十五公里处有瀑布名壶口，这里谷底宽二百五十至三百公尺，为比较平整的岩层。水流到壶口，在平整的谷底冲成一道深沟，位置约在底的中部，深沟顺河下行，好像在大河槽里又套一个小河槽。沟宽三十至五十公尺，深约三十公尺。壶口以上，水流在宽槽流行，及到深槽上端，全槽的水缩集，倾泻入沟，成为瀑布。水沫飞溅，蒸腾如雾，激流澎湃，声震数里。瀑布一般跌落是十多公尺。大水时，沟里水满，瀑布跌落减少。特大水时，就变为急流，不成瀑布形状。沟内水流湍急，三公里到孟门，深沟开放，平漫谷底，水势又缓。

到龙门，两岸陡峭，河槽约束，气势雄伟。出口处左岩有石崖伸入河里，河宽约九十公尺。右岸也有石崖外伸，但与岸分离，作孤山状，与岸间有水道，宽约二十公尺，大水时水流经过，小水时断流。两岸伸崖相抱，好像蟹螯。出龙门，山岭骤消，两岸旁山根约与河流成正角。所以河出龙门展开如平原。

这一段黄河容纳两岸支流颇多，但多短骤流急，暴雨径流易集，影响下游洪水升降很大。而河陡谷狭，水能蕴藏很富，且多宜于修坝地点。煤、铁、石油资源很多，可供开发。且以地区适中，发电可以输送到邻近地区使用。所以这也是水能利用最适宜的一段。

从龙门到潼关一百三十公里，两岸开阔，左纳汾河、涑水，右纳渭河水系（包括泾河和洛河），在一个较短距离里，增加了广大的流域面积，各支流也都是重要的农业区。

河从潼关折而东流，行山谷里，经陕县以东的三门峡，约二百七十公里到孟津，逐渐开放。三门峡以上河向东流，遇三门峡坚硬岩层阻碍，随折向东南，出峡又向东流。峡里河为巨石所分，成为三门，右为鬼门，左为人门，中为神门。三门的命名以船行的难易而分，鬼门水流曲折湍急，行船多遭倾覆。左岸又凿有开元运河，相传是古航道。三门以下又有数石露出水面，其一就是有名的"砥柱"。以下又经王家滩、八里胡同等峡谷，由小浪底出山（河口镇至孟津曾被称为中游）。

孟津以下直到海口，不再有山峡。所以潼关到孟津是控制黄河干流的最后一段，古有极重要的地位。为蓄水防治下游大平原的水灾，为供给下游大平原的灌溉，为干流水能的最后利用，全赖这一段的控制工程。三门峡有优良的地质和地形，处于关键的地位。所以三门峡的控制工程便占着治理黄河的首要地位。

从贵德而下，穿过一连贯的峡谷和川地经过青铜峡到了平原，好像从康藏高原到青铜峡走下一级台阶。从河口镇到龙门又好像走下一级台阶。从潼关到孟津又好像走下一级台阶。孟津而下为最后一级平原。以上的三级台阶和中间的两个平原，各有经济的特性，好像分成五段。由于经济发展的要求和自然条件的可能，各段对于黄河开发的主要要求也是不相同的。前边所说的潼关到孟津段，主要的要求当然是防治下游大平原的水灾，而水能利用，灌溉农田，也必可有适当的配合，并且要照顾下游航运的发展。这里只举出几个例子，说明黄河资源的开发是可以随地区的不同而有适当的配合的。

现在要约略地介绍一下黄河上、中游的黄土。黄土不只表示土的颜色，它已成为地质学上的一个名词，表示有某种性质的土壤。苏联和其他许多欧洲国家都称它为"罗斯"。世界上其他地区虽然也有黄土，但面积较小，远不能和黄土高原相比。

一般的情况是黄土层下有红色土层，或红土层，或红层，再下便是岩石。远在黄土层生成以前（即在十几万年到二十万年以前），黄河大体上已经构成了它的排水系统，有了山脉河流的形势。黄土是由风力从西北往东南搬运来的物质，它分布在黄河上、中游的广大地区上，自然便受到当时地形的影响。黄土在风积的时候，同时也受地表水流的冲蚀。也就是说，黄土是一边风积，一边水冲，又受原来地形的影响，所以表面有起伏，积层有厚薄，而且有沟壑冲蚀。因之，黄土高原的情况是很复杂的。从海拔几百公尺的山谷起，到海拔二千公尺以上的山上都有黄土。黄土层的厚度也不相同，一般是甘肃中部较厚，陕西北部较薄。就现状说，黄土层厚度一般是二十至一百五十公尺，薄的地方可能只有几公尺，厚的地方有达四百公尺的。由于黄土疏松易于冲蚀，加以由于之人类活动对于植物被覆的破坏和垦殖的不适当，更增加了冲蚀的严重性。现在有很多平坦的大块土地为大沟所割裂，而沟的深度多是一百至三百公尺。泾河流域和洛河流域的这种情况尤为显著。有的平原的形状已经消失了，变为破碎的丘陵。陕西北部就是这种情况的代表。

可是黄土是很肥沃的，有一部叫《禹贡》的古书对这一带土壤的评价是"厥土惟黄壤，厥田惟上上"。这一地区是我国古代农业的中心，唐（尧）、虞（舜）、夏、周、汉、唐的首都就在汾河和渭河平原。这些平原至今仍然是农产丰富的地区。现在的任务就在于防御黄土的冲蚀，增加黄土的肥力。这样便能增加黄河流域的生产量。

黄土的严重冲蚀，不只为上、中游地区带来减产的灾难，而且为造成黄河下游泛滥的主要原因之一。根据当前的统计，黄河经过陕县向下输送的土量，平均是每年十三亿公顷以上，折合约九亿立方公尺。这样大量的泥沙向下输送，到了下游，出山后河流变缓，淤淀河身，河身抬高，就成为"地上河"，也就是高于两旁的田地，造成河道经常决口迁徙的局势。所以古人对黄河下了这样的结论："善淤、善决、善徙"。当然，造成这样的局面，不但是由于自然的条件，过去反动统治阶级不关心人民生活，不尽心治理河道，甚或破坏水利，也是黄河为患的主要原因。

广大黄土高原上的防御冲蚀工作，也就成为黄河流域开发的主要工作。因为它关系着农业增产，关系着黄河的治理。根据我国过去劳动人民的经验，并接受先进的科学方法，这项工作在黄土高原业已开始，而且很有信心地能够改变现有的黄土高原的面貌。

黄河从孟津到海口长约七百九十公里，为下游。右纳洛河水系，左纳沁水，东出邙山，而为华北冲积大平原。现在河道虽仅经行河南和山东两省，而冲积大平原则占有河南、山东、河北、安徽和江苏的部分地区，其上莫不有黄河过去流经的痕迹。据初步估计，黄河泛滥所及，南侵淮泗，北犯津沽，冲积面积约达二十五万平方公里，居民密集，是现在经济活动的重要地区。

黄河下游，左岸孟县而下，右岸成皋而下，均有堤防。河身高于两旁田地数公尺到十公尺不等。因之，黄河河身便成为南北各河的分水岭，河以南的水流入淮，以北的水流分别入海。仅山东省东平到平阴一带右岸靠近山地，所以没有堤，汶河经东平湖从右岸流入黄河。黄河东北经济南，再东北经利津，由垦利入海。总流域约七十四万平方公里（不包括下游冲积大平原）。

下游大平原是黄河泥沙淤淀而成的，所以也叫作冲积平原，这正是黄河工作的一部分。它一方面制造了广大肥美的平原，另一方面又经常泛滥为灾。这一地区雨水不调，经常苦旱，所以很需要灌溉，而交通便利，附近地区工业发达，所以又很需要动力。因而下游大平原又是黄河治理最迫切的区域。

黄河流域广阔，气候不齐，但都宜于植物生长。广大的高原、平原、缓坡地宜于农作，高山草原和内蒙古草原宜于畜牧，深山、高地和陡坡地则宜于造林。不过在气候上有一个显著的缺点，即降水不均匀，在季节上的分布不均匀，在地区上的分布也不均匀。七、八两月是全年降水最多的月份，而冬季降水很少。许多地方六到八月的降水量占全年总量的百分之七十，而十二月到来年二月的降水量常不到全年总量的百分之五。这就引起了春旱秋涝的现象，也是造成下游洪水为灾的原因。从地区上说，全年降水从东南部的七百五十毫米减少到河套一带的一百五十毫米。康藏高原的降水情况现在还缺少记载。这就说明黄河在不同地区蓄水、调水和用水的必要了。

黄河流域处在西北干燥区域和东南湿润区域之间，它的水分并不算多，平均每年流到海里的水量只有四百七十亿立方公尺。但是它在过去却经常地闹灾害。中华人民共和国成立以后，黄河下游的堤防能力大为加强，灾害的威胁减轻了。但是灾害的威胁还没有消除，水源也还没有利用。人民政府为了满足人民这些希望已经作了初步的工作，有大批的人员在进行调查研究，走遍了高山、深壑、平原。根据黄河有利的条件，不只可以免除水灾，还可以发展几千万千瓦的电力，灌溉上亿亩的农田。还对于利用长江上源和汉水来接济黄河的工作进行了调查。

总之，黄河具有改造的自然条件，而其面貌已呈现着初步的变化。在中国共产党的领导下，在进一步调查研究中，必能迈步向前，实现灾害尽量减轻、资源充分开发的伟大目标，摆脱"中国祸害"的恶名。

治理黄河的综合规划❶

（一九五五年八月）

一、黄河流域的丰富资源

（1）黄河流域气候温和，土壤肥沃，富有煤、石油、铁、铜、钼和其他大量矿藏。黄河流域的耕地面积占全国的百分之四十，其中小麦播种面积占全国的百分之六十一点七，杂粮播种面积占全国的百分之三十七至百分之六十三，棉花播种面积占全国的百分之五十七，烟叶播种面积占全国的百分之六十七。在黄河流域各省（区），工业正在迅速发展，许多新的工业城市和工业基地正在建设中。

（2）黄河流域虽然大部分在干燥地区，水量比南方河流为少，但黄河每年经过接近上游而海拔较高的兰州向下游输送的水量约当现在入海水量的百分之七十，这是一个极为有利的自然条件。它表示着可能利用的范围很广，包括以下各省（区），它表示着水能的蕴藏量很大。

（3）黄河源出高山，沿途有优良的地形和地质条件，可以修建一系列的、成为阶梯式的拦河坝、水库，其中龙羊峡（青海省海南自治州）、刘家峡（甘肃省永靖县）、黑山峡（甘肃省中卫县）、三门峡（河南省陕县）可以修建大水库。

（4）黄河全长四千八百四十五公里，流域面积七十四万五千平方公里（当时的数字——编者注）。青海贵德县以上为上游，河长一

---

❶这是一篇讲话提纲，传达国务院邓子恢副总理一九五五年七月五日在第一届全国人民代表大会第二次会议上所作《关于根治黄河水害和开发黄河水利的综合规划的报告》。《综合规划》在以后的认识提高和实践中有所修改，数据亦有不同，但在黄河治理上仍是一个重要文献。

千一百七十二公里，流域面积占全河的百分之十六点七。龙羊峡到河南省成皋县的桃花峪为中游，河长二千九百七十公里，流域面积占全河的百分之八十一点四。桃花峪以下为下游，河长七百零三公里，流域面积占全河的百分之一点九。

（5）充分利用这些有利条件，并作综合开发，不但水害可以全除，且在干流上从贵德以下的水力可发电二千三百万千瓦，每年平均能发电一千一百亿度；灌溉面积可以扩大到一万一千六百万亩，灌区内可增加粮食一百三十七亿斤，棉花十二亿斤；黄河从贵德以下可以通航；黄土高原也要变为富饶的地方。

二、黄河灾害的原因

（1）黄河目前还不能做出很大的贡献。水利基本上还没有开发，灾害还是很大的威胁。历史记载，过去三千多年中，下游发生泛滥、决口一千五百多次，重要改道二十六次，每年决口对于人民生命财产都造成惨重的损失，一九三三年的决口和一九三八年蒋介石反动政府的扒口是最近的两个例子。

（2）黄河流域雨量虽少，却有一半集中在七、八月，而且多暴雨，造成河水猛涨。黄河在河南省陕县的多年平均流量是每秒一千三百立方公尺，但在一九三三年夏季的最大洪水是每秒二万二千立方公尺，在一八四三年（清道光二十三年）的最大洪水，据推算是每秒三万六千立方公尺，因而都造成极严重的水灾。

（3）黄河携带大量的泥沙，到下游淤淀河身和海口。黄河含沙量之大是世界各大河所不能相比的。黄河每年经过陕县带到下游和海口的泥沙平均达到十三点八亿吨，相当于每一立方公尺水含沙三十四公斤，最大的记录达到五百八十公斤。

（4）黄河的暴洪和泥沙，据测算大部分来自河套南折以后的支流和黄土高原上。大体上可以分三个区域，即托克托河口镇到禹门口间、陕西和山西的支流、山西和河南间的支流等。

（5）为害下游的泥沙也给土壤冲刷地区带来灾难。西北多暴雨，黄土质地疏松，地形起伏陡峻，地面植物被覆遭受严重破坏，都是促成土壤严重冲刷的原因。表土被刮去，塬地冲成沟壑，不只使土地瘠薄，而且耕地面积减少，因之农业生产低落。

三、过去对于黄河的治理

（1）黄河流域是我国的文化摇篮，在一个长期内是全国政治和经济的中心。

（2）历代黄河流域的广大人民通过和水旱灾害的顽强斗争，不断丰富着治河的经验，创造了治河方法（如大禹治水传说，以及汉代王景，元代贾鲁，明代潘季驯，清代靳辅、陈潢等治河方法），修建了灌溉系统（如甘肃、宁夏的灌溉及陕西泾河和渭河的灌溉等），对于保障农业生产起了很大作用。

（3）现在黄河下游两岸有一千八百公里的大堤，还有大量护岸工程，作为同黄河水害作斗争的武器。从明代起就有了遥堤、缕堤、月堤、格堤等制度和修守的方法。

（4）但是限于社会的条件和科学的、技术的条件，只是想办法在黄河下游送走水、送走泥沙，而不能从为害的原因上想办法，所以没有能从根本上解决黄河问题。

（5）黄河的灾害同反动统治阶级的罪恶是分不开的。反动统治阶级不关心人民生活，甚或破坏堤防，更加重了人民的灾害。

四、改造黄河的方针

（1）中华人民共和国成立以后，关于黄河的工作，一方面在下游巩固堤防，加强防汛以避免决口改道；另一方面在广大地区进行了调查、测量、勘探、研究工作。同时，有关的经济建设部门，如工业、农业、交通等也都进行发展计划的制订，这些资料便为制定根治黄河水害和开发黄河水利的综合规划创造了条件。

（2）一九五四年由七人组成的苏联专家综合组到达北京，同中国专家和有关各部负责人员组成了黄河查勘团，于同年二月出发，从兰州上游的刘家峡直到黄河海口进行重点的实地查勘，六月回到北京。同年四月成立黄河规划委员会，在苏联专家的帮助下，进行关于规划设计文件的编制工作，在同年十月完成了这一工作。

（3）治理黄河的任务。如邓子恢副总理报告中所说："根据以上所说的黄河的资源和灾害的各方面情况，我们的任务就是不但要从根本上治理黄河水害，而且要同时制止黄河流域的水土流失和消除黄河流域的旱灾；不但要消除黄河的水旱灾害，尤其要充分利用黄河的水利资源来进行灌溉、发电和通航，来促进农业、工业和运输业的发展。总之，我们要彻底征服黄河，改造黄河流域的自然条件，以便从根本上改变黄河流域的经济面貌，满足现在的社会主义建设时代和将来的共产主义建设时代整个国民经济对于黄河资源的要求。"

（4）治理黄河的方法。如邓子恢副总理报告中所说：既然黄河下游的洪水和泥沙基本上是从中游来的，而中游又极端需要这些水和泥沙，我们就应当在中游把水和泥沙控制起来。怎样才能控制它们呢？

为了在黄河的干流和支流内并在黄河流域的地面上控制水和泥沙，需要依靠两个方法：第一，在黄河的干流和支流上修建一系列的拦河坝和水库，依靠这些拦河坝和水库，我们可以拦蓄洪水和泥沙，防止水害；可以调节水量，发展灌溉和航运；更重要的是可以建设一系列不同规模的水电站，取得大量的廉价动力。第二，在黄河流域水土流失严重的地区，主要是甘肃、陕西、山西三省，发展大规模的水土保持工作。这就是说，要保护黄土使它不受雨水的冲刷，拦蓄雨水使它不要冲下山沟和冲入河流，这样既避免了中游地区的水土流失，也消除了下游水害的根源。

从高原到山沟，从支流到干流，节节蓄水，分段拦泥，尽一切可能把河水用在工业、农业和运输业上，把黄土和雨水留在农田上——这就是控制黄河的水和泥沙、根治黄河水害、开发黄河水利的基本方法。

五、改造黄河的远景

（1）把黄河改造成为"梯河"，从干流龙羊峡到下游修拦河坝四十六座，其中有龙羊峡、刘家峡、黑山峡、三门峡四处大水库。有了大水库便可以储蓄水流，调节水流，因而可以拦蓄洪水，接济枯水，免除水害并使水流发挥最大的利用。有了拦河坝便可以集中落差（也叫水头），使河道变为人造瀑布，用以开发水能利用。

（2）在甘肃、陕西、山西三省和其他黄土区域展开大规模的水土保持工作。要在广大面积上采取一系列的措施，如农业技术措施、农业改良土壤措施、森林改良土壤措施、水利改良土壤措施等。

有了以上措施之后，黄河流域将发生如下变化：

（1）黄河洪水的灾害可以完全避免。一座三门峡水库就可以把设想中的黄河最大洪水流量由每秒三万七千立方公尺减到每秒八千立方公尺，经过山东更狭窄的河道可以安然入海。如三门峡以下的伊、洛、沁等河流同时发生洪水，可以关闭三门峡水库闸门四天，并配合伊、洛、沁等河水库拦蓄，黄河下游的流量仍然可以减少到每秒八千立方公尺。

（2）利用黄河干流的四十六座拦河坝可以装机二千三百万千瓦，平均每年发电量达到一千一百亿度。支流水库也可以发电。

（3）利用黄河干流水库及支流水库灌溉，灌溉面积可以由现在的一千六百五十万亩扩大到一亿一千六百万亩。

（4）在四十六座拦河坝修成并安装过船装置以后，五百吨拖船将能由海口航行到兰州。

（5）西北黄土区面貌将大为改变，将变为林木葱茂、碧草如茵、麦浪遍野的富饶地方，而河流淤积问题、水库寿命的延长问题以至整个黄河的洪水问题，都将得到有利的解决。

六、第一期计划

（1）完全实现远景需要几十年时间，为了首先解决黄河的水害和其他迫切问题，以三个五年计划期间，即一九六七年以前实施的为第一期计划。

（2）修建三门峡水库。计划修建九十公尺左右的高坝，可蓄水三百六十亿立方公尺，防洪效益在上边已经说过。可以装机一百万千瓦，平均每年发电四十六亿度，可以把下游的最低流量由每秒一百九十七立方公尺调节到每秒五百立方公尺，以供灌溉及航运所需。

（3）修建刘家峡水库，可以把兰州的最大洪水流量从每秒八千三百三十立方公尺减小到每秒五千立方公尺，因而完全避免水灾。水库虽较三门峡为小，但水头却高，也可以装机一百万千瓦，平均每年发电五十二亿度。可以把河流最小流量由每秒二百立方公尺提高到每秒四百六十五立方公尺，从而保证了下游平原宁夏、绥远省境的灌溉和航运的需要。

（4）修建汾河、灞河的综合性水库和伊、洛、沁三河的防洪水库。

（5）修建青铜峡、渡口堂（内蒙古磴口）、桃花峪三座拦河坝引水灌溉。按第一期计划计，可扩大灌溉土地三千零二十五万亩，并将使原有灌溉区一千一百九十八万亩土地的灌溉状况得以改善。

（6）第一期计划完成后，下游从海口到桃花峪七百零三公里，中游从内蒙古清水河到甘肃银川八百四十三公里，以及在三门峡水库内和刘家峡水库内的两段，可以通航。

（7）为了拦阻三门峡以上各支流的泥沙，以保护三门峡水库，先在泾河等处修建五座水库，并在较小支流上修建五座小型水库。

（8）进行广大面积上的水土保持。第一期计划完成后，进行水土保持的当地农业生产量将增加一倍，可以减少土壤冲刷的百分之二十五至百分之三十五。而黄河入三门峡泥沙在这一计划和支流拦泥水库修建计划完成以后，则将减少一半左右。

七、一致努力保证计划的实现

（1）这一伟大而光荣的任务需要广大群众的支持，需要政府和人民的通力合作。

（2）这是一个科学技术性很高的工作，而且内容包括范围很广，需要全国科学技术工作者、知识分子的大力支持和参加。

（3）水土保持是广大面积上的群众性的工作，需要广大农民的积极支持，并且需要政府和农民共同进行大量的投资。

（4）水库是巨大而技术复杂的建筑，需要大量的工人参加和有关工厂的支援。

农业合作化与农民办水利

（一九五五年十二月八日）

这次视察的范围是山东省临沂专区的莒南县、莒县、沂水县，并路经昌潍专区的临朐县。于一九五五年十一月十六日离开北京，到济南后听取有关方面的情况介绍。会同中国人民政治协商会议全国委员会委员一人、山东省政协委员五人，于二十日乘火车到兖州车站，经泗水到临沂专区。后于十二月一日绕经益都县，乘火车返济南。我在济南整理资料，并旁听山东省第一届人民代表大会第三次会议。于十二月五日返北京。

我这次参加视察是有收获的，对于我国当前主要工作之一的农业合作化，有了一定的认识，受到了农民合作化热情高涨和阶级觉悟的感召，受到了农民生产积极性和创造性的教育，因之使我们的情感交流，使我与农民更加接近、亲密。此外，对于有关的一些具体问题（包括小型水利工程）亦有些初步认识。我觉得所见所闻的内容极为丰富，有如进入一所大学，而我所知道的却很少，只作了一个小学生。同时，我们的视察和访问，亦给群众一些鼓舞，给地方政府和合作社提出一些建议。但这次工作是有缺点的，主要是不深入、不全面，因之很难作出全面的分析和估计。这是由于我平时对于这些工作不够关心，政治思想学习差，而出发前又没作好准备。再则由于日程安排比较紧，虽尽量利用时间进行视察和访问，但是消化、研究的时间不够。

关于视察的观感可以归纳为七点，简述如下。

（1）农民热烈拥护毛主席"关于农业合作化问题"的指示，积极参加合作社，并初步地掀起了生产高潮，向社会主义迈进。

莒南县一九五五年八月以前，参加合作社的农户占总农户的百分之四十七，现在达到百分之八十三。莒县现在参加合作社的农户，占总农户的百分之七十四点七。沂水县在与莒南县的同时期内，由百分之十八点四增加到百分之六十二点二。临沂专区在上述同时期内，由百分之十八增加到百分之六十二。现在大都进入整理巩固阶段。山东全省在同时期内，由九万个合作社增加到十八万四千多个，共五百九十九万多户，占全省总农户的百分之五十五点三三。这一运动的发展是健康的，没有强迫命令，群众自愿地、积极地参加。农民说："毛主席好像到了我们村里一样，正说出我们心里的话。"

莒南县兴隆店近来组织了三个合作社，共一百七十四户。这个村在一九五二年曾有十五个互助组，在次年"反冒进"时垮了十二个，挫伤了农民的积极性。一位女干部这样说："互助组很好，妇女在劳动上得到解放。垮了以后，各方面都感到困难，两年没抬起头来。毛主席的指示，真是叫人喜欢。"莒南县后李家白龙汪的一位老大娘说："入社后的日子过得很有劲，儿女们都积极生产，并不操心，真痛快。"

莒南县石泉湖日光合作社的老技术员说："毛主席号召合作化，我把老命拼上了。"我问他怎样拼，他说："拼上老命搞生产。"是的，合作化的优越性使生产提高，是推动这次合作化运动飞跃前进的主要原因。在早期成立的合作社中，有百分之八十的增产，增产数量从百分之十到百分之五十。这就大大地鼓舞了农民组织合作社的积极性。同时，由于组织起来，生产关系改变了，生产的积极性亦便因而提高。这些事例是很多的。

莒南县石泉湖现在全村四十三户，共一百九十七人，全体组织了日光合作社。其中男整、半劳力四十二个，女整、半劳力六十三个。在今春（即旧历腊月初二）开始修建一座水库，在严冬的天气下，用七千车石、两万多车土、三千六百个工，经过多种挫折和困难，终于在坚强的领导和群众的决心下，以五个月的时间，胜利完成。其他生产计划亦都如期完成，包括修地堰、栽果树、造林、种菜、积肥等，获得丰收。一位六十八岁的老大娘，随着青壮年劳动，一天没断，得八十个工。这个山村过去缺水，饮水还要到几公里外去汲。这位老大娘曾到娘家附近去汲水，邻居耻笑她，说：婆家把水都管不起。因此，都不愿把女儿嫁给这个村的人，村上光棍很多。我遇到一位七十多岁的光棍老大爷，背着由过继的儿子所养的孙子，对比过去和现在的生活，他的眼流出了感激和喜悦的热泪。这个水库不只解决了饮水，还浇几百亩地，历史上第一个菜园也得到丰收。

沂水县七里铺的几个合作社联合修成了一座容水一万立方公尺的水库，现又正在修建一座容水五万立方公尺的水库和开挖一条引河水灌田五千亩的渠道；后李家白龙汪合作社正计划用大汪修建水库。广大面积上正在开展着打井、凿泉的工作。

其他为了保证增产的措施，都在积极进行，在"变冬闲为冬忙"的号召下，到处红旗飘扬，生产队热烈地进行着竞赛。

（2）群众热烈拥护中国共产党、热烈爱戴毛主席，紧密团结，步调一致。

"听毛主席的话，包管没错"是普遍的反映。我们在视察石泉湖将要离开的时候，一个正在劳动着的青年，跑过来紧握着我的手，很激动地说："请问毛主席好！请告诉毛主席放心，我们一定听他的话，一定把社办好，一定把生产搞好，来报答毛主席的恩情！"我们路经良店，顺便看正在开挖的渠道。群众听说北京的代表来了，一时聚集很多人，不能通行，我便向大家讲几句话，说明来意和希望。刚讲完，一位老人立即向前，眼里含着泪，说："感谢毛主席的关怀，感谢毛主席的领导，我们的生活改善了，今后一定作好工作。祝毛主席健康！问毛主席好！"他说话的时候，全场肃静。这是存在老人心中的话，亦是群众心里要说的话。

我们到沂水县高家楼子去视察农林合作社，骑着驴子。两位青年到五里以外来迎接我们。见面握手，第一句话就是："毛主席好！"到了庄子后，一位六十六岁的老技术员，用托盘盛着两碗花生，一包香菇，举与眉齐，送至屋里，说："毛主席领导封山育林，香菇是成林的松树下采的，献给毛主席！"他诚恳的态度、动人的语言，使我们肃然起立。以后还有许多人送香菇和花生来。

后李家白龙汪的一位老大娘和七里铺的两位女青年一直拉着我的手，问毛主席的身体健康，很久不放。在座谈的时候，这亦都是要提到的话题。

在我们访问过的合作社中，大都在当天晚上就讨论了增产计划，并且布置了具体任务。他们都以坚决的实际行动，来报答毛主席的关怀。

真的，农民是知道合作化的好处的。像莒南县石泉湖，在解放前有二十八户，一百三十人，三百亩地，其中三个余粮户有地一百八十亩，有三个自给户，二十二个缺粮户，包括四户雇工，四户讨饭，七户逃荒，三户给外村当佃户。这个村子在一九四〇年解放，一九四三年成立互助组，开始造林，现已满山青葱，有十岁以上的松树五万多株。一九五五年每亩产粮达四百零二斤（包括副业在内），每人折合粮食一千二百六十四斤。沂水县高家楼子农林合作社有六十一户，亦是个山村，过去有十三户逃荒在外。自从封山造林，并开山沟以后，已经改变了原来的面貌，清水常流，绿树满山了。现在仅马尾松就有五十三万株，大的约十岁，其他果木树约五千株。孟繁修家三辈人讨饭，现在盖上了油漆大门的房屋。社长在谈到幸福的远景的时候，说五年以后怎样，十年以后怎样，内心的喜悦，表现在他的眼里，我们听着亦很兴奋。莒县吕鸿宾所领导的爱国合作社，是一九五一年秋成立的，一九五二年每户收入三千二百斤，一九五五年已增加到六千斤。生产提高，生活改善。鳏寡孤独亦都得到照顾，生养死葬都得到安排。沂水县七里铺一位七十四岁的老大爷分到些轻工，一年得六十四个工，得粮一千多斤。一位不能劳动的老大娘，亦得到照顾，她说："加入合作社比有儿子还好。"

群众表示有三大高兴，第一是土地改革，第二是雄师下江南，第三是办合作社。这说明群众对合作社的拥护，对中国共产党和毛主席的爱戴。

（3）领导抓住了农业增产的关键，并且已经贯彻到农村中去。

山东省在十一月曾召开全省农业生产合作会议，总结了生产经验，制订了生产计划，是很正确而及时的。增加生产不仅可以超额完成国家的年度计划，而且是巩固合作社的重要工作。增产的关键是：兴修水利，种植高产作物，多积肥，改良农业技术，包括深耕、深翻、宽幅密植等；此外还有因地制宜地发展多种经济作物。这些措施已经贯彻到农村中去。在听县的介绍或与合作社座谈时，都表现出这种情况。

关于兴修水利一节，上边已经说些例子。关于多种经济作物一节，前举的石泉湖和高家楼子都朝着这个方向发展。现在农村已经广泛地接受优良品种的种子。例如胜利百号地瓜，比本地地瓜产量增高一倍，很受欢迎。其他如碧玛一号及四号，徐州四三八号小麦、爬蔓青大豆、金皇后玉米等，亦普遍推广。深翻地在一些地区已成为高潮。爱国合作社的旱地作物有以下的比较：本地小麦每亩一百斤，优良品种一般是一百五十斤至二百斤。改种高粱为金皇后玉米后，每亩由二百斤增加到五百一十斤。地瓜每亩由四千斤增加到八千斤。关于积肥，亦纷纷提出养猪的计划。

（4）水利资源丰富，农民要求迫切，但是领导重视还不够。

我们经过的地区，属于泗水、沂水、沭水、涑河流域，穿越或沿河旅行，并穿越很多支流和小溪。虽时届冬季，水流仍然不绝，有的还很旺盛。看到许多泉水，大者如泗水县的泉林寺、临朐县的冶源，小者如莒县爱国合作社的池塘、莒南县五一合作社的水库。露出地面的泉苗亦很多，所见的水井，大都离地面不深。我们只走了一条线，并只看了几个点，但印象是水源丰富。临沂专区的年雨量平均是八百毫米，亦是丰沛的。充分利用这些水源，必然会对农业增产和保产起到重要的作用。农民都看到这一点，并从事开发，但领导还重视不够。

水利的开发约略可分为大型的和群众性的。这里大型的还没着手，现在还以群众性的农田水利为例，大都是自发的，领导则重视不够。例如，石泉湖水库在第一批石料用完后，才有一位技术人员来看，发现工料估计不足，使修库受到挫折。现在这个库虽已修成，但是对于集水面积、集水数量、库的容量，以及每年淤积情况等，则还有待于计算。事前既缺乏领导，事后则应派人协助，以期发挥水库的应有效力。再如，五一合作社的凿泉、良店的引水等工作，则还缺乏领导。否则，工作不当可能造成损失、浪费或引起用水争执。

沂水县对于封山造林及开山沟等工作，是有成绩的，亦是山区的重点工作，但对整理土地，如修地埂、治缓坡、水土保持等工作，则重视不够。临沂专区的山地仅约占三分之一，其余为丘陵、平原、洼地等，如何治理，尚未引起重视。

又如临朐县的冶源灌渠已修完三年，估计灌田二万五千亩，今年才开始应用。对于这一工程，过去地方领导不但没协助，反而跟在落后者的后边，说没有浇水经验，认为这个工程是个包袱。去年禾苗干旱萎缩，渠水满槽，但不引用。经过省的检查，并对农作物作灌水试验，大家才提高认识，现正进行冬灌。有些地区可以凿泉，可以打井，但没有领导。有的地方有泉有井，亦没有充分利用。如莒县爱国合作社有泉水的池塘，迄今还没利用；菜园的水井，现在并不需要浇菜，但邻近的冬麦却没有利用水井浇灌。这种现象亦是普遍存在的。

对于全省的水源应当进行一次普查，像探矿或石油的普查一样，根据这些资料，进行全面的治理和开发规划（包括大型的和群众性的）。山东省要求八千万亩的水浇地，必先进行普查，才能制订规划；必须进一步作出具体计划，才能证明这项要求是可行的。

对于现在已修建的工程，应派人检查指导（据说水利厅已派人），尤其是对水库，以免大雨季节失事，造成物质上的损失，并伤害群众的积极性。

（5）应帮助县、社制订全面的、长期的生产计划，以配合合作化运动发展的要求。

有的县对于合作社的发展和巩固、对于生产的指标和措施，有了一年或三年规划，而对于其他方面则还没有照顾，如工业、商业、运输和文化教育等。总的说来，对于组织起来、生产关系改变以后的生产力的发展估计不足，对于自然资源的调查研究不足，对于先进经验的介绍和了解不足，所编制的计划多偏于保守，或不切合实际、不够全面。农民的要求是迫切的，他们说："组织起来力量大，什么困难亦不怕，就怕没计划，还怕包工不到家。"最后一句指工作计划不正确，所估工作日期不正确，因之群众包工有的吃亏或沾光等事。例如临沂专区，今年随着合作化运动的发展及三定政策的落实，在兴修水利方面已打井九千多眼，修塘坝六百五十处，引河水灌田一百四十九处，凿泉一百零三处，超过计划数字的一至二倍。这是可喜的，但亦足以说明原来的计划欠正确。

（6）生产的高潮虽已发动，但是还没有普遍地发动起来。

山东省提出"五年农业生产计划，争取四年超额完成"是有条件的。但是要完成这个任务，就需要普遍地发动起来。我们所见到的社，除莒南县兴隆店是新组织的外，都是一些老社，他们当然应起带头作用。对于其他社的情况我们了解不多。但就途中所见，农民对于冬季的工作，似乎还没有普遍地发动起来。在合作社初入整顿阶段，这种现象是可以理解的，但应引起重视。

有觉悟的农民对于接受新事物是快的，但关键还在于领导。农民不习惯、没办法等思想，可以用示范、参观、对比等办法来打通。现在各地组织起来的参观团效果很好。五一社的凿泉就是社长吴彦春从黄县参观回来以后办的。生产情况的对比亦能启发思想。例如现在的麦苗长得还不大，但从苗长的情况上，已经可以辨别哪一块是拖拉机耕的，哪一块是双轮铧犁耕的。农民说："拖拉机一大片，双轮铧犁一道线，步犁看不见。"在拖拉机耕种的麦苗长出一大片的时候，步犁耕种的还看不见呢。所以试办、示范、参观等工作，还应当大力推行。

（7）迎接农业生产的高潮，对于各项物资的供应、技术的指导应当跟上。

由于增产的要求，各项供应有的还跟不上，如水车、双轮铧犁等。化肥亦很缺。洋灰供应不及时（据了解，洋灰生产足够，可能只是供应手续有问题）。普遍地感到技术力量不足，老技术员人数不多，新技术员还没训练出来。训练初中或高小毕业的青年技术员，还是很紧迫需要的。

山东博物馆墙上写着这样一句话："我们对山东的爱，也是对我们祖国的爱；我们越了解她，就越热爱她。"亦足以表达出我们这次视察的总的观感。但是我了解的还远远不足，需要更加深入地、更加广泛地进行调查研究。

水利工作中的几个基本原则

（一九六〇年二月）

在水利建设中，为了充分开发利用水资源，发挥水利工程对于增加生产所起的作用，在工作中必须贯彻全面规划、综合利用、综合治理的原则。

马克思主义辩证法教导我们：世界是一个相互联系的、统一的整体。全面规划正是这种思想在水利建设上的体现。综合利用和综合治理又是在全面规划原则指导下发展起来的，在社会主义经济基础上，这三个原则又有了新的发展和内容，因而更丰富了我们的水利事业，促进了我们的科学技术。

一、全面规划

全面规划是有计划地开发水资源，消灭水旱灾害的第一步的、基本性的工作，通过这项工作，就可以避免工程计划的片面性、盲目性和偶然性。

全面规划应用在河流治理上叫作流域规划或地区规划。流域规划虽然不是新东西，但是在社会主义经济的基础上，它就有着新的发展和丰富的内容。理由很简单，流域规划是经济发展计划的一部分，而社会主义经济则是不断高涨的。"社会主义基本经济规律的特点就是在先进技术基础上使生产不断增长和不断完善，以便最充分地满足全体社会成员经常增长的需要，并使他们得到全面的发展"（《政治经济学教科书》第三版第二十五章第一节）。不断地扩大生产既促进技术的革新，又为水资源的开发提供条件。一九五三年九月十八日中共中央批准的治理淮河的方针是："必须肯定将治干与治支、治线与治面、蓄山水与蓄坡水、防洪与除涝、除涝与防旱结合进行，以改变过去重干不重支、重点不重面的治淮思想。"这个方针指出了流域规划的方向。一九五四年我国在苏联专家的帮助下，根据我国经济建设的目标和方向以及黄河流域的技术条件，制订了黄河流域规划（原名为：黄河综合利用规划技术经济报告）。就规划内容和编制方法等方面说，均较过去有所提高。在以后几年的实践中，又因地制宜而逐渐有所修正。关于农业合作化的问题，毛主席教导我们：“全面规划，加强领导，这就是我们的方针。”（《关于农业合作化问题》，一九五五年七月三十一日）看来，这不只是农业工作的方针，而是一切社会主义建设事业的准绳。

全面规划要研究各有关方面的问题，并给以适当的安排。由于水利事业的地区性、河流的差异较大，而且各项工程规模的大小、开发的缓急又每有不同，因之对于不同河流、不同地区的全面规划的范围和深度的要求也各有不同，应当因地制宜，灵活处理。就一般情况说，所涉及的范围：如就地区说，要包括全流域（或整个有关地区），从干流到支流，从山区到平原；就时间说，包括远景轮廓和近期计划；就工作对象说，不只涉及水的本身，也涉及土地的利用和矿藏的开发；就服务对象说，涉及所有的用水部门，如工业、农业、交通运输业及其他用水部门；就措施说，包括可能施行的方案，也包括大、中、小型工程的结合，工程措施和其他措施的结合等；还有其他的有关政治和经济问题。

所谓全面规划，既不是包罗万象的百科全书，也不是指导某项施工的具体文件，涉及的范围和研究的深浅是有一定的限度的。但是，它是经济发展计划的一部分，这个规划要说明水资源开发的可能性和对于工农业发展的保证性。因之，必须有一定的技术资料，以论证开发的可能和制定轮廓方案；又须有一定的经济资料，以研究开发的需要和开发程序的安排。

全面规划也包括全面治理，必须全面治理才能发挥规划的作用。当然，所谓全面治理并非齐头并进，百废俱兴，必须有缓急、有先后、有治理程序，这也是全面规划里所应有的内容，尤应详细论证第一期应举办的项目。所以全面治理实际上也就包括在全面规划以内。

几年来，我们制订了黄河、海河、淮河、汉水、资水、沅水、澧水的流域规划和长江的规划要点，并在积极进行珠江、岷江、松花江和黑龙江的流域规划。各中、小河流的流域规划或地区规划，有的已经完成，有的正在制订。几年前所制订的流域规划则又因资料的积累和经济的发展，而随时有所补充和修正。流域规划是指导建设的文件，但又随着建设的进展，而更充实了它的内容，更好地起指导的作用。

全面规划已经成为我们工作的指导思想，它是任何重要工程实施的前奏，它将使我们的水利建设事业继续沿着正确的道路发展、前进。

二、综合利用

水的用途是多方面的，治水就应当尽量为各有关部门服务，满足他们的要求。也就是说，在制订水利规划和作进一步的设计的时候，就应当贯彻水资源综合利用的原则。一九五一年十月开工、一九五四年五月完成的永定河官厅水库的设计就是这样。它的目标是：首先拦滞洪水，祛除水患；其次是利用蓄水发电，并且供给下游工业、都市、灌溉和航运用水。大坝的设计和水库容量的分配就是根据这个目标制定的。但有的时候亦常违反综合利用的原则，尤其是对于较小的工程。例如，一九五四年我陪同苏联专家去参观人民胜利渠，这是引黄河水灌溉新乡一带，并接济卫河航运，转而灌溉天津地区的渠道。那时的渠道设计流量是五十秒立方米。渠道上有很多跌水，我们看到一个湍急倾泻、水沫飞溅的跌水，苏联专家幽默地说道："这个渠道的主管机关一定属于农业部门。"因为在设计渠道时，没有考虑跌水发电，没有考虑水资源的综合利用。

把水资源综合利用的思想贯彻到规划、设计中去，也是逐步深入的。在工农业生产的跃进形势下，在社会主义建设总路线的光辉照耀下，综合利用的思想得到了更进一步的贯彻，使水资源更能为经济建设服务。综合利用的目的是发挥水资源的最高综合效益，不是仅在规划内包括了各个服务项目，就算达到了综合利用的目的。所谓最高的综合效益是根据国民经济发展的要求而定的。邓子恢副总理在"关于根治黄河水害和开发黄河水利的综合规划报告"里说："我们要彻底征服黄河，改造黄河流域的自然条件，以便从根本上改变黄河流域的经济面貌，满足现在的社会主义建设时代和将来的共产主义建设时代整个国民经济对于黄河资源的要求。"

这里提到了社会的发展，又特别提出了满足"整个国民经济"的要求。我们现在是建设社会主义，将来是走向共产主义，我们的水利事业不是为某一个经济部门服务，而是为各个有关经济部门服务，满足各有关经济部门在不同时期的要求，或者适当地满足他们的要求，以获得最高的综合效益。是在这样一个指导思想下，制订了黄河规划，包括应当及早开发的各重要工程的规划。

在一定的技术条件下，任何一项重大的工程，是难以全部满足或最大限度地满足各有关方面的要求的，因之各经济部门之间是有矛盾的。怎样来最适当地解决矛盾，什么才是最适当的标准？由于在社会主义制度下，国民经济是有计划发展的。国民经济有计划按比例发展规律，要求一切经济部门的发展都要服从国家的统一计划领导，遵守国民经济各部门和各种成分之间的比例。我们的国民经济发展计划是按照这个经济规律制定的。按照国民经济计划的需要和技术条件的可能所制定的水资源利用计划，当然是最能满足于经济计划要求的，也就能发挥水的最大的综合效益，而不仅是对于某一经济部门发挥最大的效益。水利事业的规划思想，必须符合经济计划要求。发展经济是目标，技术措施是手段，技术应当为经济服务。所以从事水利规划的工作者必须了解经济规律，必须重视经济效益。水资源综合利用的思想是正确的，在社会主义社会又有着发展的有利条件，因之无论是流域规划、地区规划、大型工程或小型工程规划，莫不应因地制宜，加以运用。

综合利用是规划中的一种指导思想，在流域规划或地区规划中，它将影响规划的安排和工程的布置；在一件工程规划中，它将影响工程的规模、工程的安排和运用的方法。这种思想的贯彻与否将影响水资源是否充分利用、综合效益是否最大，是否既能满足于当前的要求又照顾到将来的发展，等等。必须坚决贯彻综合利用的原则，才能发挥水资源的最大效益。

三、综合治理

综合治理和综合利用一样，是在全面规划原则的指导下发展的，是在不断扩大生产的要求下发展的。自然的现象和它的成因是复杂的，改造的方案必须是综合的，才能是全面的，才能获得最完善的解决。水利建设是一种为生产服务的基本建设，为了更好地为生产服务，为了扩大生产，水利措施常须与其他措施配合进行，才能获得完满的结果。例如洪水灾害，从结果看，是由于河水暴涨所造成的，但是洪水有来源，有生成的过程，灾区地理情况也有变化，而洪水来源和生成过程是复杂的，灾区河道的生成和演变也是复杂的。所以防御水灾的措施，除小河流外，常采用几种方法的综合治理，如堤防、滞洪区、分洪道、拦洪水库等。又如"水利是农业的命脉"，为了提高农业生产和稳定农业丰收，水利起着极为重要的作用。但是提高农业生产和稳定农业丰收，则要全面贯彻农业"八字宪法"。水利只是其中一项，必须适当配合进行，才能发挥增产效益。

前边所引治淮方针是所说的防洪、除涝、防旱（灌溉）相结合，就是建立在工程措施与农业措施相结合的基础上的（曾希圣《论"三改"对防灾保收和争取丰收的重大意义》，一九五三年）。为了增加农业生产，对于淮河流域的一些地区，就应采取农业和工程的综合措施，这是多快好省的办法，而过去对于除涝和防旱只单纯采取工程措施，不结合改种农作物，所以不能达到丰收和保收的目的。

一九五三年四月，为了贯彻中央人民政府政务院"关于发动群众继续开展防旱、抗旱运动并大力推行水土保持工作的指示"，中央和地方有关部门组织了"西北水土保持考察团"，对于西北地区进行了考察研究。考察团提出：水土保持工作是综合性的改造自然工作，应当在土地合理利用的原则下，开展农、林、牧、水相结合的水土保持工作。

我们根据不同地区的具体情况，以发展生产为中心，采用了综合治理的措施，获得了一些经验和成绩，并且将在实践中逐步发展。这正是水利科学技术面向生产、为生产服务的结果。聂荣臻副总理一九五八年九月在中华人民共和国科学技术协会第一次代表大会上所作的《我国科学技术工作发展的道路》报告里说："根据我国几年来发展科学的经验证明，只有从生产建设任务出发，才能最快地发展我国的科学事业。"水利科学技术的发展，正是其中的一例。

现代自然科学和技术的发展，分科越来越细，这是一种进步的现象。但是生产上的问题，却牵涉到许多门学科，如上述解决各项有关生产的问题，就包括水利工程和其他许多专业部门。就单以水利工程说，也突破了防洪、除涝、灌溉、发电、航运等专业的范畴，而须综合的研究、相互的配合。从学科上说，越分越细；从生产说，则是越来越要综合。聂荣臻副总理在前述报告里还说："不综合地进行研究，就不可能全面掌握客观事物的规律、解决实际问题。应当把综合研究和分科研究结合起来，在综合研究的前提下，充分发挥分科研究的作用。"这里指出了科学研究的方向，也指出了综合研究的重要性。在水利事业的实践中，充分证明了这一点，也获得了一些成果。

几年来，水利建设贯彻了全面规划、综合利用、综合治理这几个原则，也获得了一些经验。虽然这些经验只是初步的，还有待于进一步地总结提高，但可以肯定这个方向是正确的。

我国的水利科学技术正在我国社会主义建设实践中成长，随着水利事业的跃进，这一门科学技术将更迅速地发展，并且将加速地促进我国的水利事业。聂荣臻副总理说："党对科学技术的绝对领导是充分发挥社会主义制度的优越性、迅速发展我国科学技术事业的根本保证。"让我们在党的领导下，使水利科学技术飞跃前进！

北方平原盐碱地防治浅见

（一九六二年三月二十一日）

一、北方平原的自然特点和存在问题

北方平原，包括冀、鲁、豫三省平原及皖北、苏北部分平原地区，面积三十四万平方公里，居民一亿三千万，耕地三亿二千万亩，气候温和，土壤肥美，是我国主要粮棉产区之一。但是，这一地区在农业生产上最突出的问题是自然灾害严重，经常遭受着洪、涝、旱、碱的威胁，生产极不稳定，单位面积产量低，每年需要调进大量粮食，国家负担很重，广大农民的生活水平难以提高。

这一地区有黄河、淮河、海河三大水系，承泄上游约一百万平方公里山区和高原的来水，并且容纳本地区大部分的沥水。外来水是造成洪水灾害的主要根源，沥水是造成涝灾的根源。过去由于河道经常决口，洪涝难分，一般称为水灾。但是水的来源不同，成灾的原因不同，治理的方法不同，所以应当把这两种水灾分开。

这个地区属于半干旱季风气候，它的特点是降雨集中在夏秋之交的三个月，既多暴雨，且富变化。在一年内大部分时间苦旱，而雨季苦涝。又因降雨受季风的影响，雨季也可能因季风弱而苦旱，又可能有较长时间的猛烈暴雨。也就是说，这一地区既苦旱又苦涝，旱后又涝，涝后又旱，旱涝交替。而在多年之间，又可能有几年的连续大旱，或几年的连续丰水。在不同地区的同一时间，又可能有旱有涝。这样的降雨特点在三大水系的上、中游也相同，因而就造成了河水暴涨暴落、洪水与枯水悬殊的现象，甚或有时来特大洪水，这是洪水灾害的一个自然因素。这种降雨特点表现在大平原上，就是旱灾和涝灾。这一地区主要是旱作物，它的需水量与降水量比较，一般表现为春旱、夏涝、秋旱。

北方大平原大部分（二十五万平方公里）为黄河冲积所成，地势平缓，地表水流的排泄不利，且多形成缓岗。缓岗纵横就阻碍着地表水的排泄。而缓岗之间又形成浅洼，浅洼棋布就造成了雨季积水。加以平原上的排水河道常受黄河泛滥的淤淀，一般是宣泄不畅，排水能力很低。这种地理条件又加重了涝灾的威胁。

盐碱地是这一地区的另一灾害。历史上遗留下来的盐碱地在平原上有四千余万亩，滨海地区有七千余万亩，而有盐碱化威胁的又约有一亿亩。有的盐碱地还没有垦种。盐碱地的发生和发展与旱涝有关。近来由于发生了新的盐碱地（一般称为次生盐碱地），更引起了人们的重视，所以这里想着重地谈一谈这个问题。但是，盐碱和旱涝相随，且同为大平原上的自然灾害，谈到消灭盐碱地，或谈到农业增产，都不能不涉及洪、涝、旱、碱的综合治理问题。

二、盐碱地发生的原因

新中国成立后，在中国共产党的领导下，国家和群众为了根除水害和开发水利，投入了巨大的力量，在这一地区的主要河流上修建了有控制性的大水库，开辟了减河，加固了堤防，并开展了水土保持工作和兴修水利运动，洪水灾害的威胁得以减轻。蓄水又为灌溉提供了有利的条件，水利运动更推动了灌溉的迅速发展，在相当大的程度上减轻了干旱威胁。这些工作又为今后进一步防治水旱灾害和土地盐碱化打下了一定的物质基础。

随着水利事业的发展也产生了一些新问题，目前这一地区最突出的问题是土壤盐碱化。盐碱地对于农业生产的威胁很大，轻则减产，重则绝产，所以引起了很大的不安。当前的任务是一方面防止次生盐碱地发生，一方面改良已有盐碱地。现在先从盐碱地的发生谈起。

群众总结了一条经验，就是"碱随水来，碱随水去"。虽然只有八个字，却说明了盐碱地发生和发展的主要原因，指出了防治和改良的主要方向。当然，这条经验是对于有盐碱化威胁的地区说的，如在南方的一些地区，来水虽多也没带来碱，这是由于土壤没有盐分或有很少盐分的缘故。

土壤里的盐分从哪里来的？地球上的岩石都含有盐分，土壤是岩石风化而成的。风化后的岩石随水搬运到低地淤淀起来，而水便流到海里，这种水带有盐分，所以海水是含盐的。在多雨地区，雨水又冲刷土壤，能将土壤里的盐分洗净，如南方地区。而北方雨少，土壤还留有一些盐分。土壤里含有盐分是盐碱地的根本原因。不过盐分在表层土壤的累积，甚而使表层土壤含盐过多，影响作物的正常生长，成为盐碱地，则是由于水的活动而产生的。

地表水是雨后的地表径流。地下水是土壤里潜藏的水，因为土壤里的水量已经达到了饱和程度，成为潜水层。试挖一井，井里的水就是地下水的汇集。井水面就表示这一地点的地下水位，标志着地下水距地表的深度。地下水的来源，或由于雨后当地水的渗入，或由于附近湖河库渠的补给，或由于较远处地下水流动的挹注。在有灌溉的地区，也可能有一部分灌溉水予以补给。雨后或灌溉渗入土壤里的水，能将表层土壤的盐分带向深层。但是，蒸发作用却又可以将深层土壤的盐分带向表层。这是水分上下移动的作用。

地表蒸发的水分是由土壤里的水分来的，其中一部分是利用土壤的毛细管作用，将地下水吸到地表，像煤油灯芯吸油似的。这是地下水的上升运动。设若地下水埋藏很深，大于临界深度，土壤的毛细管作用失效，那么地下水就不能升到地表作为蒸发的补给。

设若土壤和地下水都含有盐分（这是这个平原上的一般情况），而地下水又较浅，在临界深度以内，加之气候干旱，蒸发量很大，将有大量的地下水升到地表，补给蒸发。随着地下水的上升，又有大量的盐分带到表层，形成表层土壤盐分累积现象，累积多了就危害作物的正常生长，就变为盐碱地。

设若地下水有较好的横向流动，就是地下水有向低处流的出路，而且能较顺利地流动，盐分也可以带到他处，减少当地盐碱化的威胁。但是，设若这一地区的地下水的横向流动很迟滞，就又成为一个不利的条件。此外，由于这一地区的地理条件，如前所述，雨后积水现象严重，也就是所谓涝灾。地表积水就补给了地下水，而地下水的横向流动又不利，因而抬高了地下水位。这个平原虽是半干旱地区，而地下水位一般很高，盐碱地的形成，就是这个原因。

　　总的来说，这个平原的土壤含有较多的盐分，地下水流滞缓，且有一定高的矿化度，地势平缓，河道淤塞，又是半干旱季风气候，大部分时间苦旱，雨季多暴雨，地下水位高，蒸发强烈，这都是容易产生盐碱地的自然原因，所以历史上就有不少的各种类型的盐碱地。同时，在非盐碱地的地区，也存在着严重的盐碱化威胁，容易发展成为盐碱地。

　　在有盐碱化威胁的地区，设若农作物制度不良，使土壤性质恶化，增加蒸发或毛细管作用；或因灌溉和其他工程措施不当，使大量的水渗入地下，抬高地下水位，均可以使耕地表层积盐，变为盐碱地。这是发生盐碱地的人为原因。

　　此外，由于大涝大旱或旱涝交替，因而引起土壤里的水盐运动的较大变化，也会出现某些局部地区脱盐或返盐现象。

三、治理盐碱地的综合措施与主要措施

　　盐碱地有两种，一是旧有的，一是次生的。要改良盐碱地，使之恢复并提高生产能力，对于有盐碱化威胁的耕地，要防止盐碱化的发生，同时还要改良土壤，消灭这种威胁，保证农业的稳定丰收。防治和改良盐碱地的根本办法，当然是要针对盐碱地的发生和发展原因采取相应的措施。原因是复杂的，所以措施应当是综合的。此外，旱涝也是这一地区的自然灾害；而旱则增加蒸发量，涝则增加地下水。所以旱涝碱必须统一规划、综合治理。这就形成了大平原上水利措施的特点。

　　农业措施，如提高耕作技术，因地种植，平地筑埝，增施有机肥料，适时耕作，加强田间管理等，就防治盐碱地说，可以改良土壤，减少地面蒸发。在盐碱化威胁较轻的地区，可以由农业措施防治表层土壤积盐；在轻碱地也可以保证正常的耕作；在重碱地则可以采用改种水稻压碱的办法，使表层土壤脱盐。这些办法都很有效。但是根本措施则是控制地下水位，在强烈的返盐季节（如春季和秋季），能使地下水位控制在临界深度以下。这就需要有排水措施。

　　前边讲过，旱是这个地区的一大威胁。据过去的统计，即使在风

调雨顺年，也不能保证高额产量。亩产越高，所需水分越多。发展灌溉不只是为了防旱，而是为高额稳定生产创造条件。所以发展灌溉是这一地区十分需要的。但在今日的灌溉条件下，灌溉就会增加地下水的补给，抬高地下水位。因之，灌溉系统和排水系统必须并举，使之有灌有排。在有盐碱化威胁的地区，土壤含有相当高的盐分，地下水矿化度较高，地下水位较高，灌排并举应视为正确的方针。其次，涝也是这个地区的威胁，除涝的方法主要是排水，并在适当的洼地临时滞蓄。不过除涝的排水沟不一定挖到临界深度以下，能适当地排除地表水和表层土壤的积水即可。但排除地下水所用的较深的沟与除涝的要求并不矛盾。由此可见，排水沟是治理涝和碱所必需的，只是要求的排水标准不同而已。

采用水稻改碱，或用冲洗方法改碱，也必须有排水系统；否则，碱虽然一时被压下去，但依然留在土壤里，没有排走，仍有返碱可能。例如，种几年水稻，碱被压下，由于没有排水设备，如再改种旱作，仍将返碱。如有排水系统，盐分随水下行，又从沟流走，就能彻底改良。

所以说，排水系统是这一地区防治盐碱地的一项主要措施。这不只不排斥农业措施，而且应当配合进行。在没有建立排水系统的情况下，更应当加强农业措施。

前面提到，在今日的灌溉条件下，灌溉就会增加地下水的补给，抬高地下水位。这是不是意味着，灌溉就必然会引起盐碱化呢？不是。现在的灌溉大都是渠道输水，而渠道的漏水情况是严重的，还没有采取经济而适用的解决方法。这是普遍存在的问题，是研究工作的主要对象之一。所以在有盐碱化威胁的地区，灌溉的计划里就应包括排水的计划，把排水计划视为灌溉计划的组成部分。如果计划和管理得当，灌溉不仅不会引起盐碱化，并且可以改良盐碱地。至于不合理的灌溉，如灌水过多，大水漫灌，或有意抬高渠道强使全灌区自流上水，或抬高排水河道水面，作为输水干渠等，均能使地下水位升高，促使次生盐碱化。这是人为的不当，应当纠正，但不能认为次生盐碱地是灌溉的必然结果。

四、治理洪涝旱碱的全面规划与当前治理盐碱的措施

几千年来，我国劳动人民即与盐碱地作了长期斗争，并取得了丰富的经验。新中国成立以来，随着水利建设和农业生产的发展，平原上的广大人民利用灌溉、排水、冲洗、放淤、种稻、农业耕作等措施，促使土壤脱盐，改良利用了盐碱地数百万亩。同时，又进行了防治盐碱地的观测研究工作，并获得了一定的成果和经验。因此，进行盐碱地的防治是有基础的。

大平原上旱、涝、碱三个自然灾害同时存在，并互有影响。而洪水灾害又是平原上的毁灭性灾害，必须尽先消除。因此，洪、涝、旱、碱必须统筹兼治，而在易碱和盐碱地区，当前则应以防治盐碱为中心。针对盐碱地发生和发展的原因，必须采取水利、农业综合措施，进行防治。而根本措施则在于有灌有排，并在灌溉上合理用水，节约用水，以控制地下水位，同时加强农业措施，减少地表蒸发。在灌溉上则应尽可能地使渠灌与井灌相结合，自流与扬水并举；在排水上则应自排与抽排并举。在排水不畅的地区应着重采用抽排。根据具体条件，因地制宜，不可偏废。

平原地区的全面水利规划则是当前极为重要的任务。例如，防治盐碱地的主要措施是排水，而排水必须有出路，就是排水沟应通到河里或海里。排除地下水的流量虽然不大，但是排水沟又要结合除涝，而排涝的流量则较大。前边说过，这一地区的排水条件很不好。设若排水出路不畅或没有出路，则造成涝灾。设若从小沟到大河一直开挖到海，以满足除涝的要求，则其工作量极为巨大，甚至是不可能的，必须另寻出路。此外，在排水上还有山区洪水与平原沥水的矛盾，就是在雨季，河道为洪水所占，水位高于两岸地面，沥水不能注入。平原河流也有相似现象，河道为上游客水所占，水位抬高，下游沥水不能注入。此仅一例，设若没有全面的规划，则必难合理地解决全部问题。而总的规划原则应当是：蓄泄结合，灌排兼施，统一规划，因地制宜，以防治盐碱地，消灭水、旱灾害。

但是，工作要远近结合，当前的工作并非全须等待全部规划的完

成，可以根据总的原则，结合各地具体情况和当前要求，进行安排。对于灌区盐碱地的防治和改良，当前可以采取以下的措施。

（1）积极进行灌区配套。在次生盐碱地和老盐碱地地区，应首先进行排水系统的配套，接着进行灌溉系统的配套。在排水工程上可由下而上，先疏后密，逐段逐片分批分期实施，做一部分发挥一部分的作用。在有盐碱化威胁的地区，灌排配套可以同时结合进行。在盐碱化威胁不大或没有威胁的地区，可先做灌溉配套工作，再根据需要，建立必要的排水工程。

（2）恢复原有河道、水沟的排水能力，改建或废除不合理的工程设施。

（3）加强灌溉管理，健全管理组织，研究和建立适宜于易碱和盐碱地区的灌溉制度、灌溉方式和灌水技术。同时，还要管好排水系统。

（4）提高耕作技术，加强田间管理。

五、进一步加强对于盐碱地防治的研究

盐碱地的防治是一门极为复杂的学问。虽然有了一些经验和研究，如前所述，但是我们却还没有完全掌握防治盐碱地的控制权。世界各国也还有许多盐碱地和有盐碱化威胁的耕地没有得到改良和预防的保证。因此，对于盐碱地发生与发展的自然规律的探索，防治措施的研究，还有待于进一步的推进。关于我国北方平原盐碱地的防治，当前应进行以下问题的研究。

（1）进一步研究土壤内水盐运动的规律。应由有关部门协作，作综合性的科学研究，为旱、涝、碱的综合治理提供依据。

（2）加强盐碱地排水理论和排水技术的研究。应对于排水沟的标准、规格、布局进行重点研究。

（3）研究盐碱地和有盐碱化威胁地区的灌溉制度、灌溉方式、灌水技术。在这样大面积而又有盐碱化威胁的土地上进行灌溉的经验还不多，对于灌溉系统的布局、灌水制度、灌水技术等，应总结群众经验，进行科学研究。

（4）研究洗碱、压碱的理论和技术。对于洗碱和压碱，我国有丰富的经验，而近年种稻改碱也有一些成就。应在总结经验的基础上，进一步分析研究。

（5）近一步研究排水沟的侧坡稳定及其防护措施和灌渠的防渗、截渗措施。

防治盐碱地是一场艰苦的斗争，但是它是我们在生产上迫切需要解决的问题，也就是科学研究上的重大课题。经验证明，只要敢于斗争，措施得当，不仅可以有效地防止土地次生盐碱化的发生，而且可以使盐碱地得到改良，把坏地变成好地。因此，我们首先应树立战胜盐碱地的信心与决心，同时认真学习与总结已有的经验，积极钻研防治盐碱地的科学技术，千方百计地与盐碱地作顽强的斗争，为社会主义建设事业做出更大的贡献。

旭日东升

（一九六二年八月）

　　这篇是我在过去六十年间，对于黄河治理情况见闻的片断。六十年的时间，在历史上不算长，可是这正是我国风云变化，由半封建半殖民地社会，经过新民主主义革命，进入伟大的社会主义社会的时代。黄河的治理情况，也反映了这一时期社会形象的一角。

　　黄河是世界著名的灾害大河，也是世界著名的难治大河。我国历代劳动人民与洪水灾害进行了不懈地斗争，虽也取得了不少的成绩和经验，但在长期的封建社会和半封建半殖民地社会里，对于这条孽龙，始终没能降伏。黄河是在中国共产党领导人民解放后才获得了新生，千百年梦寐以求的希望，才开始得到实现，而且有着宏伟壮阔的前景。

一、夏夜河警

　　夏天的夜晚是迷人的，尤其是对于儿童。这时暑气稍退，仰卧在临时搭在庭院的凉床上，数着满天星斗，偶尔有一颗流星，像一道金光，划破碧蓝的天空。虽然北方比较干燥，这时也潮润润的，星斗像泡在无边无际的大海里似的，星光带着水色，闪闪引人，犹如少女的明眸。荷花这时也特别香，就是绿叶也放出清味。不时有几只萤火虫，把这沁人肺腑的清香带来。这是多么甜蜜安静的夏夜呀！

　　老人常常坐在旁边，用葵扇打着蚊子，送来阵阵的凉风。在恢复一日疲劳之后，他们话着家常，讲着故事，也解答着儿童提出来的无穷无尽、看来又是很可笑的问题。有些问题确是很难解答的，但是为了满足儿童的好奇心，老人总是编出一套令人神往的故事。比如说：天河里有没有水，有没有船，人能不能坐船去天河游玩？他们对于天文和地理的知识虽然缺乏，但是从想象里却得出了神话般的而能使儿童满意的回答：天河是和地河相通的，从黄河乘船向西去，越走越高，慢慢地就发现黄河是在乱山丛里流着。山越来越高，顶上经年覆着白雪，和白云相接，再往上就通到天河了。黄河有流不尽的水，都是从天河流下来的。

夜渐渐深了，星斗的位置转移了，天河的方向也改变了。儿童们睡意虽然很浓，仍然为动人的解答所吸引着，还是不断地发问：天河会搬家，地河也会搬家么？老人叹息着说：会搬家的。在几十年前，黄河就从我们曹州（现在的山东菏泽）南边滚到北边去了。这一次是"天滚"❶，它从南边百多里地的地方，飞到北边几十里地的地方去了。在一夜之间，只听到天空隆隆的声音不绝，黄河就从天上滚过去了，地下没有一滴黄水（这里指一八五五年的改道，详见注）。这个神奇的故事，把儿童们的睡魔远远地驱走了，心里想，这是多么奇怪的事呀！

黄河搬家，不只有"天滚"，还有"地滚"哩，老人继续地说着。"天滚"受祸轻，"地滚"灾害就重了。自从黄河北滚以后，我们这里就经常遭到黄河滚来滚去的严重灾害。黄河决口，水像从天上倒下来的，漫天薄堤，墙倒屋塌，人畜漂没，鸡犬不留。逃出来的人也因为没东西吃，行乞讨饭，饿死在外。城外的一圈土堤，高约两丈，就是防黄水用的，所以称为护城堤，有好几次被黄水围着，曹州府城就像汪洋大海里的一个孤岛。

这已经不是童话，儿童们不能插话了，只听老人们絮絮地问答着，心里像听鬼故事似的，有些怕，又舍不得不听。老人们总是唉声叹气，回味着过去的痛苦。有一年黄河决口，大水直冲府城而来，一连围了几年。口子屡次堵不上，山东巡抚丁宝桢穿着朝服，在口门一带，坐在席子上，漂浮水面，和龙王说理。不知道他们达成了什么样

---

❶"天滚"是指一八五五年（清咸丰五年）黄河改道的事，故道由兰封经徐州，夺淮河入海。而这一年黄河于河南兰封铜瓦厢改道北流，经曹州（今菏泽市）北部东流，夺大清河入海。部分居民没见到黄水，黄河就由南边改到北边去了，所以称"天滚"。而受黄河决口改道淹没的地区，则直接受灾，又目睹改道情况，所以称之"地滚"。

的协议，口子终于堵上了。但是，以后却仍然不时决口，常常决口，常常堵口，一批一批的新贵人升官发财，一代一代的老百姓受难遭殃。

梁山泊水寨就在我们东北的郓城县境。儿童听到梁山泊，精神又抖擞起来了，这些宋代的英雄形象，给这里的人民以深刻的印象。那时水泊八百里，现在湖面小多了。黄水来一次，就携带大量的泥沙，淤积一次。这一带过去有名的菏泽、雷泽、大野泽，除保存一些地名外，泽迹很难寻得了。现在的南阳、微山等湖，或许仍是这些泽泊的一部分吧。

湖泊变成良田不也是件好事么？是的，据说，黄河下游大平原都是黄水淤淀而成的，真是一件好事。但是，龙王爷不叫安生，它又在这片土地上摆来滚去，害人好苦！这条孽龙什么时候才能听人的话呀！大家默默地陷于无可奈何的沉闷中。点起了关东烟，抽着。一会儿又将烟灰敲出，暗淡的火星倏时消灭了。

听说外国人也打算帮助我们治黄河，他们有新办法、新机械。可是人们也没抱着多少希望。八国联军进北京，不是没多年前的事么？他们想瓜分中国，奴役人民，哪会为我们办好事！

又是一阵沉寂，儿童们渐入睡乡了。这时，城外隐隐地传来锣声，老人们惊叫起来：黄河大堤又告警了！这种骚动惊醒了儿童，只听老人继续说道：每到伏天，总要提心吊胆，不得安宁。这时，锣声越来越密，也越高了。

老人把儿童搬到屋里去睡，但是他们自己却终夜不能入眠，等待着曙光的到来。

二、一次堵口估工散记

一九二五年的秋天，我来到濮阳南岸的李升屯，黄河从这里的民埝决口，河水顺大堤东流，到黄花寺冲决大堤南流泛滥。这个决口处的村子当时虽属河北省管辖，但是正在河北和山东的交界，决口的洪水冲没了这个村子，溃水便泛流在山东省的地区。虽然决在河北，而灾在山东，所以山东省特别关心堵口的事。因之，这次堵口的任务就由山东省河务局承担。

山东省河务局派了一些人员，路经菏泽去工地，目的是查勘决口情况，拟订堵口方案。我这时刚从美国大学毕业回来，适在家乡，很想去黄河上看看，增些感性认识，经过疏通，便作为一位客人随同前往。

刚一到工地，就发现大家很紧张，交头接耳地谈着。我是客人，也不便多管。后来才知道，在我们到达时，另外一位官员就先到了，他正做着与河务局所派人员同样的工作。这是什么原因？据说，这位官员也曾在山东河工上工作多年，这次来，是为了要争夺堵口的任务。我不明白其中奥妙，人们也不便向我解释。在以后有机会的时候，我便逐渐探询过去堵口的情况。由于决口是常事，所以堵口的故事是很多的。最后，我得到这样的结论：堵口是升官发财的好机会。堵口是与流水作斗争，抛下去的料物常被水冲走，就是站住的也大都在水面以下或淤在泥里，工作量的大小和劳动力的多寡，很难从成品上去检查。这就给贪官污吏以上下其手的机会。而堵口成功是"造福万民"的大事，是一件大功，凡是参与其事的人，甚或沾亲带故的人，都可列入"保单"，报请加官进级。但是，堵口也冒着一些风险，有时费了很多人力、物力堵不上，或者堵上又冲开。因此，要想承担堵口工作，必须与权势人物有密切关系，或者能拉上关系。否则，遇有事故，轻则丢官，重则坐牢丧命。所以办河工也必是上下相通的。

不只在堵口时要争谋这个职务，有些人还盼望着决口哩。我当初以为这是刻薄话，其实是一针见血之论。以后有机会接触过一些在河上很久的工人，称为"老河工"。在接触的时候，他们已经不是工人，而是职员了，不过大都是农民出身。我向他们学习了很多知识。例如，那时护岸几乎全用秸埽，很易腐烂、沉陷、走动、出险。关于改用石工护岸一事，大家都认为很好，很坚固，就是运输比较困难。我说：逐年添修，总是可以完成的。他们笑了，似讽刺而又似开玩笑地说：黄河不决口，河官吃什么？在吃人的社会里，这并不是什么特别现象。人们常说：黄河决口频繁，是由于统治阶级不关心人民的生活。其实，他们的罪恶比"不关心"重得多。

人民在"水深火热"之中，而这次调查河工的老爷是怎样工作呢？大概在上午九点起床，除个别人外，第一件事是过足鸦片烟瘾。一榻横陈，灯光如豆，烟雾弥漫。这样，把一个宝贵的清晨过去了。在吃点东西以后，大约在十一点，要到口门视察了，住所在临濮集，离工地不过三四里，还得坐车。我很不耐，早就在大堤上转了几个圈，只是一人，但见泛水汪洋，波涛汹涌。所遇到的人很少，即使遇到，问什么，也很少答复，因为大家不认识我，而我的行动又似乎古怪。在喝了一阵清风以后，又回到寓所，等候大家一齐出去。大约在下午三点，就又回来了。第一件事仍是吸鸦片烟。吸过几口，精神一振，谈锋就来了，天南地北，无所不谈，而谈工作则不多。然后是酒肴并陈。饭后，是精神最充沛的时候了。我爱早睡，不再听夜谈了。

对于有关工程的勘测事项，只测量口门的宽度和深度，并且看一看附近的形势和流势。具体工作是一些随从人员做的。拟订计划和预算，是根据经验和包干制度办事。在讨论工作的时候，起初也大体上谈一谈堵口方案，讨论最有兴致的还是预算。例如，这个说，堵口需一百万元；那个说，恐怕不够，因为比某一次堵口困难；第三位说，还要看另外那位查工某官员的报告，过高，工作就跑了；有人接着说，他要捣乱，就让他堵，看他摔筋斗。我不知道这种讨论到什么时候结束，因为这些数字不是建立在实际基础上，而是从"市场的行情"出发。

我住几天就先离开了。这次并没有达到学习河工知识的目的，只是窥得制定堵口计划和编造预算的一些秘密。黄河的堵口预算本来是难做的，因为黄河形势的变化很快，这是冲积平原河道的一个特点，尤以黄河为甚。今天口门很宽，走流很多，显然是一个难堵的局面。一场大风，又可能把大部水流吹归正槽，决口出现淤积，走水大减。真是一夜顺风，创造了堵口良机。相反，原来决口的流水不多，大流仍走正槽，可是，由于一次涨水，上游某滩嘴坍塌，因而影响口门形势，增加堵口困难。在过去堵口，大都是从两岸进占堵合，就是从两岸相对前进，用秸埽筑坝，渐至两坝接近，再用合龙占填塞。进占要冒风险，或由于选择进占方向不合，做的质量不好，或由于流势更改，水情变化，可能在一日之间，冲走工程几十丈，还须重作。在不利的情况下，可能连续几次冲走。当然，也可能有较估计为顺利的情况出现。说来，黄河堵口好似风云变化莫测。其实，在情况摸透、计划落实、主观努力的情况下，可以克服这些困难；最低限度，也可以减轻损失。但是，在旧社会里，这样做是办不到的，主要是，由于风云变化莫测，才能有多列预算数目的根据。

在旧社会里，尤其在清代，堵口几乎是包干的。不管预算经费花完与否，总是要想尽方法报销完的。设若出了特殊情况，预算不足，请求追加，必须得到上级权贵的特别支持；否则，不只预算增加不了，还要受查办或免职的处分。清代还有一种不成文的制度，堵口必须保证下次大水来时无恙。如果下次大水仍在原堵口处冲决，原堵口负责人必须自出银钱堵复。对于工程负责，本来是件好事，但是却为提高预算和增加开支打开了门路。预算既然要包括这次堵口的需要，还要准备再堵时的需要，最低限度也要增高一些对堵口不必要的加固费用和下次大水时抢守保护的特别费用。

请看，堵口预算还不是漫天要价？先计算一个实际可能需要的工作量，这个"实际"已经是宽打了，其中有工程费，也有特别费。但是，为了防备风云变化，又要加几倍，再为防御下次大水，免再决口，还须增加一些。这笔用款的数目，真是鬼才知道。即使遇到"清官"，也必然是一个极大的浪费，况"清官"究又何常清？旧日官场里传着这样一句话：清水不养鱼。从堵口预算的编制，可以窥测这句话含义的一二。其实，又何止河工是这样，这正是反动统治阶级本质的表现。

三、希望的幻灭

一九三三年五月，李仪祉被任命为黄河水利委员会委员长，邀我相助。黄河水利委员会这个名称并不是从这时起的，以前的委员长有马福祥、冯玉祥等人，不过委员会从没有组织成立。这次任命一位专家领导治理黄河的内幕我不清楚，但是觉得是件好事。据传说，任命冯玉祥作委员长时有这样一个故事：蒋介石一直担任着导淮委员会的委员长，从这个委员会成立起就是这样。他认为要想传名后世，治水比干什么事都好，大禹的声望很高，而且做了皇帝。也有人说，领导治淮是因为有大量的经费可以通过工程项下开支。究竟哪一说法对，就很难对证了。那年，蒋冯合作，蒋说：带军队有什么用，将来解甲，你治黄河，我治淮河。于是就任命冯玉祥担任治黄河的工作。这次任命一位专家，是不是真来"解民倒悬"呢？

这时，李仪祉在西安养病，要我去南京筹备黄河水利委员会成立的事情。我从天津绕经西安到了南京。在这以前，我从没奔走过南京的衙门，人生地疏。李仪祉曾担任导淮委员会的总工程师，嘱到南京后，就以导淮委员为对外联系的介绍。费了将近两月的功夫，到处碰壁，毫无结果。不是说今年没预算，就是说今年没编制，还有的说从来没听说过这个委员会。这个衙门推到那个衙门，一派官腔，全无真意。我败兴地又转回天津。

不幸得很，八月中旬黄河发生了特大洪水，除在河南温县有决口外，在冀、鲁、豫交界一带，黄河南北决口五十处，淹没三省六十七个县的一万二千平方公里的土地，受灾人口三百六十四万，死亡一万八千人，损失财产，按当时的银币计算，约二亿三千万元。这场大灾引起了全国沸腾，呼吁救济，请求堵口。这时，南京政府想起了黄河水利委员会，打算利用它作为抵抗攻击的前卫。立时命令黄河水利委员会调查水灾，筹谋治理，并成立机构，开始工作。说也奇怪，什么编制、预算等问题，都没人再提了。

黄河水利委员会在南京成立筹备处，以后迁到开封。派了一些工程师进行调查，初步拟出堵口方案。下一步工作就是请领堵口经费，准备料物，组织劳力，希望于水落时及早开工。财政部长宋子文讲话了，说：我们的钱，能叫别人乱花？这种"家天下"的气势，把事情又卡住了。

当一九三一年长江和淮河泛滥成灾的时候，曾设立一个救济水灾委员会，接受"美援"，办理工赈，修补了长江和淮河的大堤。这个委员会是由宋子文主持的。委员会下有个工赈组，主办工程事务。这个委员会还没撤销，于是宋子文就派工赈组来从事黄河的堵口工作了。

黄河水利委员会就转向治本工作的准备和研究，设立水文站，并开始干流的水准和地形测量，调查干支流和黄土高原的情况。这时，冀、鲁、豫三省都设有黄河河务局，主管各段的修防事务，归各省领导。在组织条例上，虽有黄河水利委员会可以指导三省河务局的规定，但在封建割据时代，这只是一句空话。他们说，下游修防的事不用你们管。黄河水利委员会既不管修防工作，又不管堵口，于是黄河水利委员会的大部分力量便用在全流域的调查研究工作和根治规划上。这样规模的工作还是黄河上的第一次，并制定了"十年一小成，三十年一大成"的计划。

宋子文的财政部长让给孔祥熙了，工赈组的主持人也换了，新上任的是山东曲阜孔子的后代孔祥榕。决口在一九三四年三月堵复了。可是，一九三四年八月，河北省长垣县北岸的九股路又决口；一九三五年七月，山东省鄄城县南岸的董庄再决口。堵口的任务也就分外忙了。一九三五年，孔祥榕被任命为黄河水利委员会的副委员长，李仪祉立即呈请辞去委员长的职务。我不久也辞去委员兼秘书长的职务。

李仪祉和孔祥榕的工作作风、治河方法是背道而驰的。李仪祉是位有品德的学者，主张上、中、下游统筹治理，以便削减水患，开发水利。孔祥榕则是一位名利是图的官僚，认为治理黄河能堵口就是本事，其他尽是空言。"焦头烂额"为上客，堵口当然是易于邀功受赏的。李仪祉的工作方法是从调查研究入手，进行科学分析。孔祥榕则不信科学，惟信"老祖"，一言一行，必须扶乩，请祖师爷降旨行事。李仪祉对南京政权虽抱有幻想，但有事业心，热爱祖国。孔祥榕则趋炎附势，利欲薰心。这两个人自然不能相处，所以李仪祉决定离开黄河水利委员会。当时水利界有所谓"科学与迷信之争"，轰动一时。二十世纪三十年代有这等事，也是反动统治阶级死亡前的一段丑闻。

归根到底，是治理黄河为谁的问题。在私有制的社会里，治理黄河并不是为了广大群众的利益，而是为了统治阶级的私利。一部治黄史明显地表示着：社会制度对于黄河的治理一直起着决定性的作用。历代统治阶级对于治理黄河的重视与否，完全以其狭隘的阶级私利为转移，甚至利用黄河作为攻守的武器。

四、外宾的治河建议

关于外宾查勘黄河后的建议，我这里只提两件事，一是美国费礼门的，一是美国雷巴德等人的。

美国著名工程师费礼门，曾应运河督办公署的邀请，来黄河上勘察一次。他是否曾向中国政府有关部门作过报告，我不知道。但是他在美国土木工程师学会一九二二年第八十五卷会刊上，写过一篇《中国洪水问题》的论文，我阅读过。柯乐斯教授为他研究参考所写的《黄河札记》打印本，我在美国留学时也看过。那时黄河才初设陕县水文站，还没有详细的地形测量。费礼门建议，在黄河下游（包括河南省境内）大堤以内，修筑狭直的新堤。新堤间距约半英里（约八百米），以约束水流。并于新堤内修建丁坝，以固定河槽于一千八百英尺（约五百四十八米）宽度以内。由于那时的有关现代资料还很缺乏，他的建议也只能是一家之言。

一九四六年，国民党政府的公共工程委员会邀请由美国人组成的"治黄顾问团"❶来研究黄河。这个顾问团的成员包括美国有关水利方面的知名人士：美国陆军工程团的中将总工程师雷巴德、美国铝业公司的工程师葛罗同、美国垦务局的工程师萨凡奇。这年九月，公共工程委员会曾向顾问团提出了一份备忘录，概略地叙述了黄河情况和他们的任务、对他们的要求等。十二月十日，顾问团在南京集合。这时对于黄河的资料和研究，较之费礼门研究的时候也充实了一些。从十二日起，就进行实地查勘。怎样查勘呢？从海口到河源，是乘飞机，曾先后在开封、宁夏、兰州、西安着陆。回程过西安时，乘汽车到黄

---

❶ 有关治黄顾问团的资料，采自南京水利实验处译印的《黄河研究资料汇编》第七种，一九五〇年十一月。

河龙门看坝址，到洛惠渠看引水坝，到泾惠渠，又到邠县❶看泾河坝址。乘火车到宝鸡峡、渭惠渠、三门峡等地查勘。然后从西安乘飞机到开封，在开封看了黄河大堤和护岸。并为等候飞机在开封住两天，最后又改乘火车，于一九四七年一月十日返南京，总计时间约为一个月，十七日提出了一个全面的"治理黄河初步报告"。现在举几件来作具体的说明。

在报告的"黄河下游防洪计划"节里，建议："于八里胡同可建一百七十公尺的高坝，回水将上漾到潼关，形成峡式水库。……八里胡同水库在淤积平衡后，其容量尚足以调节最大洪水，吞吐泥沙，并发生大量动力"。由此可见，是把八里胡同水库看作是解决下游水灾、兴利除害的关键性的工程。但是，顾问团怎样对待这个工程呢？

报告的"实地查勘"里记载："十二月十三日，沿黄河西飞，先查看潼关以下八里胡同及三门峡诸坝址，次看……。""一九四七年一月一日，自西安乘飞机返开封，沿河飞行，特别注意查看八里胡同坝址，就空中观察之印象，认为宜建高坝。"这时，八里胡同一带只有一般的河道地形图，而作为研究筑坝建库的资料是很不足的。我和一些技术人员（包括地质师），在一九四六年秋天，曾对于黄河上、中游作过一次查勘，详细地形图和地质钻探资料都没有。不过在我们的报告里，也曾提出若干建议，并考虑过许多坝址。顾问团在他们写报告时约我作过一次简短的谈话，仅"就空中观察之印象"，便决定这样重大的建议。

模棱两可或空洞的建议也很多，如对下游河槽的意见："计划河槽，上承山峡，下达于海，其设计须与水库调节后之最高洪水量及各流速下之最大含沙量相配合，以期其承流而不漫滩，输沙而不淤槽。……黄河水利委员会所设计之河槽，似属合用。惟如何在现有大堤以内，尽量缩窄槽身，尚须重加研讨。"从上述的调查研究过程也只能得出这类的结论。

这并不是说报告的内容一无可取，也不是说他们的科学技术水平

---

❶ 邠县，即今郴县。

不高，问题在于对这项工作的态度，也就是对中国的态度。他们的这次勘查仅为"探路"，留下来的工作将由其代为办理。如报告里透露："上述诸工程，如河槽、如大坝、如水库，其效能究系若何，可以分别举办模型试验，就其多种现象，一一验证之。美国密西西比河水利委员会所主持之维克斯堡水工试验场，有充实之设备与熟练之人员，此坝试验如在该处举行，最能胜任愉快。"模型试验只是工作中的一部分，或一个阶段，其他如规划、设计、施工等一系列的工作，在这个"初步报告"里自然不便多提。这些工作由谁来做，怎样做，不是可以想象得知么？

五、一个掠夺计划

日本帝国主义在"七七事变"以后，侵占了我国黄河流域的广大地区，对黄河的治理和开发进行了调查研究，颇用了一番功夫，在技术方面，也不无可取之处。但是，技术是为经济服务的。日本所拟的计划，不是为中国服务，而是为日本掠夺我国经济财富服务的。

日本东亚研究所❶为了研究黄河问题，一九三九年组织第二调查委员会。这个机构，在日本设立内地委员会，在华北设立华北委员会，在内蒙古和新疆设立蒙疆委员会。内地委员会设六部：第一部研究政治、经济、社会问题，第二部研究防洪及航运，第三部研究农田水利、森林、农产、水产，第四部研究水力发电，第五部研究地质，第六部研究气象。华北委员会也设六部：第一部研究社会、经济，第二部研究防洪，第三部研究农田水利，第四部研究电力供给及工业用水，第五部研究交通运输，第六部研究气象。蒙疆委员会设五部。到一九四四年，根据二百多种调查研究报告书，日本东亚研究所汇编为《黄河调查综合报告书》。这个报告书包括：黄河流域经济调查报告，黄河治水（防洪）及水运调查报告，黄河水力发电调查报告，黄河流域农田水利调查报告，黄河流域气象、林业、水产调查报告。

❶ 关于日本东亚研究所的资料，采自南京水利实验处译印的《黄河调查报告》，一九四九年十二月至一九五〇年六月。

　　几个委员会的所属部是分头工作的，虽然彼此有联系，但是调查的内容和所得的结论是有出入的。例如，内地委员会第四部所编的《黄河水力发电调查书》，在综合报告汇编时，称为第一方案；华北委员会第四部所编的《黄河水力发电计划报告书》，在综合报告汇编时，称为第二方案；这两个方案是有差别的。他们研究，利用了有关黄河的近代文献，并且进行了实地调查。但是，他们的调查工作，无论就工作范围或深度说，都受到当时条件的限制。

　　日本东亚研究所的综合报告里最突出的一点，也是报告里的重点，是水力发电，这是我国在那时以前注意不足、研究较差的部分。水力发电计划，包括从内蒙古的包头到河南的孟津的干流。在这一段里，建议设两个关键性的调节水库，一是清水河（内蒙古清水河县，有两个坝址，第一方案在百草塔，第二方案在大沙湾的上游六公里处）；一是三门峡（河南省陕县下游二十五公里处）。清水河水库调节上游的来水，用以发电，并可供晋陕间各级水电站之用。三门峡水库调节晋陕间及泾、洛、渭、汾诸河的水，用以发电，并可供以下各级水电站之用，兼为蓄水防治下游水灾之用。

　　第一方案从清水河到禹门口（龙门）选定十四个水力发电站，最大总容量为五百二十九点二万千瓦，每年发电量为二百六十五点七亿度。其中，清水河水库总库容为三百零七亿立方米，有效库容二百二十九亿立方米，洪水位标高九百九十五米，水库面积二千零二平方公里；拟建混凝土重力坝，高八十米；最大发电容量为五十一点五万千瓦。

　　第二方案从清水河到禹门口选定八个水力发电站，其下还有三门峡、八里胡同、小浪底三个水力发电站。前八个水电站最大总容量为五百一十六点一万千瓦，每年发电量为二百七十四点一亿度；后三个水电站最大总容量为三百二十三万千瓦，每年发电量一百三十七点六亿度。其中，清水河水库较第一方案略小，洪水位标高九百八十五米，而坝身却较第一方案高五米。三门峡拟建混凝土重力坝，高八十六米，洪水位标高三百五十米，总库容为四百亿立方米；最大发电容量一百一十二点三万千瓦，每年发电量为五十一点六亿度；防洪库容为二十五亿立方米，可使每秒三万立米的洪流，降低为每秒一万五千立方米。由于三门峡水库淹没损失较大，第一期工程拟修坝高六十一米，洪水位标高为三百二十五米，总蓄水量为六十亿立方米，最大发电容量为六十三点二万千瓦，每年发电量为二十四亿度。

以包头以下黄河干流为对象，拟订水力发电全面规划，还是第一次。但是，这是以水力发电为中心的规划。在这个规划中，依水利事业的重要次序安排，是：水力发电、航运、防洪、农田水利及其他。人民所关心的也是兴利的先决条件，则是消除水患，这里却列在第三位；对于农田灌溉则放在末位；而以水力发电与航运领先。

为什么日本的计划以水力发电和航运为主呢？且看计划的说明："黄河流域经济文化上最重要之要素之煤、铁、铜、石油、石棉等天赋资源，蕴藏极富。华北一带亦埋藏电气化学工业资源之铝氧、页岩、石灰岩、磷灰石、盐等。若将此等物资大规模开发，同时治理黄河洪水以利交通，且政治循入正轨，则黄河文化极盛时代，不难重新恢复。"举办这些工业，真是为了发展黄河流域文化么？且看下文："如清水河、三门峡蓄水库均经完成，下游治水（防洪）亦施以妥善之处理，则黄河可航行相当大的船舶。因为改修小清河，开发山西省南部、河南省北部之庞大资源，向日本内地经济之运输，自属可能。其中最显著者，以利用冀东、山东赋有之矾土页岩，精炼金属铝最有价值。……则精炼金属铝之工业，足可称雄于世界。"水力发电和航运之所以列为首要的原因，不是很明显么？

至于人民所最关心的防洪呢？在另一本专述治水的报告里，则是将三门峡每秒三万立方米的洪流，降低为每秒二万立方米，以十六个闸门排泄。估计由于河槽的停滞，洪峰到陶城埠时，还有每秒一万四千立方米。建议在这里分流入徒骇河，分流量为每秒五千立方米，黄河下行每秒九千立方米。且不论当时由于水文资料不足、水文计算方法不当所引起的不准确的结果，但就其使三门峡下泄每秒二万立方米的洪流，从一条较小的徒骇河分泄每秒五千立方米的大水来说，就等于没有考虑防御下游水灾的问题。那么，"治水"项下的主要目的是什么？是航运。

关于农田灌溉，并没有全面规划，也似无此打算，仅提出黄河以南、故道以北、运河以西的三角地带也就是鲁西南的土地改良意见和徒骇河及小清河一带的土地改良意见。

日本东亚研究所的计划，在技术上一个最大的漏洞是关于黄河泥沙的处理。这虽是个难解决的问题，但如不得解决，则全盘计划势必落空。而日本的计划对于这个问题，则抱着乐观的、不切合实际的想法。对于水库，报告里采取泥沙随洪水下泄的办法。"流入（沙）量不致全部沉积于蓄水库内，经过若干年后，即可达平衡状态，此后则堆积之进行极为缓慢。因黄土之堆积，而顾虑到蓄水库寿命之短促，实无必要。"那么，泥沙到哪里去呢？"清水河建筑蓄水库后，因黄河下游低水时之流量增加，由上游来之黄土，不致沉积于黄河河道，由此可证明黄河治水上之大问题可获得解决；又因维持黄河相当大之水深，可便利于船舶之航行，亦为一重大事实也。"这诚然是一个美妙的理想，但没有说明它的可能性。

在报告里也提到："减少输沙量唯一永久、根本而且经济之方策，其一即为实施造林而已。"对于水土保持工作的内容不详。

六、河上工人有实践经验

自古以来，真正关心黄河、治理黄河的是人民，积有丰富经验的也是人民。不过治理黄河是件大事，又经过若干省、县，必须有组织、有领导地办理，所以就要依靠统治阶级和它的治河机构。但是，这个"靠山"不可靠，而人民苦矣！

黄河上直接担任修防工作的基层组织，过去称为河防营，以后把营改称为段，将黄河两岸分为若干段来防守。防守工人大都是农民出身。有时也调军队来守河，如甲午年（一八九四年）与日本作战后，就有一部分军队调来，转业守河。那时防河工人称为河兵。转业来的也大都是农民出身。河兵接受过去河防的经验，并在实践中逐步提高，训练成为技术工人。他们掌握了修堤、镶埽和抢险的技术，并且能目测不同水位时流势的变化，预知大流顶冲位置的上提或下挫，以作防守的准备。在大水来临，刷堤蛰埽的时候，又能迅速地抢修防御。设有决口,即兴"大工"堵塞,一切具体工作亦全赖这些老工人指导履行。秋水归槽以后,则检查堤工情况,作春修计划。全套河防技术,都掌握在这些河兵手里。有很多汛长、段长是从河兵逐渐提升而来的。我在早年有机会和他们接触,学得一点实际知识。可惜,我并没有实地参加到工作里去,更没有同他们在一起生活,所以没能掌握他们的经验,更说不到总结和提高。同时,我也和各级的河务职员有接触,不论是行政人员还是技术人员,他们在工程上全是依靠这些"老河工"。当然,有的河务职员,经历较久,又事学习,也能掌握技术,并有所发展、有所提高,也能指导工作。这样的人物历史上是有的,应当肯定他们的作用。但是,大多数河务职员,像走马灯似的,时有升迁变动,而他们所追求的目标有的也不单纯是治河。只有这些"老河工"经常在河上,他们熟悉工作,热爱工作,安心工作,努力工作。

当然,"老河工"也有旧式农民的缺点,比较保守,文化水平低。仅能从实践中积累经验,不能在理论上有所提高、有所创新。但是,他们历来就是河防工作的骨干,是旧时代真正懂得河务的人。

黄河的修防、抢险和堵口工作,用人很多,当然不能完全由这些技术工人来承担,因为人数不多,还必须动员下游沿河各县的农民来协同工作。这时,他们在工作里就起着领导的作用。黄河过去一般是春修夏防。在春天,是堤身加高培厚,填补水沟浪窝,捉拿獾狐害虫,准备镶埽料物等事。这些工作大都调动农民,或修堤,或送料。人数多少以工程量而定,但却每年都有。到了夏天,一部分农民还要上堤防汛,同河兵一起住在防汛棚里,巡视水位,检查险情。设若遇到重大险情发生,就要调动附近更多的农民。这些农民是防汛的后备军,平时生产,但要预先组织好,并储备一定的抢险料物和工具。遇有警报,就停止生产上堤。风雨之夜,抢险最紧张,也是安危的关口,常有因抢险而牺牲生命的。至于堵口,则称"大工",动员人数更多。要很远的农民来作工、运料。无论是抢险或是堵口,河兵大都集中在主要工作方面,但也有一部分参加到农民队伍里去的。

修堤、抢险、堵口我都见过。那时全靠体力劳动。远距离运料靠牛车，或用人推的一个木轮的平车；近距离全靠挑担或传递。常见牛车相接，昼夜不绝，累月不断，大量物料送到河上。堵口处便成为一个热闹的临时城镇。究竟是谁来治河，还不是劳动人民。他们出力、出料、出智慧，并负有传授经验、培育接班人的责任。自古以来，治河的是人民，只有领导治河的是统治阶级的官僚，可是，他们和人民却不是一条心，以致黄河有"三年两决口"的灾难。

七、黄河新篇

我永远不能忘记，在新中国成立后初次接触黄河工作的情况。那是一九四九年六月，黄河水利委员会正在开防汛会议，明确地提出了与黄河洪水作斗争的口号，要求在陕县流量在每秒一万六千立方米的洪水情况下，保证大堤不决口。现在看来，对于一个河流提出保证流量作为防御的目标，是当然的事了；防御黄河这样大的洪水，也是不成问题的了。但是，翻一翻历史，历代的统治阶级，谁也没有对人民负过这种责任。谁敢说一句：在某种洪水情况下，保证大堤不决口！这个保证是对人民负责的具体表现。只有在人民做主的时代，才有可能。况且，这才是第一步，将来在综合治理措施不断完备，在河防工作逐年改进的情况下，防洪的标准还会逐年提高。这给人民以怎样的美好的前景，给人民生产和生活增加了怎样的信心啊！

历代统治阶级不为人民办事，在洪水远低于这种流量时就决口了。远不必说，一九二六年八月，陕县最大流量为每秒五千九百六十立方米，在河北省东明县南岸刘庄决口。一九三四年八月，陕县最大流量为每秒八千立方米，一九三五年七月，陕县最大流量为每秒一万三千三百立方米，黄河又分别在河北省长垣县北岸九股路、山东省鄄城南岸董庄决口。这类的例子是不胜列举的。而在中国共产党领导下的人民政府，则是全心全意为人民服务的，要对人民负责，所以一九四九年喊出了"要使黄河在人民面前屈膝"的雄伟口号。负责不是空洞的，要有具体的保证，所以就提出洪水防御的标准。为什么有这样的信心？是由于有中国共产党的领导，是由于为了人民，依靠人民，相信人民。因为防御洪水是人民的迫切要求，而人民也有丰富的经验和高度的智慧，所以有完成治河任务的保证。

　　一九四九年的洪水确实给这年的防汛工作以极大的考验。这年大水发生在九月，是连续淫雨所造成的。洪峰不太高，而洪量则很大，因之高水位持续时间较长。当时秦厂（京广铁路桥以西）的最大流量为每秒一万二千三百立方米，而洪水总量为一百零一亿立方米，超过了一九三三年的洪水总量（六十一亿立方米）很多。洪水到达下游以后，濮阳以下大水薄岸盈堤，致使河道狭窄的山东境内高水位持续四十多天。当时黄河回归故道才两年余，大堤初步修整，它的防御能力是很低的。但终于战胜了洪水，安度大汛。东阿县解山村八十九岁的老人解云祥说："我一辈子也没见过这样大水。"事实正是这样。以前，到不了这样大水，早在东阿以西的堤段决口了，下游是不会来这样大洪水的。

　　一九五八年七月，黄河发生与一九三三年相似的洪水。秦厂七月十七日出现最大洪峰流量，达到每秒二万二千三百立方米，高于一九三三年的洪水（一九三三年洪水，在陕县为每秒二万二千立方米，到秦厂为每秒一万八千七百立方米）；洪水总量为五十九亿立方米，与一九三三年的相似。这样，使秦厂以下各水文站流量在每秒一万立方米以上的持续时间达五十六至七十九小时，成为黄河水文记录上空前未有的特大洪水。一九三三年在河南省温县及冀、鲁、豫交界一带，共有七十二处决口，所以山东省以下的堤防未受威胁，同时河南境内也因决口后水流畅泄，减轻了堤防负担。而一九五八年的情况不同，洪水倾注入海。因之，一般大堤仅高出水面一米左右，部分堤段高出几厘米，而山东境内，河道较窄的堤段及东平湖堤线，洪水几乎与堤顶相平。黄河防汛总指挥部在党的领导下，确定了"依靠群众，固守大堤，不分洪，不滞洪，坚决战胜洪水"的方针。这一方针迅速地得到广大群众的热烈拥护，并很快地变成为防汛大军的实际行动。奔腾汹涌的黄河特大洪水，终于在堤防工程的约束下，驯服地流入大海了。洪水过后，黄河两岸广大的华北平原上，依然生长着繁茂的农作物，不久又纷纷送出了秋季丰产的喜报。

　　我也永远不能忘记修建人民胜利渠——原名引黄灌溉济卫工程的

情况。那是一九四九年的冬季，根据已有的一些资料，经研究后，我和一些技术人员初步认为这个工程可行，便建议举办。这正是国家初建、百业待举的时候。建议也只是向领导试探口气，并没抱着多大希望。而黄河水利委员会的领导人却满口答应，并且说：凡是对人民有利，而目前可能办的事情，一定要办。遂即派人查勘研究，拟订初步计划，并不久即报得中央人民政府批准。这便是黄河下游第一个灌溉工程，是在黄水一向泛滥为灾的田地上，为人民服务的第一个大型工程。

我更不能忘记一九五五年七月十八日，在怀仁堂，邓子恢副总理向第一届全国人民代表大会第二次会议作"关于根治黄河水害和开发黄河水利的综合规划的报告"时以及会议作出相应的决议时，全体代表代表着六亿五千万人民，为未来的美好的黄河远景，一再响起激动人心的掌声和赞美欢欣的呼声。这掌声和呼声代表着中国人民战胜黄河、开发黄河的雄伟气魄和钢铁力量。从那以后，黄河的兴利除害工作便全面地开展起来了，并且已经获得了初步的，但却是巨大的成就。

我在黄河上看到了近几十年的变化，这个变化是巨大的，是一个翻天覆地的变化，是人民从"三座大山"下翻身做主人的变化，是改造社会面貌和自然面貌的变化。中国人民在中国共产党的领导下，正以忘我地劳动，建设自己美好的生活，黑暗终成过去，光明引导着我们胜利前进！

黄河下游二三事

（一九六二年十二月二十八日）

这篇略记有关黄河下游水文、地理资料和有关人为措施数则。其内容大都是经常接触，而又是所熟知的。只以近年记忆力衰退，故录以备忘。

一、"黄"从哪里来、又向哪里去

在很久以前，据说在新生代第四纪马兰期，大概是十万至二十万年以前，黄河流域的中部地区便有了"黄土"。黄土的生成，有的说是风积，有的说是水积，虽没定论，但多倾向于风积一说。黄土粒细而疏松，堆积的厚度，一般是二十至一百五十米，薄的地方可能只有几米，厚的地方有的达四百米。这种黄土覆盖着黄河中游地区的大部，约三十七（一说四十二）万平方公里。这是世界少有的浩博黄土高原。

黄土很肥沃。《禹贡》讲到这一地区的时候，说："厥土惟黄壤，厥田惟上上"。据分析，黄土的碳酸钙含量一般都在百分之十以上。碳酸钙的存在，表示着土壤含有丰富的各种矿质养料。碳酸钙常和磷酸结合，成为难溶性的沉淀，所以黄土里有丰富的磷质（氧化磷的含量为百分之零点一五左右）。碳酸钙的大量存在，也说明土壤被淋洗轻微，矿物中的钾素仍多保存（氧化钾的含量为百分之二左右）。又因为土壤含有丰富的碳酸钙，土壤酸碱值多在零点八左右，是适合于农作物生长的。此外，钙质对于土壤的物理性质、化学性质以及微生物的活动都有良好的作用。钙还是巩固土壤团粒构造的必要元素。传说中的"后稷教民稼穑"，就在渭北高原，可见这里是我国农业发展的最早地区。

远在黄土生成以前，黄河便大体上构成了它的排水系统，已经有了近代山丘河流的形势，并且在岩石上已经堆积了一层红土或红色土。所以黄土的分布受到地形起伏的限制；在黄土堆积的同时，也受到地表径流和河水的冲蚀。这就是说，黄土在生成的过程中，一边堆积，一边冲蚀。又因为受原有地形的影响，表面有起伏，积层有厚薄。等到黄土堆积的现象停止了，以后便只有冲蚀的现象了。

经过长期的冲蚀，黄土高原现在呈现着不同的景象。有的地区逐渐被冲为深沟，如甘肃省庆阳地区的董志塬，现在的平面形状像蚕食余的桑叶。以董志塬的南小沟为例，它的集水面积为二十八点三平方公里，而沟的面积就占百分之四十七。沟的深度有的达二百米。由于沟的发展，有的地区已毫无"塬"的形态，而成为丘陵，如甘肃省的华家岭一带，只有起伏的黄土"梁"。冲蚀再严重的地区，地形更为破碎，顶部已不相连属，各成圆丘，独立存在，鸟瞰如蒸笼中的馒头，如陕西省绥德一带。这种圆丘称为"峁"。

黄土高原的冲蚀进展，除自然因素外，还有人为的因素，如对于植物被覆的滥事砍伐、陡坡荒地的滥事垦种，这都是剥削阶级霸占山林、谋求暴利的结果，也是他们霸占良田，逼迫贫苦农民上山开荒的结果。

黄土高原的冲蚀，对当地农业生产带来不利的后果。第一是塬的面积减小了，也就是可耕种的面积减小了。第二是肥沃的表土被冲走了，土壤瘠薄了。例如，泾河在长武县亭口以上的塬地面积只占全流域面积的百分之八点二。在黄河中游地区，土壤流失严重的，每年每平方公里被冲去的土壤约为一万吨，相当于地面平均每年降低八毫米。在整个黄河中游的黄土地区，每年每平方公里被冲去的土壤为三千七百吨。据初步分析，这些被冲去的土壤，每吨含氮素零点八至一点五公斤，磷肥一点五公斤，钾肥二十公斤。由于表土冲蚀太快，新生表土的发育赶不上，因之表土常是贫瘠的。所以说，黄土高原被冲蚀的结果是耕地日削，土肥日减，因之农作物产量降低。

那么，黄河中游地区的黄土被冲到哪里去了？黄河下游的大平原，就是黄河把黄土高原的土壤搬运下来，逐渐填积而成的。这个大平原位于豫东、豫北、鲁西、鲁北、冀南、冀中、皖北、苏北一带，现有面积约为二十五万平方公里，现有耕地三亿二千五百万亩，居民一亿。

黄河下游大平原，地表坡度平缓，微向海洋倾斜。冲积扇的顶端，在郑州以西的沁河口，海拔约为一百米。从这里沿着现在的黄河到海口，全长约为七百零三公里。这个大平原上，由于有来自太行山和熊耳山的许多河流汇注，黄河冲积扇的界限虽然难以精确划分，但是从历史所载黄河迁徙的范围来看，则北至天津，南界淮河，莫非黄河所经。传说中的"禹河"下段，颇似今滏阳河、子牙河所经。据《大清一统志》载，禹河经今新乡、汲县、浚县、内黄、安阳、大名、曲周、广宗、巨鹿、南宫、衡水、献县、交河，至天津入海。为记载中最西北的黄河故道。而记载中最西南的故道，如明太祖洪武二十四年（公元一三九一年）原阳黑羊山决口，流经今贾鲁河以西，下入颍河，夺淮东流入海。从传说中的禹道迄今，也仅约当黄土冲积年代的三十分之一，但由此亦可见黄河冲积扇范围的一般。

黄河下游冲积平原是我国重要农业基地之一，人口稠密，工业、交通运输业甚为发达，也是古代经济、文化的中心地区。这个美丽富饶的大平原，便是黄土高原被冲蚀的土壤，由黄河携带填积而成的。黄土高原的灾害转化为黄河下游的财富。

那么，黄河下游是否可以坐享这一自然给予的财富而无忧无虑呢？不能，黄河下游泛滥横流的威胁是很严重的。由于黄河在下游的造陆工作还在继续进行，所以就和大平原上的经济发展和人民生活发生了矛盾，也就是成为所谓黄河给下游所带来的灾害。

据历史记载，黄河下游在一九四九年以前的三千多年里，发生泛滥、决口一千五百多次，重大改道二十六次。北经海河出大沽口，南夺淮河注入长江。由于河身淤积的缘故，黄河成为一条"地上河"，高出两旁田野，成为南北的分水岭。所以每当决口泛滥，常有"高屋建瓴"之势，倾泻而下，对于大平原上的生命财产造成惨重的灾难，常有整个村镇甚至有整个城市人口的大部或全部被淹没的惨事。一九三三年的洪水，在冀、鲁、豫交界一带，造成决口三十二处，受灾面积一万一千平方公里，居民三百六十四万人，死亡一万八千人，直接损失财产以当时的银元计，约为二亿三千万元。

黄河下游属半湿润地带，一般是春季苦旱，有时是全年苦旱。所以对于黄河的改造利用，是自古以来所梦寐以求的。但是，这在过去也只能是梦想。眼看这个"天上来"的河水，年复一年地白白流去，不只没受到利，却经常遭受严重的灾害。这是多么不调和的景象啊！

二、黄河下游河道的冲积变化

黄河下游大平原是淤积而成的。在没有人为的控制以前，黄河必然经常地摆动在这一地带。在它所流经的河道逐渐淤高、河槽逐渐变得宽而浅时，水流不畅，便从低洼处冲开另一条河道，逐渐冲刷扩大，成为一条比较深而窄的新道。以后，这条新道又逐渐淤淀，再冲开一条河道。这样，就在它所已淤的平原上，或者在当时还是沼泽的沙洲上，左右往复地摆动着，把它所带来的大量泥沙，逐渐地、匀称地淤淀在沁河口以东的广大地区。这种现象，在现在的海口一带仍能看到。利津以东的河道，每隔几年就改变一次入海的途径，而且逐渐地向海域扩展。

在有了人为的控制以后，例如修了堤防，这种河道变迁虽然受到一定的限制，但是来水来泥的情况没有改变，黄河的本性也没有多大改变。在河出山峡以后，大量的泥沙便逐渐淤淀，因之河身在两堤之间日益填高，河槽便向宽而浅发展。加以黄河水流量的变幅较大，也就是它的高低水流差异很大，就是在洪水季节，也是候涨忽落，变差很大，因之它在某一时期所造成的河槽形势，在流量有较大的变化时，由于河槽的土质松而轻，必将遭到破坏，使水流散乱。尤其是洪水的猛涨暴落，河槽形态的变化跟不上水流涨落的变化，二者的发展不相适应，便引起河势的剧烈变动。常见一次暴涨洪水，使主槽左右移动一至三公里。所谓主槽，就是两堤之间的中水河道。这种变动也可以说是它在两堤间的改道。这种变化对堤防造成极大的威胁。因为河槽的变动，则河槽接触堤身的位置亦必随之变动。河槽接触堤身之处，即为大溜顶冲堤身之处，常有特别防护工程，称为险工。如主槽变动，则顶冲堤身的位置上提或下挫，必然造成新险，防护不及，就有冲决的危险。

河槽的变化，不只有主槽的左右摆动，顶冲堤身位置的上提下挫，而且有刷深淤浅的变化。洪水来时，主槽一般可刷深三至四米，至于险工的护岸堤脚，淘刷可深达十米。因此，虽在同一水位，而流水的横断面则相差甚大，所以同一水位的流量也大不相同。例如，一九五四年二月二日，秦厂（在京汉铁桥以西，距入海口六百九十九公里）水文站水位为九十五点九零米，流水断面实测为三百九十平方米；如将同年洪水时期的九月三日实测水文数值加以演算，同水位下的流水断面则为三千三百一十平方米，相当前者的八点五倍。又，同年一月二十八日，高村（距入海口五百一十三公里）水文站水位为五十八点九一米，流水断面实测为三百四十九平方米；如将同年八月二十一日实测水文数值加以演算，同水位下的流水断面则为二千九百四十平方米，相当前者的八点四倍。可见，河槽在枯水与洪水时期的冲积变化是很大的。

黄河下游河槽的左右摆动幅度很大而频繁、河槽的深浅冲积变幅巨大而倏忽，说明河槽极不稳定，这也是黄河下游的显著特点。因之，崩滩塌岸、淘刷坝脚、顶冲堤身等现象为所常见，这便造成黄河决口的危机。

河槽在某一时间或在某一部分虽有冲有积，但就黄河下游河槽总的趋势来说，则是逐年淤高。河槽日高，堤身亦必随之增高。设若工程不能及时跟上，则有漫溢的危险。

就自然形势说，下游漫溢溃决的威胁，莫不与河槽的冲积变化有关，莫不与上游的来水来泥的情况以及组成河槽的土质有关。现分别论述于次。

（一）水流特点

秦厂的多年平均的年流量为五百亿立方米，相当于流域面积上六十九毫米的径流（称为年径流深度）。作为一条大河，黄河的水量并不丰富。但是，它的特点是受暴雨的影响，水量多集中在雨季，而且水流又呈现猛涨暴落的形态。秦厂七、八、九、十这四个月的总流量，以多年平均计，占全年总流量的百分之六十一，八月最大，占全年的百分之二十点五八，一月最小，占全年的百分之三点二一。在汛期的四个月，洪峰倏起倏落，水流的过程线似几个平地拔起的山峰，成队排列。汛期基本流量多在每秒四千立方米以下，遇到暴雨便猛涨，涨后又迅速降落。汛期常有三至六个洪峰出现。一九五八年七月发生特大洪水，以京汉铁桥以东的花园口站为例，洪峰流量达每秒两万二千三百立方米，而流量在每秒一万立方米以上的时间仅为七十九小时，七天的洪水总量为五十九亿立方米。可见，洪峰涨落迅速，而每次洪量相对地说，也颇巨大。

流量在一年内的变幅也很大。七月或八月常来本年的最大水，十二月或一月常来本年的最小水。根据陕县水文站（在三门峡大坝上游约二十五公里，现在库区）多年的统计，二者相比可达一百四十五倍。洪水与枯水差异之大，常是河流多害，水源难以利用的原因之一。人们又常用"流量不均匀系数"来表示这个特性。所谓流量不均匀系数，就是某水文站记录最大流量与最小流量之差与其和的比值。设若最大流量与最小流量的差别很大，也就是流量的变幅很大，这个比值就高，至其极可接近于一。秦厂站的流量不均匀系数为零点九八四，高村站的为零点九八零，艾山站（距入海口三百四十公里）的为零点九七五，前左站（距入海口四十九公里）的为零点九九零；而陕县一九一九年至一九五四年的统计表示，流量不均匀系数为零点九八二。

一般来说，较小河流或山溪的洪峰涨落迅速，流量变幅差大。而黄河则是一条长四千八百四十五公里、流域面积七十四万五千平方公里的大河，它的猛涨暴落的特性和流量变幅的差距，则是惊人的。

（二）携沙特点

黄河的含沙量，作为一条大河来看，更是惊人。根据陕县多年记录平均计算，每立方米的水所含沙量为三十四公斤（又称为含沙量）；而最大的含沙量，则达到每立方米五百八十公斤，这已是泥流，不称其为水流了。每年经过陕县输送到下游和海口的泥沙是十三亿八千万吨，折合体积为九亿二千万立方米（又称为每年的输沙量）。以上数字每因统计年数不同而稍有出入。最近有的统计为，陕县平均每年水量为四百二十三亿立方米、年输沙量为十五亿九千万吨、平均含沙量为每立方米三十七点六公斤。

世界各大河的水量和沙量见表一。

表一 世界各大河的水量和沙量

国别	河名	平均每年水量 （亿立方米）	平均每年沙量 （亿吨）	平均含沙量 （公斤每立方米）
中国	黄河	423	15.9	37.6
中国	长江	9 336	4.31	0.44
中国	淮河	314	0.08	0.23
越南	红河	1 230	1.30	1.05
埃及	尼罗河	830	1.34	1.62
德国	莱茵河	800	0.03	0.04
美国	密西西比河	5 540	6.00	1.00
苏联	伏尔加河	2 500	0.25	0.11
苏联	顿河	280	0.06	0.23
苏联	阿姆河	420	0.97	2.30

输沙量和含沙量在一年中的分布，较之水流则更不均匀。秦厂站在汛期的四个月中，输沙量占全年的百分之八十三点五，以八月为最高，占全年的百分之三十七点五，一月为最小，占全年的百分之零点七。可见，输沙量在一年中的分配情况与流量大体相适应，只是变幅之大则更为突出。由于暴雨的集中地区不同，虽同一流量而含沙量则不一定相同。但就总的趋势来说，含沙量则随流量的增加而升高。在洪峰期间，含沙量的升降与流量的涨落又不完全相适应。一般来说，沙峰的出现常落后于洪峰；也就是说，在洪峰过后，才出现最大的含沙量。但沙峰也可能来在洪峰之前，一切根据洪流主要成分所来的地区、各地区洪水汇集的先后等因素而定。在洪峰向下游推动的过程中，洪峰因河槽的滞蓄而沿河降低，沙峰也因沉淀而沿河降低。

秦厂站的含沙大都是悬移质（悬浮游动的沙质），推移质（沿河底移动的沙质）较少，后者占前者的百分之一以下。黄河的悬移质比较细，在下游以秦厂站者为最粗，历年平均粒径为零点零五毫米。秦厂以下各站，颗粒便逐渐变细，沿河的平均粒径，一般只有零点零三至零点零四毫米，一般来说，洪水期的颗粒较细，低水时的较粗；这可能是由于洪水期所携泥沙来自黄土高原表土的冲蚀者为多，而低水期所携泥沙则来自干支流河槽沉积质的冲蚀者为较多。

（三）组成河槽的土质

黄河下游河槽的组成土质较悬移质为稍粗。沿河各处也略有变化，仍以秦厂站者为最粗，历年测得的平均中数粒径为零点零九毫米；以下进入山东省境的高村、艾山、前左等处，都在零点零六毫米左右。这也和古人认为河南省境内河道为沙质、下游为淤质的概念相仿。

（四）泥沙的淤积

根据一九五六年以前的水文资料统计，陕县以上来的泥沙，落淤在秦厂以上河段的为一点五七亿吨，落淤在秦厂到高村间的为一点四零亿吨，落淤在高村到艾山间的为零点三零亿吨，艾山以下河段基本上没落淤。以上落淤总量为三点二七亿吨，约占来量的百分之二十三点六。约略言之，陕县以上来的泥沙，四分之一淤于河槽，四分之三输送入海；其淤积于河槽的为较粗的泥沙，输送入海的为较细的泥沙。所以河槽的组成质较悬移质为稍粗。以上数字也常因统计基础不同而有差异。

由于河槽淤积的结果，一般来说，河槽平均每年升高十厘米。河口向外延伸，平均每年二点四公里。河槽以这样的速度淤高，一百年就将升高十米，似乎不符合历史事实。这不难解答，由于新中国成立后黄河没有决口，基本上改变了"三年两决口"的黄河历史，所以落在河槽的淤积，也就没有因决口而泄入泛区的机会。过去一次决口，就将大量的泥沙从决口以上的河槽冲出去，散布在广大的平原上，并将口门以上河槽刷深。兰考铜瓦厢决口，黄河改行今道已近一百二十年。以上河南省境内的老滩还很少上水，即是由于这次决口改道其上河槽刷深的明证。所以经常决口，则河槽本身的淤高较缓。不决口，则河槽的淤高加速。随之而来，泥沙的处理问题也更显得迫切重要。

再则，河口每年推进二点四公里，并不等于说每百年推进二百四十公里。因为河口段的河道时常改道摆动。在一条河道伸入海内一定距离以后，比降变缓，便另选较短的入海河道而改流。这样，海口的淤淀，便以冲积扇的形状向海发展。上述河口每年向海推进的距离，只表达河口淤积的一方面。有的资料说，从一八五五年黄河改道由利津入海以来，河口三角洲增加二千三百平方公里，平均每年新造陆地约二十平方公里。

（五）河道比降与流速

黄河下游的比降也较一般大河的下游为陡。孟津到秦厂的平均比降为万分之二点六五，艾山到利津的平均比降为万分之一点零一。因之，黄河下游的流速也较高。例如，秦厂到高村间，在水满中水河槽时，也就是水面平滩时，河槽的流速为每秒一点七九至二点四五米。而这一带的河槽土质中径在秦厂为零点零九毫米，在高村为零点零六毫米。因之，河槽土质是很容易被水冲动而带走的。迨至水流漫滩，主槽部分的流速更大。所以在洪水初涨时，也就是洪峰的初期，其时水流含沙量尚低，河槽必有严重的冲刷，河槽形势每有巨大的变化，如前所述，那就不足为怪了。

由于黄河洪水涨落暴变，主槽水流较快，河槽土质疏松，洪水含沙量大，而沙峰又常落后于洪峰，是黄河下游河道冲积变化倏忽的主要原因。同时，由于黄河携带大量泥沙，出山峡后，河槽放宽，比降减缓，便有大量的淤积，使河槽以较大的速度淤高。可见，下游河道的变化情况是很复杂的，一方面河道迅速地淤高，一方面又有大量的局部冲积现象，使河槽左右摆动和深浅冲积的变幅很大。很显然，这便是黄河经常漫溢溃决的自然原因，也是黄河下游难治的自然因素。

又可见，泥沙虽是黄河为害的重要因素，但它是随着洪水而来的。下游的冲积变化不常，则又与水流特性及地理、地质因素分不开。所以泥沙虽是黄河的主要而突出的特点，但在治理上，泥沙与水流必须同等重视，不可偏倚。

三、黄河下游河道现状

黄河下游河道的现状，是自然发展和人为控制的产物。

黄河下游从河南省孟津白鹤起，到河口约八百公里，除右岸有部分河段近山外，全河都束范于两岸大堤之中，而两岸堤距则是上段宽而下段窄。秦厂到高村间一百八十六公里，是宽河槽，两堤相距一般在十公里以上，而夹河滩（高村以上七十二公里）一带宽二十公里。东坝头（高村以上六十四公里，为一八五五年铜瓦厢决口改道北流处的东坝头）以东，堤距渐窄，到高村宽约六公里。高村到艾山间一百七十三公里，为由宽堤距转变为窄堤距的过渡段。艾山以下的堤距在三公里以内，一般在一至二公里间。

下游河道的性质也有所不同。秦厂到高村间为游荡性的河道，高村以下属微曲性的河道。前者河道宽而浅，多沙洲，水流散乱。在平滩水流时（即水流满主槽时），秦厂到夹河滩间，河宽的平方根与平均水深的比值在二十至四十之间，夹河滩到高村间的此项比值在十二至二十之间，高村而下的此项比值在二至十之间。可见，高村以上的河槽是宽而浅的。这段宽而浅的河槽比较顺直。据花园口段的实测资料，河道的曲折系数（就是河道两点间的弯曲长度与直线长度的比值），一般在一点零零至一点二六之间，随流量的大小而有所不同，因为大水走顺，小水走弯，大水时的曲折系数较低。这段河道的另一特点是，河槽的横断面变化很大，沙洲移动迅速，主槽摆动无常。这一切都是游荡性河道的主要现象。

高村以下，河槽便有弯曲现象。高村到陶城埠（在艾山上游约二十公里）的曲折系数为一点三三，而陶城埠以下又减为一点二一。高村以下的来沙量较上段为少，尤其是造成河床的泥沙质（或简称为造床质）较上段为少，组成河床的土质较上段为细，河道比降较上段为缓，所以发展为微曲性的河道。

现在的问题是，已有的堤距的宽度是为了适应这种河道形态而定的，还是堤的位置影响了河道的形态？两种关系可能都有。例如高村以上，河槽摆动幅度的巨大变化，是水流与河槽地理和地质条件相互作用的结果，如果采用窄河槽，则必有艰巨的治理工程，以改变河岸的地理和地质条件，限制其摆动的幅度，这是在过去所难以做到的。此外，宽河槽也有其有利的一面，即河槽的调蓄量较大，可以略削洪峰的水量。高村到陶城埠间，水流与河槽的地理和地质条件与上段不同（组成河槽的土质较细，含沙量较低，水流变化较小。关于水流条件，下边将谈及），又有较宽的堤距，河道有弯曲迂回的余地。及至陶城埠以下，则蜿蜒于两岸大堤的护岸工程之间（两岸现有石护岸，约占岸长的十分之四，且右岸有一部分近山），使河道摆动受到限制。所以这段微曲性河道的形成，一则因其水流与河槽的地理和地质条件与游荡段的不同，再则因受人工的控制和天然地形的限制。换言之，假若没有这样多的控制工程和山地，河道的形态虽与高村以上的有所不同，但是否能成如现在的形态，尚属难言。

上下两段的泄水能力是有很大差别的，越向下游，泄水能力越小。这也是由于下游河道情况所造成的一个不合理的现象。根据一九五四年的情况，下游河道各地的安全泄量如表二所示。

表二　下游河道各地的安全泄量

测站名称	距河口里程（公里）	河道安全泄量（秒立方米）
秦厂	669	29 100
柳园口	617	29 000
夹河滩	585	32 000
高村	513	14 800
苏泗庄	481	12 600
孙口	401	12 000
艾山	340	8 800
泺口	244	8 600
利津	79	8 950
前左	49	7 280

就一般情况来说，设若秦厂的流量为每秒二万二千立方米，由于河槽的滞蓄作用，流到高村就降为每秒一万八千立方米，但仍远超高村河槽可能容纳的流量。在新中国成立以前，遇有较大洪水时，大都在旧翼、鲁、豫交界一带决口。下段河道过窄，当然是这种恶果的一个原因。而当时山东省的统治者，对其境内的窄河槽反不感到忧虑，认为上段决口，就减低了本省堤防的负担，并荒谬地认为，"山东不怕来大水"。其实，在旧社会洪水的大小并不是决口与否的唯一原因。虽远不到表二所载的流量，也会溃堤决口，例子是多不胜举的。

现在的两岸大堤是什么时代建筑的？

河南省境内的河道有着悠久的历史，但以改道迁徙较多，今日所存南北两堤的创修时间很难确考。公元一四九四年（明弘治七年）刘大夏筑长堤，后世亦多称之为太行堤。据《行水金鉴》引《明孝宗实录》载，刘大夏筑长堤，西起胙城（今延津县）、东历滑县、东明、曹县、单县等地，直达虞城县界，长三百六十里。而明代潘季驯在《总理河漕奏疏·河南岁修事宜疏》里则说：刘大夏筑长堤，起自曹县界，至武陟詹店止，延袤五百余里。潘任治河官在刘修堤后的七十几年，所记当有所本。武陟到延津间的一段北堤，为新创或增补，均可能与刘大夏所修者有关。是则武陟以东直至兰考的北堤，当为一四九四年或其前所创修。而兰考以东则为一八五五年（清咸丰五年）改道后的新道。决口改道的地点在夹河滩下游不远的铜瓦厢，现已陷河中，在今东坝头以西。初以统治集团有归故与改道的争议，久而不决。沿新道地方各就所需，顺地形水势修小堤，或就大清河堤加以培修，以防泛滥。现在山东省境内两岸大堤，大都是在一八七五年（光绪元年）以后，连接已修小堤增培而成的。可见，兰考以下的筑堤并没有事先全面规划，当然顾不到上下游的关系。同时，为了平息对于改道的对抗情绪，也可能有意识地沿着已有小堤增培，免再扩宽占地迁民。当然，也可能为此而找些理论根据，如所谓"束水攻沙"。这是明代潘季驯所提倡，而在实践中无甚效果的言论。

河道不合理现象的形成，当然是由于封建社会各自为政、没有统一计划也不可能有统一计划所造成的，是统治集团只顾其狭隘的阶级利益而不关心人民死活所造成的。为此，下边略记历代治理的技术策略。

四、历代治理的技术策略

黄河下游河道现状既然受人为控制的影响，现在就把历代治理的技术策略加以概述，

相传太古帝尧的时候，鲧治水用"堙"的方法；又说鲧作九仞之城，以障帝都。这种方法现在难以详考。不过有一句成语流传着，就是"水来土堙，兵来将挡"。堙是堵塞的意思，堙显然就是用土来挡水或堵水。至于堙和堤、堰、坝等字义有无相通之处，因后世工程技术发展，古今情况不同，也不必强加推测。鲧治水没有成功，帝尧又命鲧的儿子禹治水。

关于禹的治水传说，在战国时所写的书籍里记载较多。禹治水的方法主要是"分"和"疏"（疏是通的意思，又作分字解释）。孟轲说："禹疏九河"。《禹贡》载："导河积石……至于大陆，播为九河，同为逆河入于海。"播是分的意思，是在大陆泽以东分为九河。逆河当是受潮水顶托而有时倒流的河道，似乎不是把九条河又合为一条"逆河"，而是九条河都受潮水顶托，流到海里去。

以当时的情况推测，播后九河乃是顺当时的自然形势而利导之，并不是以人力分为九河。许多冲积平原，在近海处常是地形洼下，汊流很多。大陆以东的某些地区，在当时还可能是年轻的冲积扇，因而有自然分流的现象，且其时人烟稀少，禹就顺自然形势，疏使畅流，以减轻灾害。

堙是用挡水的方法治水，疏是用畅流的方法治水。传说鲧失败了，禹成功了。禹被儒家推崇为"圣人"，禹所治的河道被称为"禹河"。传说禹河历经一千六百七十六年，于公元前六〇二年（周定王五年）决宿胥口（今淇河与卫河合流处），才改道东行漯川，又北行，从章武（今河北省沧县东北）入渤海。其实，在这一长期间黄河也必有较大的变迁，只是缺乏记载罢了。例如，商代从成汤到盘庚的十代中，曾五次迁都。据《纲鉴》叙述，迁都与河患有关。商初

建都于亳，在今河南省商丘县西南。初迁于嚣，在今河南省荥泽县西南。再迁于相，在今河南省安阳县西八里……可见，并非"禹河"一千六百余年无事。以后世河患甚烈，而崇古思想又浓，在论及河道，总有人主张"复禹故道"，论及治理方法，总有人主张"分流"。凡有此主张，即使错了，但以遵循"圣人"遗规，也不会受大谴责。

禹是否用堤，也是后世聚讼之一。明代潘季驯在《河议辩惑》里说："再考之《禹贡》云：'九泽既陂，四海会同。'《传》曰：'九州之泽，已有陂障，而无决溃，四海之水，无不会同，而各有所归。'则禹之导水，何尝不以堤哉！"这是潘季驯在有人攻击他主张筑堤治水时的辩解。筑堤只要是遵循"圣人"遗规，就合法了。

在春秋战国的时候，堤大概就普遍被使用了。《荀子·王制篇》里说："修堤梁、通沟浍……"《礼记·月令篇》里说："修利堤防，导达沟渎。"《国语》载周厉王时（公元前八七八至前八二六年），召公说："防民之口，甚于防川。"公元前六五一年，齐桓公作葵丘之会，约诸侯结盟，盟约里有一条是"勿曲防"（见《孟子·告子篇》），就是说：不要曲设堤防，以造成邻国的水灾。既然用"防川"作比喻，又列入盟约的条文，可见在那时堤防已经很普遍了。

公元前七年（汉成帝绥和二年），贾让上疏说道："盖堤防之作，近起战国，壅防百川，各以自利。"战国齐和赵、魏以黄河为界，赵、魏两国地势较高，齐国地形低下。齐国首先治黄河，离开二十五里地，修了一道长堤。河水东为齐堤所障，不能自由泛滥，便西向淹赵、魏。赵、魏也沿黄河，离开二十五里地，修了一道长堤（见《汉书·沟洫志》引贾让疏）。贾让疏中记载当时堤防情况颇详。所谓"堤防之作，近起战国"，是对黄河上比较系统的长堤而言，并非漫溯一般堤的起源。

由于大平原上人口的增长和经济的发展，只用分或疏的方法不能完全满足社会的要求，便采用了既能防水又能导水的堤防。这里所说的堤防，包括土堤和临水面的护岸及其他有关的防护和导流工程。战国时不只有堤，而且有石护岸。贾让疏里说："河从内黄北至黎阳为石堤，激使东抵东郡平冈，又为石堤，使西北抵黎阳观下，又为石堤……百余里间，河再西三东，迫厄如此，不得安息。"这一段的本意在说明治河的方法不得当，却为石护岸作了史证。所谓石堤，就是堤的迎水面修有石料建筑物，既能防冲，有的还有导流作用。今日黄河上仍多这类工程。

在将近两千年前，就已经知道黄河泥沙是危害的重要因素。公元八至二九年间（王莽时），大司马史张戎说："黄河含沙量大，如果水流得快，就可以把泥沙冲走，把河道刷深，使黄河不再淤高，水流通畅，便可解除洪水灾害。"

其后，公元六九年（东汉明帝永平十二年），王景治河，对于洪水和泥沙就采取了一些措施。《后汉书》载："自荥阳东至千乘海口千余里，景乃商度地势，凿山阜，破砥碛，直截沟涧，防遏冲要，疏决壅积，十里立一水门，令更相回注，无复溃漏之患。"这段叙述很简略，又缺少其他资料可作考证，如何解释，各家有不同意见。以意测之，可作如下的申述："凿山阜，破砥碛，直截沟涧"，所以减少河道弯曲，加大流速，扩大断面，畅通水流，并增加携沙能力。"防遏冲要"所以防止堤防决口。"疏决壅积"所以扩大泄水断面，增加泄量。"十里立一水门，令更相回注"，有的说用以放浊水外流落淤，再令清水回注冲刷河槽，既能减少河道的淤积，又能冲深河身；有的说为了汴渠引水多设水门，轮换使用。年代久远，自不能完全以现代的科学理论水平，为二千年前的实践作注解。但据文物考证，汉代的经济文化水平是很高的。而王景的治水工作确很完善周密，是针对黄河为患的原因而治理的。据历史记载，在这次治理以后，黄河几百年没有大患。对于黄河几百年没有大患的原因，各家也不一其说。但是，却也不能过分强调王景治河的效果。一般来说，一次为期年余的治理，而且治理的范围又仅在下游，治河的目的又在于不使犯汴，以维持汴水的航运，所以不会有这样长远的效果。不过，却也不能因此而低估了王景的功绩。王景的贡献是应当肯定的。

贾让的建议又常引起后人的争论。例如，所说"徙冀州民之当水冲者，决黎阳（今河南省浚县）遮害亭，放河使北入海。河西薄大山，东薄金堤，势不能远，泛滥期月自定"。后人常引这些话，作为主张"不与水争地"和"迁民以避水"等论点的依据。不知贾让是就当时的情况，为解决这一具体问题而言的，并不是泛论一般的治河策略。清初靳辅说："让之三策，自为西汉黎阳、东郡（今河南省濮阳县）、白马（今河南省滑县东，白马津在今滑县北）间言，未尝全为治河立论也。"很有道理。"不与水争地"和"迁民以避水"是在某种条件下所必须采取的措施，但在人口密集、经济发达的居民区，不能视为一般性的治河原则。但是，后世却常因此引起无休止的空论。

公元前三二至七年间（汉成帝时），冯逡建议疏浚屯氏河，以便分泄洪水，而免水灾。屯氏河是黄河决口所曾走的故道（屯氏河的名称颇多，其故道也有几条，大约与今马颊河和卫河相近，或在其左右），这时已经淤塞。冯逡建议将这个淤塞的河道疏通，使两河分流，以免水灾。这是一位主张分流的代表人物。后世也多有这类的主张。明代潘季驯反对分流最力，他说："分则势缓，势缓则沙停，沙停则河饱，河饱则水溢，水溢则堤决，堤决则河为平陆……"（《恭诵纶音疏》）。他说分流不只不能减免水灾，反会因河槽淤淀而造成决口。潘季驯是一位反对分流的代表人物。

汉代以后，史书记载黄河的事不多。对此，各家议论不一。有的说是由于东汉王景治理的效果，如前述。有的说，东汉末迄隋代统一近四百年的分裂混战，加以唐代河北三镇的长期割据，继以梁晋争夺，接着是五代十国战乱，黄河流域的经济文化遭到几次长期的、极为严重的大破坏，对于黄河的记载或有缺漏，或有遗失。到了宋代，史载河患又急，但治效不大。惟对于护岸和堵口的技术、水流涨落变化的观测、河道善淤善决的分析则均有所发展。其后，宋、金互以黄河为防御的工具，决口与改道甚为频繁。及至南宋，记载黄河的事又较少。

元代贾鲁治河，采用疏、浚、塞三法。疏是"酾（分的意思）河之流，因而导之"的意思；浚是"击河之淤，因而深之"的意思；塞是"抑河之暴，因而扼之"的意思（见欧阳玄《至正河防记》）。三法并提，似为总结过去治河的方法。实际上，贾鲁当时是以堵塞决口、挽归故道、加强堤防为主要方法（所谓故道，即由郑州、开封，经商丘北，至徐州合泗入淮的河道）。所说的分流，是利用减水河，在河水暴涨的时候分杀水势。所说的浚挖，包括河道的截弯、拓宽、挖深，以及堵口时为了导使决水归故道的引河等。宋、元、明时代，河流分散，迁徙不定，灾害严重。在分流时常是几条支河下注。如明初以迄中叶，几以数股分流为常策，形成"以不治治之"的状况。

到了明代中叶以后，潘季驯则以筑堤为治河的唯一方法，反对分流（《恭诵纶音疏》）。他认为，筑堤不只为了防溢，若能顺水之性，堤也起着导流的作用（《河议辩惑》）。为了分杀洪涨，主张修减水坝（《两河经略疏》）。为了减轻河槽淤淀，主张以堤束水，以水攻沙；反对以人工浚河的办法（《河工告成疏》）。为了达到这个目的，就必须先塞旁支，使水能归槽。潘季驯总结了宋、元、明的治河经验，提出了坚筑堤防、反对分流的治河意见，取得一定成绩。他的治河理论也大都为清代所承受。

这里应当说明一点，潘季驯治河的重点并不在河南省境，主要在徐州以南合泗入淮的一段黄河，以及黄、淮、运交汇一带。那时，黄河走一八五五年以前的故道，亦即贾鲁所挽归的故道，经徐州、淮阴夺淮河入海。当时治理黄河的主要目的在于维持运河漕运，以免封建统治集团官俸军饷等物资供应的中断。徐州到淮阴的黄河即为运河的一段。所以潘季驯以堤束水的治理方针，亦主要用于这一段，并不是为全河而言。他所修的遥堤只是从徐州到淮安六百多里（《河工告成疏》）。遥堤距河也只有一里余或二三里（《河议辩惑》）。遥堤以内有缕堤，是临河束水的堤。河南省东坝头以西，今日的河道仍为当时河道所经，并没有窄河槽的形迹。可见，束水攻沙的方针，并没有施于河南省境内的黄河，主要是用以攻有关漕运一段河道的沙。潘季驯亦并不重视徐州以西的黄河，只主张坚守黄河北堤，免致决口冲塞山东省境内运河或北决改道，使徐州到淮阴间漕运中断而已。潘季驯的治河策略，就是依据封建统治阶级的要求而制定的一例。其"束水攻沙"的效果并不显著。但坚筑堤防，纳河水归于一槽的理论和方法，则一直为后人所遵循。

　　清代基本上遵循潘季驯的方针，杜绝分流，而在堤的修防措施上又有所提高。

　　在黄河的治理上，古时也有人注意到上游，注意到流域的工作上。明代周用认为，水源来自各支流，如果天下都修沟洫，都有了容水的地方，黄河就不会泛滥，荒地也可利以开垦。清初陈潢分析泥沙的来源，认为河源本清，到了宁夏灵武一带，水尚不甚浊。"是其挟沙而浊者，皆由经历既远，容纳无算，又遭西北沙松土散之区，流愈疾，而水愈浊。"清代胡定认为，泥沙大多来自三门以上和山西中条山一带的沟涧里，建议在各沟涧口筑坝堰拦阻，大水时，泥沙淤留在沟里，渐成平地，可以种秋麦。他们把治理黄河的眼光移向上游，是一进展。可惜，对于群众治水淤田的经验总结不多，更不会引起当时统治阶级的重视，也只是纸上空谈而已。

　　辛亥革命以后，因受西方科学技术的影响，对黄河提出了上、下游兼治的意见。但由于时代和资料的限制，亦只是一些轮廓性的意见，并开始作了一些水文观测和河流测量工作。

　　由以上的情况看来，我国古时已经初步了解了黄河的一些特性，研究出了一些对策，并且取得了一些成效。但是，一直在打被动仗，而且经常打败仗。虽有时也提出主动的要求，然由于对黄河的情况不够了解，规律没有探明，所以基本上没有改变黄河的面貌，没有克服黄河为害的因素，因之灾害频繁严重，人民日处水深火热之中。下游大平原虽是我国粮棉基地之一，但却不能自给，长期地依靠"南粮北调"，以资维持。

中国水利建设概况

（一九六三年九月）

　　"有收无收在水，收多收少在肥"是中国农民的生产经验总结，它说明了水利在中国农业生产中的重要作用。

　　中国的农业发展很早，大概在二千五百年以前，在广大的土地上，农业生产已经达到相当高的水平。从那时起，中国人民便不断地利用自然条件进行水利建设，并且获得了伟大的成绩，积累了丰富的经验。只是在长期的封建统治下，经济的发展非常缓慢，有时甚至停滞下来。就水利事业来说，有些大型工程创始于二千多年以前，经过历代的修整，到现在还发挥效益。但是水、旱灾害却还是很严重的，对于农业生产的保证作用还是很低的。中华人民共和国成立以后，水利事业才有了迅速的发展，并且获得了初步的成就，减轻了水、旱灾害的威胁。虽然这才是一个开端，但是一个良好的开端，并且有着无限美好的前景。

　　为了帮助读者了解中国农业对水利事业的要求和它的迫切性，还是先从中国的自然情况，尤其是降雨情况说起。

　　一般来说，中国的气候条件是适合于农作物的生长的。雨季大都在农作物的生长时期。从海南岛到黑龙江，从东海之滨到天山脚下，都可以种植水稻。这就是自然条件对农业生产有利方面的一例。但是，自然条件却不能完全满足于农业生产的要求。雨量的分布在地区上、季节上都不均匀，而且变差很大。有的地区多雨，有的地区少雨；有的时候有暴雨或淫雨，有的时候长期干旱。所以，中国的广大地区经常遭受水、旱灾害的威胁。

　　雨量在地区上的分布是南多北少。秦岭和淮河以南，年降雨量一般达一千至二千毫米，各河水量也较大。华北和东北，年降雨量一般是五百至六百毫米。西北属干旱和半干旱地区，有的地方年降雨量仅几十毫米，很大部分没有灌溉就没有农业。雨量在季节上的分布，一般多集中在夏秋之间的四个月，许多河流的洪、枯水量悬殊。所以不论北方或南方，都容易发生暴雨或久旱缺雨的现象，因而引起水、旱灾害。

据历史记载，就全国范围来说，自从公元前二〇六年（汉高帝元年）到一九四九年的二千一百五十五年中，曾发生较大水灾一千零九十二次，较大旱灾一千零五十六次。就一个地区来说，据统计，水、旱和正常雨量的年数，约各占三分之一。可见，水、旱灾害对农业的威胁是严重的。

水利工作者的任务，从总的方面说，是与水、旱灾害作斗争。但是，由于自然情况的复杂，提出的问题也是很复杂的。例如，太湖流域和珠江三角洲，虽位于湿润地区，但是需要灌溉，同时又遭受内涝的袭击；所以既需要灌溉，又需要除涝。长江中游的滨湖地区，围垸内既要灌溉和除涝，而围垸外边又遭受长江及其支流洪水的威胁，常有破垸漫顶的危险，所以又需防御洪水。还有的地区，防洪问题如不首先解决，其他的水利事业就难以发展。如黄河下游大平原，像过去那样经常决口，就谈不上安居乐业、发展生产，有了灌溉渠系，在一次次决口后也将遭到破坏。至于山区和高原，对于水利工作者也分别提出了不同的要求和任务。

但是，从另一方面说，中国的水利资源是比较丰富的。河流系统分布全国，每年流入海的总水量，达二万六千八百亿立方米；还有许多内陆河流和终年积雪的高山水源。此外，还有肥沃的土壤、温和的气候和兴修工程的有利地形与条件。这都是发展农业与兴修水利的有利因素。

根据自然情况和社会主义建设的要求，中国人民在中国共产党的领导下，大力兴修水利，作为发展农业生产的重要措施。新中国成立十三年来，一方面，对于几条为害严重的河流进行了重点治理和开发；另一方面，在全国范围内开展了灌溉与排水的工作。目前，全国已经建成了容量在一亿立方米以上的大型水库一百多座，容量在一千万到一亿立方米间的中型水库一千多座，建成了灌溉一万亩以上的灌区三千八百多处；同时，还建成了数以千百万计的小型水库、引水渠道、水井等水利设施，培修和新建了长达十几万公里的堤防。由于大量水利工程的兴建，显著地提高了抗御自然灾害的能力，为农业生产创造了有利的条件。

地区很大，工作项目很多，要在一篇简短的通讯里描绘一个概貌是很困难的，现在只举几个例子来说明中国水利事业的片断。

黄河是世界驰名的多灾河流。在过去三千多年里，黄河在下游决口泛滥一千五百多次，大改道二十六次，严重地威胁着二十五万平方公里上八千多万居民的生产和安全。一九三三年八月的洪水，造成下游决口七十二处，淹没面积一万一千多平方公里，受灾居民三百六十四万。新中国成立以后，黄河大堤经过培修加固，沿河居民经过了组织训练，并在干支流上兴建了一些工程。十几年来，黄河曾出现十七次大洪水，均能安流入海，保证了下游地区的安全。其中，一九五八年七月的洪水，以花园口水文站为准，不论洪峰流量或七天洪水总量都和一九三三年八月的洪水相似。但是，在历年兴建工程的基础上，经过沿河人民的英勇防守，战胜了洪水。黄河的治理和开发，现在已进入了一个新的阶段，在上中游的许多工程，已经发挥了灌溉和发电的效益。

其他河流，如淮河和海河水系的不少支流的洪水已经得到基本控制，辽河和珠江洪水的控制能力有所提高，长江和松花江的治理工作都已经开始。各河在洪水得到控制的同时，也将发挥兴利的效益。

水利事业是要大、中、小型工程相结合，才能充分发挥工程效益，充分利用水利资源。所以工程的兴建不仅限于大江大河，还要和一些中小型工程配合，作出全国的治理规划。

赣抚平原水利工程，是江西省赣江下游以东和抚河下游以西的三角地带上的灌溉及其他治水的工程。三角地带包括南昌县、南昌市的绝大部分地区和清江、丰城、临川、进贤等县的部分地区，面积二千平方公里，人口一百二十万，土地肥沃，物产丰富，但也是个水、旱灾害频繁的地区。在一九五八年兴修水利工程以后，从第二年起，情况就有了显著的变化。

　　这项工程包括大中型水工建筑物二百八十七座，小型水工建筑物一千座，灌溉渠道五百三十八条，共长一千五百多公里。从第二年起，就提前发挥效益，防洪除涝保收六十万亩，一季变为两季的稻田十五万亩，开垦湖洼地二万五千亩。灌溉面积逐年扩大，一九五九年灌田四十万亩，一九六〇年灌田七十万亩，一九六一年灌田七十九万亩。一九六二年赣江与抚河发生特大洪水，波及灌区，但是也大大减轻了早稻的损失；接着，又战胜了八十多天的干旱，保证了一百万亩晚稻的丰收。

　　人们常把一九六二年和一九三一年相比。以南昌为例，一九三一年大水，淹没农田八十七万亩，早中稻无收，晚稻和其他冬季作物不能栽种。一九六二年两河水位超过一九三一年，由于运用防洪工程，多数早稻免遭损失。接着，又遇八十天秋旱，由于采取灌溉措施，晚稻收成良好。临川县院上公社是一个易旱地区，一九五八年全社栽八千三百亩晚稻，因遭干旱，实收三千六百亩；一九六二年虽遭长期干旱，晚稻扩大到一万零四百亩，平均亩产仍达二百六十斤。

　　珠江三角洲是以广东粮仓著称的，地势平坦，河流交错，土地肥沃，工业繁兴，交通方便。但是，这里却常遭水、旱灾害。新中国成立以来，修建堤围、涵闸，整治河道，大大加强了防洪防潮的能力。为了根除干旱和内涝的威胁，从一九五九年起，建设了规模巨大的电动排灌网。到一九六三年五月，这个地区的高压输电线路有四千多公里，电动排灌站一千六百多个，动力装备共有二十四万马力，遍及三十个县（市），受益农田四百多万亩。其中，中山、番禺、南海、顺德、三水、珠海等县，建成电动排灌站七百七十个，动力装备九万多马力，受益面积一百二十万亩，基本上解除了这个地区的旱涝灾害。

　　从一九六二年十一月到一九六三年四月，珠江三角洲地区半年多没有下过透雨，总降雨量仅一百零六毫米，比严重干旱的一九五五年同期雨量还少百分之四十。受旱面积和受旱程度都较一九五五年为大。以中山县为例，一九五五年受旱的高沙田为二十五万亩，虽然打井、挖渠花了一百多万个工、两百多万元资金，但是还有一半面积无法插秧，或者插下去又被旱死。一九六三年，虽然旱情更为严重，而受旱的高沙田三十万亩中，有百分之六十二靠电动抽水灌溉，按季节、质量插下了秧。南海县百分之九十八的禾田插下了秧苗，其中除三万多亩是用人力车水外，其余全是电力抽水和部分机械抽水灌溉。地处丘陵地区的三水县，今年旱情为六十年来最严重的，从一九六二年十二月到一九六三年五月，只降雨一百一十六毫米。由于电力及机械抽水灌溉，在立夏前，插下秧苗二十五万三千多亩（一九五五年同期只插下六万八千多亩），占计划面积的百分之九十二。

在西江和北江汇流处的樵北大围，有南海和三水两县八个公社的稻田、蔗地、桑田二十一万亩，还有一万多亩鱼塘。一九六一年四月十九日开始，降雨四天，降雨量达四百五十八毫米。西江和北江的河水急涨，围里的秧苗也被积水淹没。十天内积水就被电动机排净了。除一万多亩稻田需补插外，其余十几万亩稻苗，又在阳光的普照下，生机勃勃地生长了。

以上只是珠江三角洲的情况。就广东省全省来说，一九六三年的旱情也超过一九五五年，相当于一九四三年。一九五五年全省在立夏前，有一千二百万亩稻田无法插秧，而一九六三年只有三百多万亩没插下秧；插下秧苗的有二千五百一十八万亩，完成早稻种植计划的百分之八十五点二。这个巨大的胜利，是人民公社集体经济发挥威力的结果，同时是和近年进行的大规模水利建设的作用分不开的。一九五八年以来，广东省共建成蓄水量在一百万立方米以上的大、中、小型水库一千一百多座，灌溉面积在五万亩以上的引水工程三十多项，建成的电动排灌、机械排灌设备共二十五万马力，使全省大部分农田大大提高了抗旱能力。

现在，我们再来看一看干燥的西北。新疆维吾尔自治区，除高山以外，天山以北的年平均降水量为一百至二百五十毫米，而水面蒸发量则为一千至二千毫米；天山以南的年降水量为五至一百毫米，而水面蒸发量则为二千至四千毫米。在这种情况下，一般来说，没有水利就没有农业。所以在现有的耕种面积约四千万亩中，就有百分之九十五是依靠灌溉的。灌溉水源主要依靠高山积雪。但是，南疆高空气温在春夏之间有时较低，不能及时融化足够的雪水；北疆各季的雨雪不调，有时平原地墒不足，高山来水减少。加以雪水流经山麓戈壁及冲积扇上，大量渗漏，形成地下潜流。因此，进行灌溉则必有大量的工程。一九四九年，全区灌溉面积为一千六百一十四万亩，且供水保证率不高，一九五九年发展到三千七百四十万亩，其中包括新开垦的荒地一千多万亩。由于旧渠的整理改建，加强用水管理，并且修建了二百多个水库、三千多条渠道，不只扩大了灌溉面积，而且提高了旧灌区的供水保证。因此，粮食和棉花的单位面积产量都大为提高。

乌兰察布盟在内蒙古自治区的西部，总面积约八万平方公里。南部为农业区及半农半牧区，北部为纯牧区，各占面积之半。牧区内丘陵起伏，山地、平川、高台地交错相间。新中国成立前，只在河流沿岸及低洼地区挖少量土井，尚不能满足人畜饮水的最低要求。由于过度放牧，草场退化，载畜量随而下降。由于水源缺乏，牧区不能经营农业，人畜所需粮食及冬季所需草料，全都依靠附近农业区供给，近者百里，远者数百里以外。

新中国成立后，大兴水利事业，截至一九六三年年初，全盟牧区已建成中型水库一座，小型水库一座，开渠二十五条，新打土井二千五百眼（为新中国成立前的十二倍），打深水机井和自流井十五眼，挖泉二十处，修较大的供水站十二处；此外，还建成了一座小型水力发电站。这些措施，提供蓄水量二千至四千万立方米，开辟了一千五百平方公里的新草场，解决了二十五万头牲畜的饮水问题，改善了五十万头牲畜的饮水条件，新增饲料基地灌溉面积一万七千亩。这从根本上改变了牧业用水的困难状况，因而促进了牧民定居，有利于牧业集体经济的巩固和发展，使牧区呈现出人口逐年增加、牲畜成倍增长的繁荣景象。

以上的例子，大都是引河水灌溉，或者配合井泉灌溉。现在再举两个井灌的例子。井灌在中国北方很普遍，有的还和地表蓄水、引用河水配合使用，以提高灌溉的保证率。一切布置安装要根据自然条件而定。现在要说的一个井灌区是山东省曲阜县陵城公社东郭大队。

东郭大队，人多地少，全队一千零三十人，耕地一千七百八十二亩。耕地中三分之二是沙土薄地，很怕旱。新中国成立前，只有井五眼，供人畜饮水，没有农田灌溉。每亩产粮食平均八十至九十斤。一九五五年秋，打了二十三眼井，取得抗旱胜利。便开始有计划地打井灌溉，到一九六二年年底，已有砖石井八十二眼，机井（深井）十二眼，并分别备有水车及机械，百分之九十九点四的耕地变为水浇地，每七天可浇水一遍。

有了水利条件，就可以大量施肥，因之，促进了耕作制度的不断改革，提高了土地利用率。随着井灌面积的增加，逐步推广了一年三种二收、四种三收、五种四收的间作套种办法。一九六〇年，小麦、秋杂粮、经济作物和蔬菜间作套种面积达一千三百亩，一九六一年达一千六百亩，使复种面积增加到百分之八十九点七，大大提高了土地利用率。

水井灌溉，保证了农业生产的稳定丰收。一九五五年平均亩产二百一十六斤。一九五六年浇地四百亩，全年粮食总产量五十二万四千多斤，平均亩产四百一十三斤；一九六一年实浇地一千七百七十亩，粮食总产量七十二万九千五百斤，平均亩产六百一十斤；一九六二年，平均亩产达七百三十三斤。

河北省安国县的井灌也有很大的发展。全县二十个公社，一百九十六个大队，一千八百九十八个生产队，人口二十六万七千七百一十八人，耕地五十一万七千四百八十七亩，大部是黄沙壤土，盛产小麦、棉花、甘薯和药材。由于大力发展井灌，全县灌溉面积已由一九四九年的二十二万三千八百亩增到三十八万五千八百亩，占耕地的百分之七十四点五五，而旧有灌溉面积的供水保证也有提高。现已有机井一千三百二十二眼，砖井七千八百八十眼，配有相应的机械、电动机及水车等。一九六〇年以来，电力灌溉在机械灌溉的基础上，又有迅速发展，已有一百九十二个大队开始电力灌溉。一九六三年，全县使用电力抽水机灌溉的有二十七万五千五百亩。随着机井和电力抽水的发展，更促进了农业生产的稳步增长。一九六二年，全县遭遇少有大旱，降雨仅三百三十七点五毫米，但全县粮食总产量仍达九千二百四十七万斤，棉花总产量达一百六十万斤。

就全国范围来说，现有灌溉面积不只较一九四九年有成倍的增长，而且改善了旧有灌区的供水条件，提高了供水能力。例如，在自流灌区，由于有了蓄水设备，有大、中、小工程相配合的灌溉系统，水量充足了；在提水灌区，由于将人力提水改为机械或电力抽水，效率高了，而且由于水源充足，供水的保证也高了。此外，由于大量水利工程的兴建，已为增加灌溉面积提供了条件，今后的灌溉必仍有迅速的发展。

至于防御涝灾，也就由于当地沥水所造成的灾害，也有不同程度的成效；对于防治土壤盐碱化，包括对盐碱化土壤的改良和利用、灌区次生盐碱土的预防和治理，也有所进展。

水力发电，一方面为工业服务，一方面又为农业服务。其直接为农业服务的，如提水灌溉、排除涝水、农业耕作、副业加工、农村照明，将节省大量的人力劳动，提高劳动生产率，并改善文化娱乐生活。其为工业服务的，除为农业机械化创造条件外，特别应当一提的是化学肥料的生产。根据各国的经验，生产一吨化学肥料约需电力一千五百度。水力发电的廉价电力，将为制造化学肥料提供有利条件。新中国成立前，中国的水力发电基础是薄弱的。但十几年来，在这个薄弱的基础上，水电站有了迅速的发展，装机容量增加了十倍以上。由于大、中型水利枢纽工程的修建，也为今后的水力发电打下了良好的基础。

几年来，尽管我们在水利建设上获得了巨大的成就，在水利科学技术上有了迅速的发展，但是还远不能满足今后为保证农业稳定增产对水利事业提出的要求。为了基本上实现农业的现代化，还需要作更大的努力。

实现农业现代化是中国共产党的伟大号召，是全国人民长期以来的愿望。这是一个光荣而艰巨的任务。在完成这个任务方面并不是没有困难的。中国的经济是在半封建半殖民地的基础上发展起来的，科学和技术也很落后，水、旱灾害的威胁仍然很严重。但是，中国水利事业有着悠久的历史，农民群众的经验和祖国的遗产是丰富的，十几年来科学技术的发展是迅速的。在中国共产党的领导下，全国人民奋发图强、自力更生、埋头苦干，一定能克服种种困难，改变中国的自然面貌，并且早日实现农业的水利化。

农业水利化的几个问题❶

（一九六四年三月二十六日）

我要谈的题目是：农业水利化的几个问题。内容共分四个部分：一、什么是水利化；二、水利化与农业稳产、高产的关系；三、关于水利技术政策；四、关于近期水利措施。下边，我就开始讲正文。

农业是国民经济的基础。党中央和毛主席指出，必须在实现农业社会主义改革的基础上，逐步实现农业技术改革。为此，制定了《全国农业发展纲要》。党在前年又提出农业水利化的技术改革要求，这个任务是伟大的、艰巨的。

我国幅员辽阔，自然条件复杂，生物资源繁多。全国耕地总面积约为十六亿亩，仅占总土地面积九百六十万平方公里的百分之十一左右。除有辽阔的草原和沙漠以外，还有占土地面积近三分之二的山地丘陵和沿海绵长的浅海海域。发展我国的农业生产，不只要提高现有耕地的单位面积产量，还要因地制宜地发展农、林、牧、副、渔业，以发挥我国现有耕地以外的广大土地的生产潜力。这是我国发展农业的方向。

水利事业服务的范围很广，不仅限于农业，还有工业和交通运输业。例如水力发电和工业供水，是直接为工业服务的；河道治理和运河修筑，是直接为交通运输业服务的。不过，水利事业为农业服务的范围最广，如控制洪水、防治涝灾、灌溉农田、牧业用水、治理沼泽地、防治土壤盐碱化等，都跟农业生产有直接关系。而发展水力发电和水上运输，又可以促进农业电气化和节约运输上的人力和畜力，便利物资交流，都有助于农业技术改革。所以水利事业便成为我国农业生产力的重要标志之一。

---

❶ 在中央广播电台的讲话。

　　水利事业为农业服务的范围，过去大都限于耕地，其他如牧草和林木，虽有人工供水现象，但是为量很少。近几年来做了大量的水利工程，也开垦了一些土地，成绩很大。可是，我国的水利事业与农业发展的要求，还有相当大的距离。现在，我想就有关农业水利化的几个问题，提些个人的看法，供大家参考。

一、什么是水利化

　　水利化这个名词很早就提出了，对于它的含义，曾有不同的解释。近来，大体上意见渐趋一致。我个人认为，实现水利化应当达到水、旱保收的要求，因此水利化应当包括兴水利和除水害两方面的内容。灌溉是兴利事业，它和农业生产有直接关系。但是，在我国广大地区上，有的必须灌溉与除涝并举，或灌溉、除涝与防洪并举，才能为农业稳定生产提供条件。

　　一般地说，我国的气候条件是适合于农作物生长的。雨季大都在农作物生长时期。从海南岛到黑龙江，从东海之滨到天山脚下，都可以种植水稻。这就是有利条件表现的一例。但是，自然条件却不能完全满足人的要求。雨量的分布，在地区上、季节上都不均匀，而且变差很大，有时有的地区遭遇暴雨或淫雨，有时有的地区长期不雨或少雨。加之我国有广大的平原、盆地和三角洲，是大量农作物的产地，这也是有利的一面。但是，这些地区却易于遭受洪水和沥涝的灾害。由于上述气候和地理的条件，所以我国的广大地区经常遭受水、旱灾害的威胁。

　　雨量在地区的分布是南多北少。秦岭淮河以南，年降雨量达一千至二千毫米，各河水量也较大；华北和东北，年降雨量一般是五百至六百毫米；西北地区，最少的仅几十毫米，属半干旱和干旱地区，河水也比较少，有的地区没有灌溉就没有农业。雨量在季节上的分布也极不均匀，一般多集中在夏秋之间的四个月，许多河流的洪、枯水量悬殊很大。所以，不论北方或南方，都容易发生暴雨洪涝或久旱缺雨的现象，因而引起水、旱灾害。据历史记载，就全国范围来说，自公元前二四六年（秦始皇元年）到一九三七年的二千一百八十三年中，曾发生水灾一千零三十七次，旱灾一千零三十六次。就一个地区来说，据统计，水、旱和正常雨量的年数，约各占三分之一。可见，水、旱灾害是严重的。

新中国成立后，大力兴修水利，各地防洪、除涝、抗旱能力都有不同程度的提高。但是，水、旱灾害的威胁还很大，许多地区的防洪、除涝标准还低，灌溉设施还不完善，尚难保证农业的稳定生产。

由于我国的自然特点，在同一地区，常是旱涝互现，如先涝后旱，先旱后涝，或旱涝相间；而且有广大地区还遭受洪水的威胁。所以，要兴利就必须与除害并举，甚至有的地区必须先解除洪涝威胁，才能兴利。这些例子是很多的。太湖流域和珠江三角洲，都需要灌溉，但是同时又遭受内涝的袭击，所以必须灌溉与除涝并举。长江中游的滨湖地区，围垸内既需灌溉，又要除涝，而围垸外边又遭受长江及其支流洪水的威胁，常有破垸漫顶的危险，所以必须灌溉、除涝与防洪并举。又如黄河下游大平原，如果洪水灾害得不到初步控制，像过去那样经常决口，不只谈不上安居乐业、发展生产，就是有了灌溉系统，在一次决口之后，也必然全遭破坏。同时，如果这一大平原上的涝灾和土壤盐碱化的威胁不能有一定程度的控制和减轻，也难以大规模地发展灌溉事业。至于西北地区，洪涝灾害较轻，主要是水土保持和灌溉问题。在山区和丘陵区、草原和沙漠大都是引水灌溉问题，其他灾害较轻。所以就全国范围来说，水利化应当包括兴利与除害两方面的内容，不能单独用灌溉的指标来表达水利化。

水利化既然是为了达到水、旱保收，那么又应当采取什么标准呢？也就是说，水利工作到什么程度，才算达到水利化的要求？我认为，应当因时因地而定，不能采取统一不变的标准。我国自然条件如此复杂，地域如此广阔，基础如此薄弱，工程量大，技术性高，既不能用同一标准要求各河的防洪能力，也不能用同一标准要求各地的灌溉和除涝措施；同时，还应分别就近期与远期定出不同的目标。这样才合乎实际，才能达到分期分批完成的目的。

例如，就灌溉和除涝标准来说，分别不同地区，近期似可要求达到五年或十年一遇的旱情或雨情不成灾。所谓五年或十年一遇的雨情，是按概率来计算的。也就是说，在长期的统计中，五年或十年一遇的暴雨在一日或三日的降水量，不致造成涝灾；五年或十年一遇的干旱，在作物需水的季节，不致造成旱灾。为了便于群众理解，也可以把抗旱的标准定为多少天，如蓄水或引水的措施能抗旱五十天至七十天或七十天至一百天等。

河流的防洪标准，近期似可定为：一般河流应该达到能防二十年一遇洪水的标准；就是在长期的流量统计中，二十年一遇的洪水不致成灾。至于为害较大的河流，防洪标准应当稍高；可能造成毁灭性灾害的河流，防洪标准更应当高。

这些标准数字，只是举例参考，并没有具体到哪一条河、哪一地区。应当分别定出一个近期标准，然后根据农业生产的发展、工程条件的改善，再逐步提高。

总之，水、旱保收应当有个标准，而不是漫无限度，不是遇到多么大的水、多么久的旱都一律保收。但是，标准必须合乎当时、当地的要求和可能，再根据发展逐步提高。

水利化的内容和标准，影响着某一地区或某一河流水利工作的近期安排和远景规划，所以对这个问题必须先有明确的认识。

二、水利化与农业稳产、高产的关系

前边谈到，水利化的目的是水、旱保收，也就是说，为农业的稳产提供条件。农民有这样的经验，就是"有收无收在水，收多收少在肥"。也就是说，水利事业能为保收、稳产提供条件，但是要高产，还需要有肥料及其他的农业措施。不过，没有适量、适时的供水保证，肥上不去，其他的措施也上不去。所以毛主席正确地指出："水利是农业的命脉。"也可以这样说，水利是农业稳产、高产的"先行"。

《全国农业发展纲要》提出对于粮食和其他农作物增产的要求。粮食每亩平均年产量，在不同地区，分别达到四百斤、五百斤、八百斤；棉花每亩平均年产量，在不同地区，分别达到四十斤、六十斤、八十斤、一百斤。对于其他经济作物及畜牧业等也都提出了要求，并且提出了十二项增产措施，其中第一项就是兴修水利。

我国有不少的队、社、县已经达到或超过了《全国农业发展纲要》对产量的要求。这就为我们创造了典范，制出了样板。通过主观的努力，尽早地实现这个纲要的要求是完全可能的。

水利工作在实现农业发展纲要中，担负着很重要的任务。但是，为了达到稳产、高产的目的，水利和其他增产措施必须相互适应。只靠水利工作不能完成纲要的生产指标，这样的例证是很多的。

另外，随着农作物产量的不断提高，就必须不断地改善水利条件。根据人民胜利渠灌区试验，平均生产一斤玉米，需水六百八十至七百五十斤；生产一斤小麦，需水一千至一千五百斤。在南方水稻地地区，生产一斤稻谷，需水七百至一千四百斤。作物的产量与需水多少虽然不是一个直线比例关系，但是产量越高，需水量越大，这是已经为无数科学试验论据所肯定的规律。所以，农业增产又促进水利事业的发展，必须不断地改善水利条件，以适应农业生产的要求。

从这里可以看出，稳产和高产对于水利的要求是不同的。某处水利条件可以达到抗旱的要求，只能保证一般的稳产，不至于因为天旱减产。但是，为了提高产量，作物的需水量就增加，在过去认为不旱的情况下，仍可能需要适时供水。所以灌溉所起的作用，较之抗旱更为广泛，除适时、适量地满足作物需水外，灌溉对于改良土壤、保持土壤微生物的正常活动、改造田间小气候、改善农业耕作条件以及调节作物生长的热状况（如调节地温、水温）等方面，都有其重要的作用。

全国现有耕地约十六亿亩，还有一部分可垦的荒地，和宜林、宜牧、宜副业和渔业生产的土地和水面，前边已经讲过。只就十六亿亩耕地说，就有很大的比重可以发展为灌溉农业，也就是说，可以逐步发展为稳产、高产的农田；受洪涝威胁的耕地约占全部耕地面积的四分之一，而且都在我国人口集中、土地肥沃的主要粮棉产区；有一亿亩轻重不同的盐碱地分布在耕地上；这三种地区有相互重叠之处，例如受洪涝威胁和发展灌溉农业的地区，有一部分盐碱地；发展灌溉农业的地区，又有一部分受洪涝威胁的地区。可见，水利的任务是很重的。

此外，宜垦的土地大都须先兴水利，如发展灌溉、冲洗盐碱、排除积水、降低地下水位、治理沼泽地和阴湿地等。牧区草原和牲畜供水也是畜牧业发展的关键问题之一。

水利事业在国民经济发展中占有重要的地位，是实现《全国农业发展纲要》主要措施之一，为耕地的稳产高产、开垦荒地，发展畜牧业提供有利条件。

三、关于水利技术政策

我国河流众多，水利资源丰富，有很好的发展水利事业的条件。但是，由于国土辽阔，气候、土壤、地形复杂，实现农业水利化的科学技术问题也是很复杂的。

我国水利事业有悠久的历史，积累了丰富的经验。新中国成立后，大规模的水利运动，大江河的开发治理，又积累了社会主义建设的经验，促进了科学技术的发展，训练了大量有较高水平的水利队伍。水利化中的科学技术问题，是能够而且正在逐步得到解决的。科学技术的项目是很多的，这里不便详说，我只想就有关水利的技术政策，提点个人意见。

有关水利的技术政策，也就是有关水利科学技术上带有方向性的若干问题的总结，这也是正在研究中的项目之一。个人意见不一定正确，提出来作研究参考。

（一）关于防洪

应当蓄泄兼施，各种治理措施综合运用；对于不同河道和河段，采用不同的防洪标准；要从全局出发，干支流、上下游、左右岸统筹兼顾。

在自然情况下，除湖泊节蓄外，河水便向下泄流，辗转入海，或消失在内陆。古时也有人工蓄水，一般说规模不大，规模较大的为数也不多。在近代科学技术发展的情况下，大量的蓄水已属可能，而且广泛推行。因此，蓄水便成为调节洪水、利用水源的主要措施之一。但是，蓄水工程常受自然和技术条件的限制，并不能随处可作。蓄水则库区淹没，造成损失，因此水库的兴建和水库的大小，又受经济条件的限制。

除水库以外，还有沿河洼地，常是历史上的滞洪区，也有调节洪水的作用。滞洪虽是临时停蓄，也常划归蓄洪的范围以内。加修工程设施，便可以提高蓄洪效益，减轻淹没损失。

由此可见，蓄水虽然是一项重要措施，但是限于自然条件、技术条件和经济条件，不一定能全部控制洪水，因此不能全部依靠蓄水，必须根据具体情况研究蓄泄兼筹的方策，运用各种措施。

关于泄水也有不同的方法，如修筑堤防、整理河槽、开挖减河等，在我国各河流上多有采用。在有了蓄水池以后，泄水的任务当有所减轻。但是，从另一方面来看，防洪的要求提高，也就是防洪的标准提高。因此，在有些地区，虽然有了蓄水措施，而下游对于防洪的要求较之过去并不减低，还须加强堤防或开挖减河，才能满足要求。所以，在兴修水库调节洪水以后，不能对于千百年来借以防御洪水的堤防和湖泊洼地放松管理。因此，对于防御洪水，应当根据具体情况，提出综合治理方案，不可偏废。除河流本身以外，还应当进行流域的治理，如水土保持、中小支流等，采取综合的措施。

至于防洪的标准，应当根据现有工程基础、保护地区的经济情况以及决口后为害的严重性，制定出不同的标准。各河不同，一河的各段也有所不同，不能强求一致。

在防洪问题中，上下游和左右岸的矛盾，必须统一规划，求得合理解决。

（二）关于除涝

应当以排为主，排滞结合，自排为主，自排与抽排并举。在有盐碱化的地区，除涝应结合治碱。

涝灾是本地区雨水所造成的水灾。过去洪、涝灾害不分，统称为水灾。近年洪水灾害得到初步治理以后，内涝灾害才显得突出。

除涝工作安排不当，也易引起地区间的矛盾。而除涝的工程很大，排水又必须有出路。因此，应当经过统一规划，本着上、下游兼顾的精神，采用各种办法，尽量排泄，并充分利用自然的低洼地带滞蓄。至于排涝措施，则应以自流排泄为主。如果排水出路有困难，而又经济合算，可以采用机电抽水排泄的办法。

至于有盐碱化的地区，排涝沟渠的设计应结合治碱的要求。

（三）关于灌溉

应当根据当地自然条件，地面水与地下水统筹使用；自流灌溉与提水灌溉并举；渠灌与井灌并举。灌区必须有灌有排；在有涝灾的地区，排水应与除涝结合。实施计划用水，加强渠道防渗措施。

灌溉的水源包括地面水和地下水，我国古代均有发展。近年由于大量引用地面水，广开渠道，自流灌溉，放松了地下水的利用，有的地区废了井灌。引用地面水常须有绵长的渠道，渠道漏水，不只浪费水，也常引起地下水位的升高。如果井灌与渠灌结合，在有些地区渠灌面积可以缩小，渠道可以缩短；有些地区则不需要干渠长期输水，可以减少渗漏损失，节约水源。此外，井灌工程量小，易为社队所举办，可以迅速生效，应大力提倡。

自流灌溉不需提水，这是很大的优点。但是在有盐碱化威胁的地区，则不应为了强求自流灌溉而抬高渠道，增加渗漏，引起地下水位的升高。在有些地区，地高水深，或汲取地下水，不能采用自流灌溉办法，则必须有提水设备才能获得灌溉的利益。我国工业日益发展，机器和电力供应日益增加，为提水灌溉创造了条件。所以，应当采用自流灌溉与提水灌溉并举的原则。

我国平原地区多涝灾，在计划灌溉时，必须同时考虑排水系统。在有盐碱化威胁的地区，有灌溉就应有排水系统。

至于计划用水、加强渠道防渗措施，不只节约用水，而且对于土壤改良，保证农作物生长良好，均为重要。目前，渠道漏水情况严重，为了提高渠系输水效率，防治渠道渗漏就是一项很重要的工作。

（四）关于水力发电

应当大中小并举，水火电密切配合，并逐步增加水电比重。重点兴建高中水头、大流量的大型水电站，有计划地发展中、小型水电站。

电力主要供给工业部门使用，但是电力直接地或间接地都与农业有关。农村电气化，包括以前所说的提水设备，迫切需要电力。所以，应当充分利用水力资源，积极发展水利发电，以支援农业电气化和供应工业发展的需要。

（五）关于水利规划

应当统一规划，综合治理，因地制宜，因时制宜，分期分片实现水利化。

水利规划是水利事业的战略部署。从以上所说，统一规划、综合治理的必要性，已很明显。这里要补充说明的是有关水源利用的一些情况。例如，蓄水以后，可供下游灌溉、工业和城市用水，并能发电和拦洪，对于水运也有一定的调济水量作用。但是，这几个用水部门之间、用水部门和防洪部门之间，都有一定的矛盾。解决这个问题，不只是技术问题，更重要的是经济问题。必须统一规划，才能得到合理的解决。

水利规划是较长期的工作安排，应当注意远期与近期结合。水利化要分期分片实现，不能齐头并进，要根据农业和工业的发展，因时、因地制宜地进行。

（六）关于水利施工机械化

应当采取机械施工和人力施工并举，机械与改良工具并用；施工机械逐步配套成龙，机械设备逐步标准化、系列化。

机械化施工是我们的方向，但在目前还必须有个过渡阶段，以便逐渐达到高标准的机械化施工。

（七）关于水利管理

应当确保工程安全，充分发挥工程效益，经常维修，保证安全运行；加强调度运用的计划性，提高运用水平；加强防护，延长工程使用年限。

管好、用好水利设备，是保证工程安全、发挥水利效益的重要环节，也是当前水利工作中比较薄弱的环节。所以应当在确保工程安全的前提下，充分发挥工程效益。加强经常维修与定期检修，加强经常和定期检查观测，以掌握工程动态，保证安全运行；加强调度运用的计划性，以提高运用水平；加强植树种草，减少泥沙淤积，延长工程使用寿命。利用管理单位的有利条件，结合业务，开展科学研究和技术革新运动。

（八）关于基本工作和试验研究

应当加强基本工作和试验研究，摸清情况，找出规律；基本资料的积累与已有资料的整理并重；试验研究与总结群众经验相结合；理论与实践相结合。

摸清情况，是做好一切工作的关键。水利事业是与自然面对面的斗争，要战胜自然，改造自然，首先要摸清情况。既要抓紧整理已有的资料，又要积极积累新的资料，并改进观测设备，改善测验方法，提高工作质量。在科学技术研究中，既要广泛深入调查研究群众经验，及时作出科学总结，又要结合生产进行试验研究；同时，还要进行理论研究，理论与实践相结合。

以上只是与水利事业有关的几项技术政策，其他如水土保持、防治土壤盐碱化等，还有很多，不再列举。

上述的一些问题都是水利科学技术上的一些重大问题，还有待于进一步研究，提出来，供作参考。

四、关于近期水利措施

农业水利化是一个比较长期的工作，一方面要努力争取尽早实现，一方面要安排近期计划，积极工作。农业发展的主要任务之一是建设旱涝保收，稳产、高产农田，就是要在种好十六亿亩农田的基础上，近期先建成一部分稳产、高产农田，然后逐步达到绝大部分农田能稳产、高产。这是改变我国农业面貌、切实解决我国人民吃穿用问题的一个极其重要的任务。

水利工作，应当根据这个要求，并且在已有水利事业的基础上，安排工作，为完成这个任务创造水利条件。为此，对于近期水利措施，提出以下意见：

（1）管好、用好已建成的水利设施，分批分期建设稳产、高产农田。已建成的大量水利工程，是防御洪、涝、旱、碱等自然灾害，保证农业稳产高产的主要依靠。现有工程的潜力很大，不增加什么工程，加强管理，就可以增加大量的灌溉面积。根据一些地区的调查，自流灌区，可以扩大灌溉面积百分之五到百分之十。电力灌溉的潜力则更大。所以应当大力发掘已有水利设施的潜力。此外，在现有灌溉面积中，有的已经达到旱涝保收、稳产、高产的标准，有的再做一些工程，也可以达到这个标准。所以，要管好用好，首先保证安全，保证稳产；再在这个基础上，密切配合农业措施，改进灌溉技术，做到高产。管好、用好现有水利设施，是保证农业稳产、高产的费省效宏的办法，应当重视。

（2）发动群众，因地制宜地建设农田。依靠人民公社集体的力量，建设一批稳产、高产农田。在农业生产上有一定基础的生产队，每年建设少数几亩的稳产、高产农田是可能的。

（3）社队为主，国家为辅，兴建一批水利工程。因地制宜地做些小型水利工程或水土保持工作。国家只要在材料、设备上给予少量补助，就可以由社队力量兴建起来，并能在当年发挥效益。

（4）分批分期建成未完工程。在已经兴建的工程中，有的主体工程未完，有的排灌渠系不全，有的土地还未平整，因此还没有发挥应有的效益。这项未完工程的潜力很大，应当按效益的大小、力量的安排，分批分期完成。

（5）合理规划，重点新建中、小型工程。为了发展自流灌溉和机电灌溉，可以有重点地新建少数工程。在有必要、有电源和水源而且建设成本和运行成本较低的地区，可以发展电力排灌。在有上述条件而电源困难的地区，可以发展机械排灌。

（6）重点整治积涝。排除积涝，除上述可以发展机电抽水工程的地区外，大都需要挖河，工程量大，治理要有重点。应当配合农田建设进行规划，分期治理。

（7）重点治理盐碱地。北方各省的盐碱地和有盐碱化威胁的地区，应因地制宜地加以防治，并可结合灌溉及治涝工程进行治理。

（8）积极进行水土保持工作。在水土流失严重的地区，大力开展各项有关水土保持的工作，实施综合措施。这项工作虽然见效较慢，但是是一项根本的工作，关系到当地农田的建设，关系到下游河道的治理，应当积极进行。

（9）做好防洪和河流治理的基本工作，并有重点地续建一些工程。洪水的威胁仍然是很严重的。但是，河流的治理也是一个长期的工作。近年来，对于大多河流已经作了一些基本工作，包括勘察、规划、设计；有的开始了根本的治理，并且获得了一定的成果。河流的治理是一项极为复杂的工作，在近期间，应当积极进行勘察、规划，并且在巩固现有工程设施的基础上，续建和改建一些必须建设的工程，解决一些急待解决的问题。

以上只谈了一些有关农田建设方面的近期水利设施。当然，农田建设不仅赖于水利措施，还有增施肥料、改良旧式农具和推广新式农具、推广优良品种、扩大复种面积、改良土壤、消灭虫害和病害、精耕细作和改进耕作方法，等等。应当采取综合措施，以"八字宪法"为纲，因地因时有所偏重，并与其他措施结合实施，提出不同地区的增产规划和建设途径。关于这方面的问题就不多说了。

总之，实现农业水利化是一项艰巨而光荣的任务。这项任务又和建设稳产、高产农田有着极为密切的联系。在党的领导下，发扬自力更生、奋发图强的精神，学习解放军，加强政治思想工作，以及在全国人民的努力和支援下，一定能胜利地完成农业水利化的任务，并能争取尽早地实现《全国农业发展纲要》的要求。

以上意见如有不当之处，请大家指正。

黄河下游调查记

（一九六五年四月二十三日）

这次黄河下游调查的任务，是在现有治理的基础上，研究存在的问题，探索解决的办法。调查的内容，则摆脱过去"只管一条线，不问两大片"的观点，于河道本身之外，还涉及与两岸地区农业生产有关的防旱、治涝、改土等问题，以及其可能改进的措施。从这一点看，还是一个初探的新课题。所以这次是属于轮廓性的、初步的、为进一步研究作准备的调查。

这次调查从一九六五年三月十四日开始，于四月十七日结束，为时三十五天。由河南省郑州出发，西起河南省济源县小浪底山谷下口，东至山东省济阳县东境，北以卫河和徒骇河为限，南达河南省朱仙镇的涡河和山东省曹县的太行堤，又回到河南省新乡。济阳以东，连同河口一带，拟另作调查。沿途听了黄河水利委员会，河南、山东两省河务局，两省水利厅，七个专区，两市，二十二个县的情况介绍和工作意见，并进行了公社和大队的座谈，地头和堤上的访问。参观了四市和三十个县的水利工作，了解了沿黄河各修防段的修堤、护岸和河道变化情况。

参加这次调查的，主要为水利电力部黄河规划小组和黄河水利委员会的人员。河南、山东两省河务局和两省水利厅有关人员，则分别参加一些地区的调查。

旅途中，曾根据见闻和印象，写札记二十一篇。现加以整理，录以备忘。

一、几个主要问题

黄河下游当前的问题，主要表现在以下五个方面：

（1）洪水来量大与河槽泄量小的矛盾，尤其是下游河槽上宽下窄的问题。

（2）堤岸御水防冲力弱与水高冲刷力强的矛盾。

（3）泥沙来量大与下游河槽严重淤积的问题。

（4）两岸地区洪、涝、旱、盐、湿、沙灾害与农业生产发展的矛盾。

（5）两岸地区群众性修防任务的完成有赖于农业生产的发展。

前三者是黄河自身的问题，后二者是关系到两岸地区生产和依靠群众治河的问题，它们也是一个问题的两面。治理黄河是为了保障安全、促进生产。这不仅是保证两岸大堤不决口的问题，还有开发水利资源、增加两岸地区农业生产的问题，这也是在治河中贯彻为人民服务和经济建设的问题。两岸地区的农业生产提高了，生活改善了，同时治河和防汛的能力也就加强了。两者的关系是相互促进的。过去治河，只管黄河一线，不问两岸生产，是不全面的。

下边分别就问题的内容和解决的可能性，以及一些具体问题的探讨谈些看法。

二、问题的内容和解决的可能性

（一）洪水的处理

黄河下游各段的安全泄水能力，在大力整修防护工程和加强防汛组织的条件下，逐年有所提高。十七个伏秋大汛安度的事实，就足以说明。据一九五四年的估计，艾山以下仅能安全宣泄每秒八千六百立方米左右的流量。遇到一九五八年的特大洪水，运用东平湖滞洪，并大力抢护，泺口安全宣泄每秒一万一千九百立方米的洪水。近期（一九六二年至一九六七年）堤防修筑标准为泺口按宣泄每秒一万三千立方米设计，其中每秒一万二千立方米来自上游，每秒一千立方米为附近地区的来水。惟山东省对此尚有不同意见。设若不运用现有分洪或滞洪措施，遇到特大洪水，则泺口来量必将超出此量。

现在已有从石头庄分洪的北金堤滞洪区和东平湖滞洪区。根据黄河水利委员会计算，在三门峡不增建泄水措施的情况下，利用这两个滞洪区，可以解决千年一遇的洪水，艾山以下的流量可以不超出每秒一万二千立方米。但是，由于各方对艾山以下的河道安全泄量、两个滞洪区可能分洪的数量，意见还不一致，所以山东省的有些人建议，从位山起，在北岸再修一道宽三到五公里的放淤分洪道，顺北堤东流入海。这是一个可行的，因之是一个可作进一步研究的意见。如若可行，则下游"洪水来量大与河槽泄量小的矛盾"可以得到解决。

如若洪水来量超出千年一遇的估计数量，这虽然是少有的，但可能性还是有的。这样，将超过河南省夹河滩以上河槽的安全泄量。设若这一段堤溃决，将造成极大的损害。除了加强防守抢护、利用滞洪区和分洪道外，还可考虑三门峡水库暂时关闭部分闸门，以期安度极为稀有的洪水。

还有人提出其他滞洪区的设想，可进一步研究比较。

此外，如三门峡增建泄流措施，为了维持下游安全泄量，则必另有措施，如在三门峡下游再建拦洪水库。再则，黄河下游河槽每年淤高十厘米，短期内可以用增高堤身的方法解决，年久，则必另谋途径。

（二）加强堤防和整治河槽

黄河下游不仅河道的宣泄能力已有增加，而堤防和护岸工程的质量也大为提高。这是安度历年汛期的物质基础。但是，堤线绵长，旧堤存在着许多问题。利津以上的临河大堤，最新的始建于八十年前，最老的则建于四百七十年前，一般质量很差。有的土质不好，有的夯打不实，有的接缝不合，有的基础多沙，还没全部治好。堤身隐患，虽经连年探索处理，还时常发现。尤其是老决口的口门堵筑合龙处的埽料腐朽架空（现在已查出堤线上的老口门二百二十二处），战争时的沟壕密室、动物洞穴（一九五七年至一九六四年查出的洞穴隐患，东坝头以上，每公里有一百个，东坝头到位山，每公里有三十至四十个，位山到利津，每公里有十至二十个不等）等尚未根除，最为危险。再则，有的堤段近百年未曾临水，如河南省老滩上的旧堤，御水能力未经考验。所以说，堤身比以前高大了，隐患减少了，新培修的土工质量提高了，经过洪水考验而发生的渗水、管涌、漏洞、陷坑、脱坡、裂缝等现象也抢救修补了，但终还存在一些弱点。

再则，黄河下游是一个高出地面的地上河，堤的临河滩面较之背河地面，高差很大。如河南省封丘县曹岗，相差十一米。东坝头以上的临背差，南岸一般为一至三米，最大的为七米；北岸一般为四至六米，最大的为八至十米。东坝头以下的临背差，一般为一至三米，最大的为三至四或六至九米不等。堤身高度，从背河方面计算，一般为六至十三米不等。洪水时，水深力大，浸润冲刷均强。

护岸工程也大为加强了。过去几乎全为秸料修筑，现在全部改为石料护岸，而且增加了护岸的数量。南临黄大堤长六百一十六点四三公里，险工护石长一百一十七点七六公里；北临黄大堤长七百一十五点二二公里，险工护石长一百一十五点七四公里。虽然在大水期间有走失或冲塌现象，但都经抢修加培，防止了冲堤的危险。可是，在宽河槽的一段，从花园口到位山，河槽的冲淤变化很大。尤其是花园口到高村一段，河性游荡，河形宽浅。主槽宽一至三点五公里，而堤距有的达二十公里。历年汛期前后，主流线的摆动幅度，一般为六百至一千二百米，最大达六千米。从一九六〇年九月到一九六四年九月，花园口到位山间，塌滩面积为五十六点八万亩。有些老滩塌后，就难以再恢复起来，如夹河滩以上的老滩，都是铜瓦厢改道前的淤积。

堤身的隐患和薄弱堤段，还正在继续探索补救，加高培厚。险工护石也逐年增加，并试做新的控导工程。现在沿河各段都要求做"固滩定槽"工程。"固滩定槽"较之过去所提的"固定河槽"更为明确。这种治理方向是可以肯定的。但具体措施还没有成熟的经验，有待于进一步的研究。

（三）下游泥沙的处理

根据一九五八年年底以前的水文统计，陕县（今三门峡大坝附近）平均年输沙量为十七点五亿吨，花园口为十五亿吨，利津为十三点三亿吨。由此看来，三门峡到利津间，平均每年淤积四点二亿吨，其中淤于花园口以上的为二点五亿吨，以下的为一点七亿吨。

三门峡水库建成以后，在一九六一年至一九六四年间，下游河槽有冲刷。一九六一年，三门峡到利津间冲去八点三六亿吨，一九六二年冲去四点零五亿吨，一九六三年冲去二点七四亿吨，一九六四年冲

去四点六七亿吨（这年只是一部分报汛资料）。在三门峡水库采取
"拦洪排沙"运用方式后，下游冲刷将降低，或恢复淤积。而在三门
峡增建泄流措施后，下游则必然出现淤积。

在三门峡水库采取"拦洪排沙"的运用下，目前还看不出下游
减轻淤积或变淤积为冲刷的可行办法。有人建议引汉江清水冲刷，近
期似还难以落实。有人建议修建小浪底水库，以作泥沙和水流的反调
节，减少下游淤积，但在这里建高坝的技术条件上还有问题，在运用
效果上也有争论。有人建议在下游大量放淤，以减轻河道淤积，或使
河道冲刷，但方法还没落实，也有人对此抱怀疑态度。至于"固滩
定槽"的办法，虽为各方所主张，但在目前只可作为防洪措施，还
达不到增加输沙量的要求。大规模放淤的主要问题为退水出路，因之
有人建议设立大规模的电力抽水站，将放淤后的水抽回黄河，以清刷
黄，但还只是一个初步设想。由此看来，单纯从下游着想，当前还没
有解决下游"来沙量大与下游河槽严重淤积的问题"的可行办法。
对于以前所提出的各项建议，还应作进一步的研究。当然，黄土高原
的水土保持是一项根本办法，但是是一项长期的工作，效果一时还难
以估计。

（四）提高两岸地区的农业生产

黄河下游大平原是黄河冲积而成的，这是一大功绩。但由于历代
剥削统治阶级不关心人民死活，黄河资源不只得不到开发利用，而且
决口泛滥频繁，并遭受严重的旱、涝、盐、湿、沙灾害，两岸地区的
农业生产极为低落，加之人民受到残酷的剥削和压迫，过去迁徙逃荒
的人很多，沿河一带人口较为稀少。所访问过的县市，只有滑县在一
九六四年的购销粮有顺差，其余都受国家补助，而且有的几年都是这
样。沿河有的地区人口稀少，防汛工作要调解放军担任。如东明县黄
庄到刘庄间三十公里，附近有耕地三十万亩、一百七十个村庄，但只
有四万人。

治理黄河是为了人民，治理黄河也要依靠人民。所以必须把改善
两岸地区的农业条件，纳入治理黄河计划之中。不只保证不决口，而
且必须减除旱、涝、盐、湿、沙等灾害。这也是扭转"南粮北调"

现象的一个关键问题。只有提高农业生产，才能解决群众治河劳动力的问题。这也是社会主义经济建设对治理黄河所提出的新任务。

影响两岸地区农业生产的因素，从有关水利工作说，有洪、涝、旱、盐、湿、沙六种。地方上提到自然灾害的时候，现在大都不提洪了。这是由于新中国成立以来没有发生洪水决口的缘故。实际上，洪水问题还没根本解决，如前所述。而涝灾便成为新中国成立以来威胁最大的自然灾害。今以郓城县为例，全县耕地一百七十八万五千三百亩，不同程度的受涝面积为：一九四九年为八万亩，占耕地面积的百分之四点五；一九五〇年为二万七千亩，占百分之一点五；一九五一年为三十三万亩，占百分之十八点五；一九五三年为十二万七千亩，占百分之七点一；一九五四年为三万亩，占百分之一点七；一九五六年为十八万三千亩，占百分之十点三；一九五七年为五十八万一千亩，占百分之三十二点六；一九五八年为九万五千亩，占百分之五点三；一九五九年为四十八万五千亩，占百分之二十七点二；一九六〇年为二十六万五千亩，占百分之十四点八；一九六一年为十五万一千亩，占百分之八点五；一九六二年为七十四万六千亩，占百分之四十一点八；一九六三年为一百零六万亩，占百分之五十九点四；一九六四年为一百二十万亩，占百分之六十七点二。除一九五二年、一九五五年两年外，都受涝灾，其中有的几年极为严重。范县耕地九十一万四千亩，不同程度的受涝面积为：一九六二年为五十八万亩，占耕地面积的百分之六十三点五；一九六三年为七十万亩，占百分之七十六点六；一九六四年为七十一万亩，占百分之七十七点七。中牟县十五年中，十二年受涝灾，三年受旱灾。开封市十五年中，九年受涝灾，二年受旱灾。濮阳县在一九六一年至一九六四年的四年中，涝灾五百九十二万亩（复播面积），平均每年占复播面积的百分之五十四。新乡专区耕地八百七十八万亩，最易受涝的约为四百万亩，占百分之四十五点六。所以各地近年把治涝工作排在首要位置。由于治涝必须有排水措施，因之也就为利用放淤改良土壤和引河水灌溉创造了条件。

旱灾仍是这一地区的严重威胁。没有灌溉的高产田，一般每亩产量只在二百斤上下。在涝和盐的问题解决之后，灌溉问题必然随之提出。开封专区的水利措施是：排（水）、灌（溉）、滞（洪）、台（田）、改（种）。现在这个地区还正忙于治涝的排水工程，灌溉还没提到日程上来。新乡专区在初步解决排水问题之后，正大力发展灌溉。定陶县裴河洼是一个低洼积水地区，在大力修筑台田的同时，开始打机井。看来，这个地区在初步解决涝灾和排水出路之后，为了高产、稳产，必然要发展灌溉。

盐碱地是两岸地区的一个大威胁。沿黄河左右的两条线，土壤盐化严重。调查时适值初春，但见两岸大部分地区一片雪白，即或有苗，也极稀弱。例如，中牟县有耕地一百万亩，其中盐碱地约十四万亩，占百分之十四，另有盐碱荒地十几万亩。兰考县有耕地八十九万六千亩，其中有盐碱地二十万五千亩，占百分之二十二点九，另有盐碱荒地九万亩。东明县有耕地一百一十六万亩，其中有盐碱地三十四万亩，占百分之二十九点三，另有盐碱荒地三万亩。鄄城县有耕地一百零六万亩，其中有盐碱地三十四万亩，占百分之二十九点三，另有盐碱荒地三万亩。济阳县耕地中的盐碱地占四分之一。濮阳县有耕地一百七十六万亩，一九五七年以前盐碱地为七万亩，一九五八年至一九六二年间增为五十八万亩，占百分之三十三，一九六四年有所降低，一九六五年春又升为七十万亩，占百分之三十九点八。封丘县有耕地九十八万六千亩，有老盐碱地十七万亩，占百分之十七点二，有新盐碱地二十四万亩，占百分之二十四点三。聊城专区有耕地九百四十二万亩，盐碱地分为三大片、一条线；三大片分别为六十四万亩、五十七万亩、二十三万亩；一条线沿黄河，为十六万亩；另外，零星盐碱地有九十万亩；共计盐碱地二百五十万亩，占百分之二十六点六。

湿为阴湿的盐碱地，大都为草荒。由于地下水位较高，在多雨季节，有的成为沼泽地，如开封专区的朱仙镇一带。地表土壤含盐较多，地下水位较高，不能耕种，成为老盐荒，如新乡专区的获嘉、修武一带。前面所说的盐碱荒地，大都属于这一类。一般都把这类地划入盐碱地的范围。这是地表含盐性特重而又受涝的土地，是必须把治盐与治涝并重的土地，所以另列一格。

沙地和沙荒的面积也很大。沙地有的可种花生，有的可种其他农作物，而产量很低。沙荒地也能造成灾害，随风飞扬，可以覆盖良田。有的沙丘随风移动，侵占良田。中牟县有耕地一百万亩，还有种花生的沙地十万到三十三万亩；另有沙荒地六十万亩，其中有四十四万亩可植林。鄄城县有耕地一百零六万亩，沙地占百分之五十九，另外有沙荒地四五万亩。孟县、温县、原武等临河的广大滩地，多为沙地，原武背河一带还有沙荒。其他如郑州、开封一带，沙地和沙荒都不少。

以上所说的几种灾害，有的是由黄河直接引起的，如洪灾、盐碱地、阴湿地。有的是由黄河间接引起的，如涝灾，是由于黄河泛滥湮没了排水出路，或由于淤积而造成为封闭地区；盐碱地是含盐性较高的次生黄土和其他条件（如地下水流走不畅）相结合而造成的；沙荒和沙地是由于泛滥淤积所引起的。因泛滥的洪水流动情况不同，而有不同的淤积现象，如所说："紧沙、漫淤、清水碱"。在流水急处沉淀为沙，在泛水停储之处多为碱化。减除上述灾害，可以纳入治河计划中，在除害兴利中，改善两岸地区情况，促进农业生产。有的地方已获有初步经验，在下文论及具体问题时，将加以探讨。

若把黄河南北地区的水利和改土措施纳入治黄计划之内，则治黄与事农结为一体，就可以发动广大群众，而不仅仅是一条线的工作。在两岸地区的排水出路解决之后，可以大量引河水灌田，可以洗盐碱，可以改种水稻，可以放淤改良盐碱地和沙地、沙荒，可以造林护沙防风。这时两岸广大地区的群众，将不是怕黄河、恨黄河、远离黄河，而是爱黄河、亲黄河、要治黄河了。这时生产与治河的任务将结为一体，修防任务也就没什么问题了。

三、一些具体问题的探讨

（一）从石头庄分洪的北金堤滞洪区

石头庄溢洪堰是在一九五一年完成的，迄今还没有用过。这是现有滞洪区靠上游的一个堰。现在的分洪可能情况是：花园口流量为每秒二万七千七百立方米时，到石头庄流量为每秒二万五千八百立方米，分洪前的水位为六十七点九米，滩的高程为六十六点四米，最大分洪量为每秒三千八百立方米（原设计为每秒八千立方米），分洪总水量为九点八亿立方米。然后由陶城埠、张庄一带流回黄河，计需时七天。这样，分洪后到孙口的洪峰流量将由每秒二万一千二百立方米，减为每秒一万七千二百立方米。再利用东平湖滞洪，下游可以安全宣泄。

北金堤滞洪区在长垣、滑县、濮阳、范县四个县境。区内有二千四百三十三个自然村、二十八万五千户、一百二十万人❶。溢洪堰建成后，曾修围村堰七百三十一个，村台一百五十二个，还备有船只及其他设备等。后以三门峡水库建成，堰、台大都废弃，船亦损坏未修。

滞洪区的问题很多，如：恢复滞洪区办公组织，确定滞洪救济政策，扒除阻水工程，制订滞洪区运用方案（如有的建议，先从彭楼或其他地方分洪，不足时再利用石头庄等），修建区内避水或防水工程，区内滞洪时居民的迁移安置，包括修建跨金堤河及其他河道的桥梁，准备运送物资的车辆、抢救物资的船只、搭窝铺的材料以及粮煤，等等。

我认为，当前首要的是修建区内避水或防水工程。具体说，凡可以修复的旧有围村堰和村台都应加以修整。没有的，先修避水台，以便滞洪时安置居民之用。避水台可以逐年发展为村台。其滞水不深的，也可修围村堰。应当把避水或防水工程看作是基本建设。至于修台或修堰，各有长短，还有不同看法，则可因地制宜。

为了解决下游特大洪水，石头庄必视为可以利用的滞洪区。这个滞洪区，可能十年或五十年不用，但也可能在今年或明年就用，就应认真对待。由于没有避水或防水工程，所以才提出居民迁移安置的许多措施。设若集中力量，在短期几年内先完成避水台之类的工程，则可以减轻群众的顾虑，滞洪时也能确保安全。这一地区，一般来说，

❶ 此处原文有一句："八十五间房、六万一千只牲畜、二百九十八亩耕地。"似有不确，删去（再版编者注）。

地势较洼，可以逐渐将避水台发展为村台，在新房建筑时，就可以陆续迁移。所以说，修建避水或防水工程，是当前最主要的，也是最根本的措施。即使将来有了新办法，金堤滞洪区可以不用，在沿黄地区筑台居住也有好处，并非浪费。

按安阳专区的估计，如在五年内修成避水台，共需土八千万立方米，可以做到居民不外迁。这是个很好的打算。自然，一切具体问题还应再加核计。

至于其他问题，可以根据具体情况，拟订方案，加以研究。不过，对于石头庄分洪量的多少，滞洪区起作用的大小，应当首先摸清，才能心中有数。不同的意见，应当通过调查研究，争鸣讨论，以期求得统一。

（二）东平湖滞洪区

东平湖滞洪区分老新两湖，中间有堤。老湖在一九五四年、一九五七和一九五八年，曾起到天然滞洪的作用。在修建位山枢纽（已拆除）以后，添建新湖围堤，并整修堤防。同时修建十里铺、徐庄和耿山头进水闸，以及陈山口、流长河退水闸等建筑物。一九六〇年，为了蓄水灌溉，湖水位达四十三点五米，居民大都外迁。后以围堤渗水危险，逐渐放空。由于数次蓄水，河滩和进水闸内外，以及湖区均有淤淀。据最近调查，湖水位在四十二米时，容水十五点三亿立方米；水位在四十三米时，容水二十一点三亿立方米；水位在四十四米时，容水二十七点四亿立方米❶。

滞洪区现有问题也不少，如提高湖堤质量，加大老新二湖排水能力，恢复老运河堤（即再将新湖分为两湖），恢复与发展湖区生产（据称，湖区现有二十万人，有的住在湖外，因新湖内修建村台，有人陆续迁回来），运用银山地区滞洪，增建进水工程，等等。

我认为，当前最主要的问题是，应增建十里铺上游的石洼进水工程。至于进水工程应为水闸或分洪堰，还可进一步研究，而我倾向于

---

❶ 此处原文有一句："水位在四十四点（？）米时，容水三十亿立方米。"因数据有疑，删去（再版编者注）。

前者。如果工程修建在国那里，虽进水顺利，但位处大河顶冲，有引溜的危险，所以应当注意。至于加强湖堤和加大排水能力，亦应积极解决。因为围堤南部在一九六〇年蓄水时，堤基发生管涌多处，并有渗水现象。如南堤溃决，则水流南下。如果进水无闸控制，洪水有不断南流的危险。至若排水不畅，则不利于湖区生产。虽堤身有薄弱环节、排水能力不足等弱点，但曾经一九六〇年蓄水的考验，证明尚能使用。但如分洪的进湖能力不够，则难以起到滞洪应有的作用。所以增建进水设备应列为首要（现有十里铺等三座进水闸的进水能力，仅当原设计的一半，即为每秒二千四百至三千立方米）。如不增建进水工程，而临时破堤分水，一则可能不及时、不足量；再则进水无控制，可能引水过多，如南堤有险，可能夺流。

其他问题，亦应分别计划，按需要缓急，陆续解决。对于有争论的问题，则应深入研究。

（三）山东省北岸分洪道

山东省北岸分洪道是新近提出的。分洪道西起位山，东入于海，宽三至五公里。位山分洪量，最大为每秒六千立方米，建分水闸一座，修外堤土工四千万立方米。还有铁道桥等建筑物。分洪道内有齐河、济阳、利津和北镇等城，有耕地一百八十万亩，人口约为四十万。分洪道在特大洪水时泄洪，平时放淤。对于这个方案也有持怀疑态度和反对意见的。我认为，就目前下游防洪计划来说，可以作进一步的研究，摸清技术上的困难和经济上的得失。对于可能发生的大洪水，或非常局势的出现，应有对待的办法。况且前述的两个滞洪区，用一次效力就降低一些，河滩漫水一次，进水困难就增加一些。而且有人对石头庄进水多少和滞洪的能力大小还有怀疑。所以从坏处着想，这个分洪道应加以认真考虑。况且，它又是一个需要放淤的地带，有利于改造地形和改良土壤。

（四）巩固堤防和"固滩定槽"

关于堤防的修守，我国有悠久的历史，也积累了不少的经验。近年对于堤防的加强有了很大的发展。惟"固滩定槽"则是一项新工作。近年曾根据三门峡水库"蓄水拦沙"的运用方式拟出一些"固滩定槽"的规划，并在一些地区作了试点，效果还好。但出于三门峡水库的运用方式将有改变，来水量增加，则需另拟计划，尚待研究。

对于"固滩定槽"的要求是普遍的反映。因为有了这项措施，滩地得以保住，对农业生产有利。在滩地安全的保证下，就可以安心生产，改变耕作粗放的习惯。同时，滩能保住，尤其是高滩，堤就安全，是一举两得的工作。

"固滩定槽"的设想既是大家所向往的，问题就在于完成任务的具体办法，以及两岸堤距和主槽位置的适当安排。因之，也就牵扯到生产堤的存废和位置等问题，均有待研究。

我认为，当前应当加紧研究"固滩定槽"的具体措施。近年已做这类工程，都是在所拟定的导流线上做的，也就是说，工程完成后，就成为将来理想的主槽岸的一部分。在有利的条件下，这样做可以。但我看，目前确定合理的导流线（也就是主槽所在的位置）比较困难。就是能定下，料物和工程跟不上，一场大水，滩岸就有急剧变化，也必难按计划执行。这不是说，主槽路线的规划可以不研究、不设想，而且现在的研究似乎还不够，因之不忙于先在图上定出下游的全线主槽位置，而应多做些观察研究工作。

现在的石坝、石垛、石护面等固滩工程不是很好吗？为什么又提出具体措施应加紧研究呢？是的，石护滩很好。但是，石料运输困难，且费用较高，必然影响实施的进度，更不能大量地依靠群众作石护滩。我认为应当研究新技术，而这项研究还没开始，所以说应加紧。所谓新技术，应当在总结旧有经验的基础上，参照中外治河的经验，设想出适合于黄河的措施，能多快好省地完成固滩工作。黄河下游的新技术现在还不多。把秸埽护岸完全改为石料，是一大发展，加强了防御能力。但方法仍是旧的，而且对于就地取材的厢埽旧法完全加以否定，而无意加以改进，似乎也值得考虑。还有许多护岸和淤滩的方法，在黄河上还没试过，或者试了浅尝即止。所以说，在"固滩定槽"的措施方面，应提倡创造精神，发展新技术。

（五）治涝

治涝是黄河两岸地区（也是黄淮海平原）的重要工作和迫切要求，也为改良盐碱化土壤和引水灌溉或放淤的排水或退水提供条件。但是，由于黄河是条地上河，不能作为大平原的排水孔道，而大平原的地面坡度平缓，且有着起伏的地形和封闭地带，所以排水的措施是有困难的。排水对于上、下游的利害不同，高洼地的要求也不同，因之在工作开展上也是有困难的。

新中国成立以来的治理黄河工作，最初把重点放在防御洪水上，这完全是应该的。在洪水有了初步安排以后，又大力转向治涝工作。平原上有些河道，如徒骇河和马颊河等，在其上游是治涝问题，而在其下游则成为防洪问题。因之，平原上的全面水利规划和综合治理方案是很必要的。

一般治涝的方针是，以排为主，排滞结合，统一规划，分区治理。在统一规划下，如有可能，应当以排治涝，但不能只强调排，而应与滞结合。在缺少出路的条件下，在上、下游有矛盾的情况下，只有牺牲局部洼地，用以滞涝，才能保住大部分高地和二坡地。在这种情况下，洼地可采取一水一麦的政策，或布置其他适合的种植。

现在各地正推行台田、条田。这是一种以排为主、排滞结合的田间工程。台田和条田都有沟渠系统。台、田、沟的设计标准，就可以容纳一定的雨量，虽不外排，也不成灾。有斗门控制的干、支、斗沟，也有滞的作用。

如有可靠的水源，亦可改种水稻，在许多地区已有些经验。山东省治理洼地的经验为三田，即台田、条田、稻田。河北省的经验为排、台、改，即排水、台田、改种水稻。河南省的经验为排、滞、台、改。从一九六三年后，治涝工作正在大规模地开展。在离黄河近的地区，也初步取得了洼地放淤的经验。

（六）盐碱地和阴湿地的治理

盐碱地、阴湿地和低洼地常是孪生姊妹。例如，黄河大堤的背河一线，或黄河决口故道一片，都是低洼地，又常有盐碱和阴湿现象，而阴湿地则常有高度的盐碱性。所以，从水利工作的观点出发，这三种地的治理方法常有相通之处。

土壤改良应采用综合方法，不宜片面处理。惟结合治涝和治理黄河，对盐碱地的改良才能起积极的作用。由于治涝，使地下水位降低，或为地下水的流动创造条件，表土的盐碱性即可减轻。又由于黄河大堤临背河的两方地面高差很大，以渗水作用，常使背河地表盐质聚集。如能放淤，则可以减小临背河的地面高差，既可巩固大堤，也可改良土壤。当然不能单靠放淤，如无其他措施跟上，几年后又有返盐的可能。对阴湿地采取同样措施，也可收到同样效果。

台田、条田、种稻也是改良或利用盐碱地和阴湿地的方法。惟台田和条田的设计标准，则应与治低洼地者有所不同。

（七）放淤

黄河挟带大量泥沙，土质肥沃，如用以放淤，则可改变低洼地形、改良土壤性质，对农业生产起着积极作用。但必有一个先决条件，就是退水出路，这正是两岸地区当前所最感苦恼的事情。黄河泥沙多的时候为汛期，也正是两岸排涝最紧张的时候。由于涝灾还没基本解决，为放淤而增加两岸地区水量，就有困难。

但是泥沙是黄河的一项财富，又是一个包袱，必须转害为利。因之，应当把放淤视为一个主要课题。有人建议，在非汛期用吸泥船以淤填两岸低洼地区。有人建议，用电力将放淤区的积水抽回黄河。有人建议，沿河开挖较长的沟渠，将放淤后的清水在下游再引回黄河。这些办法都可作为研究的课题。

至于放淤的技术，也须研究。现有放淤的经验不多。仅开封黑岗口和东明黄寨各有几千亩的短期放淤经验。其他地区，大都为灌溉渠首沉沙地的落淤经验。虽然知道放淤是可能的，且有利于生产，但还缺乏技术总结。例如，是流水放淤合适，还是静水放淤合适；放淤的地块应怎样规定，面积大小、宽长比例应怎样规定；应一次连续淤成一定厚度，还是放淤与种植轮年进行；淤成种植后，应怎样防止返盐，等等。

应当在有条件的地区进行试验观测，作出"样板田"，并总结群众经验，作为推广放淤的准备。

（八）治沙

治沙的经验也不少，如鄄城县的造林，中牟、开封的造林，都是固定流沙的好办法。也有在沙地挖淤压沙以改良土壤的办法。封丘县坡二里大队，每亩用四十至六十个工，将一至二米以下的淤土挖出压沙，提高产量。一九六四年，翻压地上每亩平均产粮二百斤。计划在一九六七年前，翻压一千亩，每人平均有二亩。一九六五年估计粮食可以自给，并准备交余粮。当然，也可以放淤改良沙地。

（九）抗旱与灌溉

旱灾仍是这一地区的严重威胁。在不旱的年份，每亩产量也达不到"全国农业发展纲要"的要求。但在有灌溉措施的条件下，如果肥料和其他措施跟上，就可以获得高产、稳产。博爱和孟县都有大面积的高产、稳产田，即其例证。

由于前几年引黄河水，施行大水漫灌所引起的不良后果，又由于这几年涝灾比较严重，有些人对于灌溉大有谈虎色变之感，这是可以理解的。这是不适当的灌溉所引起的后果，不是灌溉的必然后果。如果有了正确的灌溉计划，有了适当的灌溉渠系和灌水制度，引黄河水灌溉仍是必要的，会受群众欢迎的。例如，人民胜利渠灌区洪门公社的一位负责人曾经说过，他这一辈子再也不要灌水了。可是，现在又要求灌溉了，他说条件改变了。这种认识的改变，必会随着灌溉走向正确道路的发展而有所改变。

山东省定陶县裴河洼本来是一个不能耕作的洼地，在改修台田后，得到较好的收成。现在正打机井。我们访问的时候，正用机器抽新万福河的水灌溉。河南省原阳县靳堂是一个盐碱地区，群众原来绝对不要灌溉，但在修了沟渠、有了肥料之后，就要求打机井，并且获得了丰收。很多例子都说明，在为害的因素去掉以后，灌溉是十分需要的。

台田是治涝、治盐的好措施。但田面一般是八至十五米宽，两岸有坡，田面距沟底一般是一点二至二米深。遇到干旱季节，对于保墒是不利的。黄河两岸，大都冬春到初夏缺雨。为了保证稳产，灌溉仍是需要的。

我认为，当前应当总结前一段大水漫灌的教训，研究正确的灌溉制度，制订引水和打井计划，恢复人民胜利渠科学灌水的观察研究工作，以免遇到较大的旱年，仓促应战，处于被动的地位，或跟不上田间其他农业措施发展的要求。

（十） 培训治河队伍

黄河修防段上的工人大都在四十岁以上了，而且在三门峡水库修成后一度裁减。现在颇有人手不足和后继无人之感。

河防工人大都有一些修堤抢险经验。但由于这几年险情减少，缺乏实践锻炼。于非汛期曾进行人造险工演习，效果不佳。工人虽相沿有些治河办法，但少创造。因之，技术难以提高，也不过硬。

这是当前治河队伍中的一个问题。知识青年上山下乡，为何不能上堤下河？派到黄河工作的大学毕业生，也大都分配到办公室里；科学技术人员也很少下去蹲点。这也是应当有所改进的。

（十一） 及时总结治水、治山、治田的经验

治水、治山、治田的发展很快，但科学技术的总结和研究似乎跟不上。例如，一个冬春，在山东和河北两省，台田和条田就各发展一千万亩左右，又是一个高潮。这是广大农民社会主义积极性的表现，也是我国劳动者具有丰富实践经验的表现。其他治山、治水工作也大都类似。如何及时总结经验，转过来指导工作，免得多走弯路，是一个很迫切的问题。开封黑岗口放淤区有一个知识青年技术小组，惠北（惠济河以北）排水系统，有水利厅派的一个技术工作组，其他地区听说也有，但未多见。似乎应该每一个地区或一个典型工作上，设一个技术小组。成员应当是三结合的，不只是知识青年。在社队，有技术小组的，亦可兼管，或增人专管。

（十二） 护堤植树

沿堤种树是必要的，一则可以充裕抢险防汛的料物，再则可以御风浪。问题在于植什么树、植在哪里。

关于沿河植树的问题，古人有些经验，国外也有经验。现在黄河堤上植树的情况很混乱，有的对巩固堤防起着不利的作用。

堤身上应否植树，是有争论的。几年前，传说苏联河堤上植树，

我国也曾对此印行宣传小册子，一时在林业和河工双方引起争论。以后我去苏联时，曾注意调查，见其灌溉渠堤上栽树，这也是我国已有的经验，可以减少渠道渗入农田的水分。但从未见其在河堤上植树。防洪堤上是不应植树的。

防洪堤上植树对巩固堤身不利。一则，洪水偎堤时，风摇树动，影响堤身固结；再则，树老根腐，堤身洞穿；三则，有树易引动物穴居。开封段有一个树根穿堤的展览品，是在堤上挖掘一棵柳树的根系，前后穿堤，主根深二米多。

现在，堤上植树的情况十分混乱。堤顶宽十至十二米的，顶上有的植树四行：左右堤肩各一行，其内一米多，又各一行。可能是由于堤顶已成汽车通道，按公路形式植的，堤坡植树更多。至于树种亦甚复杂，有干高根深的杨树，有多刺根蔓而难以消除绝种的洋槐，有点缀风景的马缨花，有经冬不凋的松柏，有红白花开的桃李。当然，也有宜作防汛料物的柳树。据说，这是由于河堤没有统一管理的缘故。这次对于管理制度没作了解，但最少可以说明，河防上合理的老经验被忽视了。

（十三）大搞技术革新

黄河下游有些老问题，也有些新问题。例如，修堤、护岸、抢险等是有千百年经验的老问题。而把黄河治理和两岸农业生产联系起来，则基本上是没有经验的新问题。但是，两岸广大群众有丰富的生产经验，有长期的防洪实践，在新的要求下，正在从事摸索前进。但对于技术革新的领导，还似应加强。近年黄河下游的技术虽有所发展，但革新气氛还不浓。这固然是由于对黄河应采取慎重态度，在没有把握的情况下，不可贸然试用新法。但必须正确对待，既要持慎重态度，又要有革新精神。

技术革新就要有创造性，要创造就要承担风险。由于黄河关系到亿万人生命财产的安全，对新技术自应采取慎重态度，但不能因此而固步自封。如前所述，"固滩定槽"，如认为方向对头，就应当研究多快好省且适合于黄河的新技术。新技术不会一次完整无缺地成功，可在不十分险要地段做小规模的试验，即使失败也不影响大局。再如放淤，可以巩固堤防、改良土壤，不能借口没有排水出路就一概否定，并拒绝作进一步的试验研究。

当然，新技术、新方案不能只凭臆断或概念出发，必须深入调查研究，掌握基本资料，探索自然规律，总结群众经验，学习别人长处。现在有的一些改革意见，大多还停留在初步设想阶段，所以虽有议论，也多争执，难以服人。似应在三结合的原则下，深入调查研究，在实践中拟出可行的方案。

（十四）计划要远期与近期结合、平时与非常时期相结合

关于黄河下游平原的农业生产，一方面要有一个全面的、长远的发展规划，一方面要有现时可行、解决当前粮食自给、扭转南粮北调局面的计划。关于河防，一方面要有一个理想的河槽规划，一方面还要有现时可行的"固滩定槽"措施计划。远近结合，以当前为主。

关于河防的规划，要注意平时与非常时期相结合。例如，在利用东平湖滞洪时，如在进水口修建闸门，固可节制进水量，而在南围堤被破坏时又可关闭，免使灾情扩大。又如考虑修建山东所建议的北岸分洪道，则在位山以下的堤防遭受任何破坏，甚至三门峡水库发生问题，北岸分洪道均将有减轻下游灾害的作用。

以上是调查途中的一些观感，书供参考。

黄河入渤海故道探索札记

（一九七二年一月）

一九六六年三、四月间，我曾为治理漳、卫河的一项任务，进行了实地调查。从河南省焦作市沿卫河南岸到山东省德州市，以下并及四女寺减河（后改建为漳卫新河）及马颊河左右一带，为时约一个月。由于要了解这一地区的地貌、水流和土质等内容，发现这一带黄河故道和古堤遗迹颇多，且名称繁乱，纵横交错，显然是过去较长期间黄河多次流经的地区。但由于黄河不是这次研究任务的主题，故未作专题调查。然由过去研究黄河变迁史时，对于这一带的黄河故道，颇多疑惑难解之处，因之亦稍事采访观察，并参阅地方志书，随时随地进行散记。由于我对历史和地理素少研究，且又未作专题调查，所见或有不当之处。

首先略述途中所见的一条黄河故道和古堤遗迹。

从浚县、滑县经馆陶、冠县、夏津、恩县、德州、乐陵，到庆云、无棣，有一带明显的高地，可能是黄河较长时间或多次流经的故道。高地宽五、十、十五公里不等，两岸有显著的陡崖。高地当是黄河故道和老滩，陡崖当是旧堤。陡崖之外常见有洼地，当是所谓"背河洼"。右岸堤形不显，而左岸遗迹大都可辨，有的依然屹立。由于没有顺这一道高地调查，旧堤也可能不是全程连续的，但大体上是一显著的高地。换言之，既不是一条完整的故道，亦必是几条故道交错而成，是则有待续查。

故道的一般形态是一条高地，一般称为"堤上"。"堤上"土壤肥美，桃红柳绿，是一般"地上河"的具体表现。"堤下"则为盐碱低洼地，即所谓背河洼，麦苗瘦弱，与"堤上"成为鲜明的对比。有的故道成为现行的排水沟，且多有名称，可能是往日主槽的一段或背河洼的一段。再有的则为一带流沙或有一潭积水，群众称之为沙河或黄河故道。这是根据调查所得。由于没有详细的测绘地图作参考，难按地形比较断定。所以，上述的所谓一条黄河故道的形态亦是多样的。

顺着高地有一线古堤。滑县、濮阳、清丰、内黄有金堤。金堤为汉代对大堤的一般称呼，后世所修的主要河堤亦常称为金堤。金堤遗迹虽存，但颇零乱。南乐城东始有宋堤之名，上与金堤相接，下至冀、鲁交界，于卫河称钧湾的附近与陈公堤相接。自此而东均有堤形，惟名称不一，有的称为鲧堤或汉堤，如临清；有的称为古堤，如夏津；有的称为神禹古堤、齐长城、汉金堤或宋堤，如庆云；亦均载于各县志。与古堤相伴，有的有故河道形迹，有的不显。

再者，金堤以西还有古阳堤，从河南省武陟县土圪塔店经新乡市南，直到汲县城一带，下接金堤。堤形仍很完整，高出地面颇多。

严格地说，黄河下游大平原为其冲积所成，则无处不为黄河所流经，无处不为泛水所波及。是则似乎没有考察黄河故道之必要。惟相传黄河下游绵亘长堤出现于战国时期，水行两堤之间，河道逐渐淤积成为地上河，因之故道亦就留下一个显著的标志。再则，这时封建社会初建，经济日益发展，对黄河治理的要求亦必更为迫切，因之关于黄河的变迁亦就成为一项研究的内容。史书和地方志均多所记载。然由于黄河善变，且携带大量泥沙，它的故道遗迹亦常错综难辨，引起不同的议论。现就以下几条注入渤海的河道，现存的或湮没的，及其与黄河变迁的关系，略陈浅见于后。

漯水故道　关于漯（音榻）水故道，大体上有两种传说：其一，颇似前述一道高地的黄河故道；其二，上游颇近这一高地，而下游则穿越今黄河所经，流入今小清河一带。

王莽始建国三年（公元一一年）所行的河道，自南乐以至禹城的一段被称为漯川故道，文献中也多记这次改道所经为"漯川泛道"。则南乐、朝城、阳谷、聊城、禹城等县境为漯水故道所经。又周定王五年（公元前六〇二年）所行的河道，也称东行漯川，经滑县、濮阳、大名、清平等县境，虽未说明离漯北流的地点，但清平以上则均与王莽时河道所经相近。

《德州志》载："漯水发源黑洋山，在今河南原武县境内，多乱石，故一名岭砾。东流经大伾山，南至滑县，又绕大伾山，东经开州（今濮阳）、朝城、清平、高唐、平原西、恩县东，又经德州，德平、乐陵、庆云，至海丰（今无棣）入海。"其他县志虽无此完整，但也有与此近似的路线。这一记载颇与前古堤、故道所经相近。惟所记高唐、禹城以东则较王莽时河道为更北，则与前述一条道不相符。

《汉书·地理志》载："漯水出东郡武阳县（今山东朝城），至乐安千乘县（今山东桓台、广饶一带）入海，过三郡，行千二百里。"这个记载颇简略，但入海处则在今小清河一带。清初胡渭《禹贡椎指》里说："以今舆地言之，浚县、滑县、开州、清丰、观城、濮州、范县、朝城、莘县、堂邑、聊城、清平、博平、禹城、临邑、济阳、章丘、邹平、齐东、青城、高苑诸州县界中，皆古漯水所经。自宋世河决商胡，朝城流绝，而旧迹之有者鲜矣。"这段所叙漯水上游颇与《德州志》相近，入海处则又与《汉书·地理志》相近，而穿越今黄河的地点似在济阳一带。胡渭所记自禹城以下虽在王莽时河道以南，而与《德州志》所记则相差甚远。为了论证漯水下游所经，似有探寻济水故道的必要。

济水故道 济水故道下游非这次旅行所经，但济、漯为姊妹河，常并称。且漯水故道果如《汉书·地理志》与《禹贡椎指》所记，则又似与古济水相交而流，自属可疑，故一并考之。

《禹贡》载："浮于济、漯，达于河。"《书正义》说："浮于济、漯，达于河。从漯入济，从济入河"。意即由漯可以达济，由济可以达河。则当时三水必相沟通，或有相邻甚近之处。黄河现行水道为夺大清河入海之道。论者多谓大清河即济水故道。今据古地名参证，亦有近似之处。

菏泽县为古济阴县。济阴县为隋置，在今曹县西北。金时城为河所没，迁今菏泽县所在地。

定陶县为古济阴郡所在。汉时为梁国，后改为济阴国，又改为定陶国，后为济阴郡，在今定陶县城西北四里。

巨野县为古济州。五代周置济州于巨野，金移任城（今济宁）。

又，后魏曾置济州北郡于茌平，在今该县西南。

长清县为古济县。汉文帝封东牟侯兴居为济北王，治卢，故城在今长清县南。隋置济北县，在今长清界。

济南市为古济南郡。汉初置济南郡，治东平陵县，在今济南市东七十五里，后为济南国。

济阳县为汉置，北齐撤销。隋、唐为临济县地，宋为章丘县地。金初析章丘、临邑二地置济阳县。又，古济阳之名颇多。汉置济阳县，唐撤销，故城在今兰考县东北。又，隋置，唐废，故城在今曹县西南五十里。又，唐于梁邹城置济阳县，不久撤销，宋移邹平县于此。

水之北为阳，南为阴，而山则与之相反。兰封为古济阳，长清为古济北，济南为古济南，均为汉时所置。上述其他与济水有关的县，大都为隋、唐所置。在今山东济阳以上的古济水所经，则颇似今黄河夺大清河后所经。而济阳以下的古济水所流经则必在漯水以南，而不能横穿相交。

济、漯下游故道　从以上古文献的记载，可知漯水上、中游流经的地带在济水以北，惟对于漯水下游和入海处的记载则有分歧。有的认为在今徒骇河以北的马颊河一带，有的认为在今小清河一带。那么济水的下游又将怎样？

清代孙星衍在《禹厮二渠考》说道："大清河则漯川，小清河则济水，济水绝于章丘之北，漯川绝于济阳以东，俗称徒骇河即漯川也。""大清河自济阳以西为济渎，以东为漯川。"按孙星衍之说，现行黄河在济阳以东的河道为古漯水故道，而济阳以西的现行黄河和小清河则为古济水故道。虽属一家之言，但避免了济、漯二水横穿而行的矛盾。

自有历史记载以来，黄河北经今卫河左右，南经开封、商丘、徐州入泗汇淮，而且经常泛滥串夺海河和淮河的一些支流。当然也多次纵横于古济、漯所经地区。如果说黄河曾经夺流济、漯二水古道，或横穿二水古道，甚或湮没其部分古道，并使其部分改道，不只可能，也势所必然。那么，历史上二水的河道亦必因时代的不同而有所变迁，甚或名称更易。再则，古城位置常变，名称常改，而州郡所辖地带又较大。所以关于古文献中二水的地理考证，就不能过于拘泥。今若设古济水在某一时期，由今济阳以东流经今黄河以南，亦即今小清河左右，自属可能。那么，对于漯水在今徒骇河或今黄河左右入海自无矛盾。更进一步来说，在某一时期二水同由一处入海，亦非不可能。加以汉代千乘郡（与千乘县不同）的范围很广（后汉改为乐安国），包括今小清河、徒骇河的下游。况且，海岸线由于黄河的淤淀亦必逐渐推进，则这一带各排水系统的入海形势亦必因时不同。如王莽时所行河道初由今利津一带入海，后又改由今无棣一带入海。现行黄河海口，四十多年前后曾在利津以下向东南趋，接近小清河口的羊角沟一带入海。那么，济、漯二水入海一带的变动亦势所必然。只是由于济、漯二水曾载于"经书"，历代传称，实际上故道久经湮没，且新流另有新称。故不必斤斤于古文献的地理考证。但可以肯定的是，二水必不能在其下游同时交穿而过。所谓下游又为当时近海之地，冲积变迁较大，二水自亦有改道可能，文献既难得考证，存疑可也。

浚、滑黄河故道　浚县为古黄河所经，历时甚久，故道遗迹亦甚显著。《禹贡》记"禹河"过大伾。大伾山亦称黎阳山。至于黎阳山是否即大伾山，也有争议，且不细论。但浚县则为古黄河所经。汉贾让《治河策》中有"河自河内（今沁阳）至黎阳为石堤"之句。曹丕《黎阳作》有"晨过黎山巉峥，东济黄河金营"之句。按黎阳县为汉置，后魏置黎阳郡，故城在今浚县东北。又据嘉庆《浚县志》载："浚县黄河故道，秦汉以来在县东一里，滑县西北十里，河之南岸即滑县界，河经其间东西流。北曰黎阳津，南曰白马津。"唐代杨巨源有《同薛侍郎登黎阳城眺黄河》诗，王维有《至滑州隔河望黎阳忆丁三寓》诗。足见唐时黄河犹如县志所载。南宋初河决阳武，大河才脱离浚、滑南徙。

屯氏河故道　屯氏河的名称颇多，故道亦乱。汉武帝元封二年（公元前一〇九年）河决右岸馆陶沙丘堰，分为屯氏河。《德州志》载：河决馆陶，开屯氏三河，即屯氏左渎、屯氏右渎、屯氏三渎，均在今州境。又于高唐、平原、安德（今德州境）之间开屯氏别渎、屯氏支渎。

《临清县志》载有两处屯氏河故道："由馆陶北界李官屯西、营子庄东入境……又东绕新旧城……入清平界……入夏津界。旧志记为黄河在宋时决口故道，或系汉屯氏河故道。"又载："起于城北舍利塔之东，东北经张家窑之东，西路庄之西北，又东北经蛤蜊屯，入夏津境。经箭口玉皇庙之西入武城境，经李官屯之西，至甲马营入卫河。此河亦名沙河，有人谓为张甲河故道，或谓为屯氏支河。"

《夏津县志》载：卫河即运河，在县西四十里，即汉之屯氏河也。

《庆云县志》称：陷河（咸河）为《水经》所谓屯氏别河北渎，城南四十里的故道为《水经》所谓屯氏别河南渎。

咸河故道 咸河是汉元帝永光五年（公元前三九年）灵县鸣犊口决后河流的北支。《庆云县志》载："陷河在县南二十里，旧志称简河，上流即古漯水。崔旭曰：陷河之名见于《齐乘》，盖咸河之转声，即《水经》所谓东入阳信之屯氏别河北渎也。故迹或湮，今河乃唐所开马颊新河。历代治理，土人犹有咸河之名耳。《乐陵志》又谓之笃马河。"

《庆云县志》又载：黄河故道"在县南四十里，西自乐陵经县界，东入海丰（今无棣）南，又东北至沾化久山入海。前志以为钩盘河，《山东志》以为陷河之南派，似即《水经》所谓屯氏别河南渎，盖汉之笃马河遗迹也。"

笃马河故道 汉元帝永光五年鸣犊口（高唐南）决河经屯氏别河到恩县分为二支，南支为笃马河，北支为咸河。《夏津县志》记笃马河故道说："黄河故道今谓之老黄河，自直隶（河北）元城县（今大名县）入山东冠县界，循陈公堤而北经馆陶县。至临清州逾会通河（临清以南的运河），绕旧城威武门外，始有沙河之名。北至管家新庄入清平县界。又北经乔官屯，由县南而东北，经五里庄、十里庙、马道庄至苏留庄入恩县界，河形已见。东北至苦水铺，经平原县界又转入德州界，又东北至九龙庙口、四女树（四女寺）减水闸，引河水入之。又东北经黄河涯至避雪庙，入直隶吴桥县界。"

马颊河今昔 马颊河为唐武后久视元年（公元七〇〇年）所开，与王莽时改道后的黄河平行，到平原县境合笃马河，至无棣入海，后世称之为唐故大河北支。此河为武后时所开，与今马颊所行河道略有不同。古文献多将唐时所开河道与宋二股河并记，另述于下。

二股河故道 《夏津县志》称宋二股河故渎即唐之马颊河故道。"自清丰北，过莘县、堂邑、博平，绝王莽河而北，经清平县界，又东北经夏津县东、高唐县西，又东北经恩县、平原、陵县（今德州），又东北合笃马河，经平昌（今山东德平）、般县（德平县东北）、乐陵、阳信诸县，又东北入大海。"光绪版《重修南乐县志》记黄河故道："一在县东宋堤之东，距县十八里，自清丰之东吉村入境。由县入山东朝城、莘县、堂邑，由清平、高唐、乐陵入海。此宋时黄河数决所经，河形犹存。"与《夏津县志》所记宋二股河故道相似。

由此可见，宋二股河与唐故大河北支、笃马河等连贯起来，与前述的高地故道似有关联之处。

卫河今昔 关于卫河，古今名称不一。《禹贡》有"恒、卫既从"之句。《汉书·地理志》载："上出曲阳县恒山北谷。《禹贡》载恒水所出，东入于滱。"又载："灵丘县（山西省）有滱河，东至文安入大河。"所称滱河似即今唐河。又载："灵寿县，《禹贡》卫水出东北。"《禹贡椎指》说：卫水即古之滹沱也。按：恒、卫既载于《禹贡》，当为较大河流，可能分别指唐河及滹沱河，则与今日的所谓卫河似不相同。

《临清县志》载：卫河古名清河。清河郡、清河县、清渊、清泉、临清之古名由此。按：汉有清渊县，后魏析为临清县，北齐省，隋复置，古城在今县南。清河郡为汉置，包括今河北、山东数县之地，故治在今河北清河县东。《禹贡椎指》载："苏秦说赵曰，东有清河；说齐曰，西有清河。清河之来已久，疑春秋前有之。"按：《临清县志》所记似有所据。漳河水浑，似另有清水东北流。

又有的文献称卫河即汉之屯氏河。如《夏津县志》所载：卫河在县西四十里，即汉之屯氏河也。并称恩、德、清、沧之间实为大河故渎。又，嘉靖《武城县志》载：卫河发源于河南卫辉之辉县，汉名屯氏河。隋炀帝疏之，改名永济渠，又名御河。

至于说卫河为隋炀帝所开，其他文献亦有记载，以导源于河南辉县，为春秋卫地，故名。所开运河常循已有河道或古河遗形。炀帝所开是否即循清河？不可考。又，宋庆历八年商胡决水北流，经沧州到天津入海，历时八十年。其位置似在周定王五年后的河道以西。那时到沧州才与漳汇。而今日的漳、卫会合处则在今馆陶以南。是则，馆陶到沧州间的卫河原为漳河所经，亦或由于地形变化，漳河改由馆陶以南入卫，则尚有待考察。这次旅途所见，有一段卫河在一条高地之下，顺高地北流。这一高地可能即为宋商胡决道，而卫河所经即背河洼地。是则今日的卫河亦必受商胡北流大河的影响，而不同于隋开的永济渠。

由此可见，卫河的名称虽久，但所指每非今日的卫河。如果今日的卫河即指隋所开的永济渠或御河，而其形势亦已略有变化。

其他黄河故道记略　旅途所见，称古黄河道或黄河故道者颇多。足见大平原上无处不为黄河所经流，若欲一一加以调查既不可能，专从文献考证亦所不需。姑就见闻略予记述，以供来日研究参考。

大名出现四支：北为黄河故道，南为老柴河，中为红雁江，再为张铁集附近的一支。

馆陶文村出现二支：一则东北穿今卫河入清凉江，一则东北到临清城。

临清也出现二支：一自武城甲马营入卫，一在陈公堤右，由九龙庙（四女寺之东）入高津河。

恩县城东有东屯沟，于九龙庙以南流入临清的一支，转入高津河。

德州以东古河名称更多。钩盘河在德州附近。今四女寺减河即为高津河故道。马颊河支流有赵王河、笃马河。高津河与马颊河之间有麦河直接入海。高津河以北有无棣沟及今宣惠河。马颊河之南有沙河（支流有土马河），经商河界，入徒骇河。

庆云有高津河、胡苏河故道、钩盘河故道、无棣沟等。高津河在城南，上游称老黄河故道。又，自乐陵西南界五里，至庆云城西三里许，入高津河，古志称为胡苏河。又，自乐陵县西赤河涯，抵乐陵城下，曰海子，东北入庆云西界，经分水镇东北十二里，至城东南隅入高津河。《乐陵志》则记为钩盘河。

无棣沟在庆云县北十五里。唐刘长卿《晚泊无棣沟》诗："无棣何年邑，长城作楚关。河通星宿海，云近马谷山。僧寺白云外，人家绿渚间。晚来潮正满，处处落帆还。"可见当时无棣沟水甚盛，且直通海口。亦或与黄河相通，如唐故大河北支。县南四十里有长堤，传为齐长城，或又称汉堤、宋堤，即在无棣沟南。无棣沟现为宣惠河的一支，于泊头入四女寺减河。减河下段的垺子河颇整齐，垺子口为小船港。这也可能是唐无棣沟故道。无棣故城在今县东五里许，即齐无棣故墟，是隋、唐、宋、元以来的旧县。

总而言之，黄河故道既如此复杂，古籍记载又如此浩瀚而多分歧，自难从一次短期旅行的侧面考察而得出什么结论。只能有这样一个初步印象：前述的一条地上河故道上段，及其以下至今山东省夏津县一带，似为周定王五年所行河道的一段（今河南南乐以上也是王莽始建国三年所行的河道）；夏津以下当为西汉漯川笃马河、咸河、唐故大河北支、宋二股河等的故道。而一道连续的古堤，则为历先秦，经汉迄宋历代所培修的遗迹，间或有更早的残迹。

查古阳堤下接金堤，以迄山东省境的馆陶、高唐、夏津，略与周定王五年后的故道相符。其下，恩县以东，历德州、乐陵、庆云、无棣一线，则为汉元帝永光五年决口后南北二支所流经，又为以后的唐故大河北支和宋二股河所经。这道长堤必是历代培修的遗迹。只以宋代较后，故又常以宋堤相称。

一孔之见，未知当否。

黄河下游大平原的开发利用已列入经济建设的日程上来。大平原的一个突出自然特点是它为黄河冲积所成，因之地貌经常起着变化。本文对一条黄河故道的探索，仅说明这种现象的一斑。换言之，黄河是一条极不稳定的河流，是对下游灾害威胁的根源。这亦可能是在大平原的开发利用中带有关键性的、极为复杂的问题，必须引起重视。

治理黄河的认识过程

（一九七八年十一月）

　　伟大的反帝反封建的五四运动时，我正在天津北洋大学读书。在这个租界林立、军阀横行的半殖民地半封建城市里，我因参加了这一运动而被迫离开了北洋大学。在它提出的科学与民主口号的影响下，我抱着"科学救国"的热望，对于改造与利用黄河的问题作了一些初步的探索。但是，在旧社会，我的愿望成了幻想，黄河不但得不到改造与利用，而且"江河日下"，人为的灾害更为惨重。一唱雄鸡天下白，在中国共产党和毛主席领导全国人民取得新民主主义革命的胜利，建立新中国之后，黄河和其他各项事业一样，面貌焕然一新，兴利除害兼程并进。不但我所能想到的已经实现，而且还远远超出我的知识领域，其变化之快，使我觉得在后边紧追犹恐不及。这是一个何等巨大的变化，何等不同的境界呀！面对日新月异的黄河，我情不自禁地从内心深处发出"我爱黄河"的欢呼[1]。

　　我是黄河巨变的见证人之一。黄河过去是决口泛滥极度频繁的河流。"据我国历史记载，在一九四六年以前的三四千年间，黄河决口泛滥达一千五百九十三次，较大的改道就有二十六次。改道最北处经海河出大沽口，最南处经淮河入长江。水灾波及的地区，北至天津，南至长江下游的广大区域，威胁着二十五万平方公里上千百万人民的安全"[2]，古代的文字记载较少，而群众中广为流传的"三年两决口"的说法就代表了黄河灾难的严重情况了。

---

[1] 张含英：《征服黄河·我爱黄河》，一九五五年十一月，中国青年出版社出版，新华书店经售。

[2] 黄河水利委员会：《人民黄河》第二篇第一章第一节，一九五九年九月，水利电力出版社出版，新华书店发行。

往日的所谓治理，只限于黄河下游，也就是从孟津到海口的一段河道（习惯上常把河源到内蒙古的托克托称为上游，托克托到河南孟津称为中游）。而治理的手段也只有大堤和埽工。自从下游有了比较完整的大堤以后，大约二千五百年来的所谓治，无非是对堤的防守。堤身的坚固程度既有问题，而其设计与安排也有待研究。在堤的临河面还有防护大溜冲蚀的工程，即埽工，也有悠久的历史。后世埽工主要为高粱秸加些草料修成，故常称秸埽。它虽有一定的作用，但不宜作永久性的防御工程。虽间有用砖、石护岸者，但居少数。

单就当时的治河手段而言待改进之处固多，若就对河流自然现象的认识则更感不足。河水涨落虽有其季节性，但伏秋暴雨来临，洪流陡涨，凶猛倏忽。而在辛亥革命以前，尚无流量的观测，对于水流多寡既无数量的观念，更缺少预报的设施。因之，对于堤的防御能力则全属茫然，仅凭往年的经验粗有涨落的概念而已。再者，黄河含沙量极大，远超出世界任何大河。由于淤积，河底高于两岸地面，成为地上河。倘有决口，则洪水冲下，常有改道的危险。河身逐年淤高，河道左右摆动莫测，槽深冲积变化无常。虽知黄河含沙量高的危害，然亦无数量的观测。对于危害堤防安全的冲积规律，缺乏研究。

当然，由于长期以来劳动人民与洪水斗争的实践，无论是治河的策略或是技术都是不断发展的。但根据现代的要求，从上述河流的自然情况和工程的安排来说，则甚感不足。它只偏重于下游的修防，即除对大堤和埽工的常年维修外，便是伏秋涨水时的抢险工作。形象地说，就是敌人在哪里进攻，就在哪里集中力量抢守，自己全无主动性。由于决口非常频繁，堵口和善后也就成为一项极为艰巨且繁忙的工作，人力、财力的损失更不必说了。总之，由于未深入研究黄河的自然现象和运行规律，以进行相应的治理，故防不胜防，始终处于被动挨打的地位。这就是旧社会治黄的基本情况，也是黄河经常决口的主要原因。

而今日治黄却是从墨守成规、消极防御、被动挨打的状态，发展为探索自然规律、重视科学研究、主动治理、根除水患；从片面地重视下游堤防，到上、中、下游的全面治理；从单纯的防御灾害，到全流域的改造利用；从半殖民地半封建社会的"三年两决口"，到社会主义社会的欣欣向荣。经历了这样一个翻天覆地的变化，使我受到很大的教育和鼓舞。

我对于黄河问题的关切很早就有了。我的故乡山东菏泽，临近黄河。童年时经常听到老人述说黄河决口泛滥的故事及长辈谈论参与黄河抢险和堵口时的艰险景象。伏秋季节，自己也常为洪水暴涨的警报所震惊。知识稍开以后，便引起我思考有关黄河为害原因。因之，在中学毕业后的一九一八年就考入了当时以工科闻名的北洋大学。离开该校不久，恰有机会去美国学习土木工程，便注意选读了有关水利的课程。回国后，一九二五年秋，我第一次接触黄河，临时应邀去参加河北濮阳李升屯民埝决口勘查与堵塞方案的研究工作。以后一有机会我就到黄河下游进行调查，并访问从事河务工作的人员和老工人，探求治河经验。同时，根据个人观察所得，也经常提出一些意见，并阅读了一些古今治河书籍和文章。这七八年间的业余研究，使我对于黄河有了一个初步的概念。

我参加黄河的治理工作，是在一九三三年八月黄河大决口后不久的三年左右时间。这次决口很多，灾情极重。"从温县到长垣二百多公里的堤段内，决口竟达七十二处之多，淹没冀、鲁、豫等省六十七个县，一万二千余平方公里的土地，受灾人口达三百六十万，死亡一万八千多人，损失财产按当时的银元计算，约为二亿三千万元。"❶这是近代灾情很严重的一次决口泛滥。由于时势所迫，当时的反动统治者为了稳定舆情，便把久负空名的"黄河水利委员会"正式成立起来，但河防的职权仍由各省主管，委员会则从事观测、研究、计划工作。这时便添设了一些水文观测站点，测绘了下游河道地形图，汇集了一些有关治黄的基本资料。我由于参加了这项工作，得有广泛的人事接触和实地考察的机会，知识有所补充。以后的大部分时间，我仍然把黄河问题作为业余研究的主要课题。

我对于治黄的探索，是想从旧的治河方略和措施中闯出一条新的

---

❶ 黄河水利委员会：《人民黄河》第二篇第一章第二节。

路子来。也就是针对黄河的自然形势和我国的经济要求，提出一个新的治理的目标，以寻找达到这一目标的方案和措施。当然这不只需要熟知自古迄今的治黄发展情况和近代新提出的各项建议，而且需要了解全流域的自然状况和经济状况，尤其是干支流的水文、地貌、地质等实测资料，有的则需要长期的记录，有的需有大量的测绘与钻探。这绝不是业余所能担负起的任务。何况可供研究的基本资料，至多也只有一九三三年前的两个水文站和以后所增设的十几个水文站，还有潼关以下的干流测绘，以及几个水土保持试验区。这对于研究一个七十五万平方公里流域面积、五千四百六十四公里长的大河的需要来说，直可比诸沧海之一粟。我除作过一些走马观花式的调查访问和尽可能地收集一些有关治河资料外，就是向科学前辈和有经验的老河工学习。当然，古书是读不完的，从中我也得到不少知识，但却也不能陷进去。自西学东渐，对于黄河的治理，有客卿的建议，有国人研究的著作，这些都是我增广见闻的学习资料。

这就是探索治黄的基础。在这样的基础上，要想提出使治黄走上现代化道路的方向，困难是可想而知的。即使提出一些意见或所谓方案，也只是设想。加之受唯心主义和形而上学的影响，必不能完全符合实际。不过有了这样的志愿和决心，在长期的摸索中，对于黄河的认识还是逐步有所前进的，只是像爬行一样，前进得极为迟缓。

我对于治河策略和措施的探索可分三个阶段，前两个阶段以防范下游灾害为主，不过这两个阶段所采取的手段有治标与治本之别。但以第二阶段的治本手段将涉及中游的治理，由于认识范围的增长，这必然过渡到第三阶段，即防灾与兴利统筹，上、中、下三游并重，干流与支流兼顾，以全流域为开发治理的对象。下面就略述一下这个将近三十年的经过。

第一阶段主要是对于下游防护工作的了解，并提出改善的意见。这也有客观的原因，一则故乡临近下游河道，再则早年工作多在下游地区。在初步了解河情之后，常抱着学习的态度，向久事河务而比较负责的职员提些问题。例如：埽工是否可以改为石护岸，山东省境内民埝（也可以称为大堤以里河滩上的内堤）是否可以拆除，下游是否可以在适当地点修建有控制的溢洪道，等等。但所得到的回答总是："现在所实行的河防办法，是几代经验的积累，是老辈传下来的，变不得"。并说我所提的办法古时也有争论，且间或实行，但行不通。有的人则不作正面回答，淡淡地笑一笑说："再研究研究看吧！"这就引导我去阅读古人治河书籍和有关治河史料。我从中获得许多知识，但仍未解决我所提出的问题。而且我发现历来的治河思想大都是遵循圣人之道，从不敢离开孟子所述的大禹治水之道❶。因而我便觉得我这种没有深入研究和实践经验的设想是得不到支持的，更谈不上试办了。但确实认识到下游的问题很多，必须大力改善。所以当有人提出治理黄河只注意下游，而未涉及上游时，我便提出："昔日虽注意于下游，实与未注意等耳"的看法，并历数下游所存在的问题❷。我当时虽然没有反对注意上游的意见，但也还没有主动提出，在注意下游的同时应并重上游的主张，说明自己的思想认识还没有发展到那个地步。

下游存在的问题，就当时情况来说，既然没有解决的希望，我便除读古书外，另寻求知的门径。这时已经认识到"治河之道，首贵辨别水性，次当明察河势"❸。我早年在华北水利委员会工作时，得以从图书馆和资料室看到一些有关资料，并下了一番功夫进行研究。那时，黄河只有两个水文站，一在河南陕县，一在山东泺口（济南），而流量和含沙量的观测资料则只有四年（一九一九年、一九二〇年、一九二一年、一九二九年），根据这个有限的但却是仅有而又宝贵的水文资料和许多书籍、论文的学习，我作了黄河最大流量的试估，得到的数字是三万秒立方公尺❹（以后的研究结果证明这并不是最大的流量）。并且认为这个流量远不是下游河槽所能宣泄的。同时

---

❶《孟子·告子》。

❷ 张含英：《治河论丛·论治黄》，一九三六年十二月，国立编译馆出版，商务印书馆发行。

❸ 张含英：《黄河志》第三编《自序》，一九三六年十一月，国立编译馆出版，商务印书馆发行。

❹ 张含英：《治河论丛·黄河最大流量的试估》。

又作了黄河冲积的分析。根据黄河含沙量惊人的数字和下游河槽逐年淤高的估计，以及黄土高原的严重冲蚀，便认为："黄河难治之特性，即为所含泥沙过多。是故欲根本治黄，必先控制泥沙之冲积"❶。比较清楚地认识到黄河下游为患的自然原因。那么，结论就是，是想根除下游水患，必须是中游与下游并重。因之也就过渡到治河设想的第二阶段。

这时认为，要防治下游的决口改道，"在上游（实际指的是中游）则为洪水流量之节制，泥沙冲刷之减少；在下游则为河槽之固定，堤岸之防护"❷。认为这是治本的方针。还批评古人多治标而遗其本，故不可得而治，况治标亦未尽其道乎？在具体工作上则认为：首先要研究下游河槽所能容纳的安全流量，或估计整理后所欲使其容纳的安全流量。超于此数者则拦蓄于陕县孟津间所拟修的水库中。至于黄土高原则应积极进行水土保持，减少一分则收一分之效。对于下游河道的整治与河槽的固定，也提出了设想意见❸。关于孟津以上的拦洪措施，我最初的设想，是单纯拦洪而不事蓄水利用。一则由于当时的技术条件所限，再则由于对水利资源的开发利用认识不足。

关于水利资源的开发利用，当时虽已知道兴利是治河的目的❹，但认识的提高，是随着工程技术的发展、自然情况了解的深入以及对于治河视线的扩大而逐步向前的。这也正是由单纯的为防治下游灾害着想，逐渐走向治河设想第三阶段的过程。

经过长期的摸索总结，才认识到，治理黄河的目标应当是：防治灾害与开发资源并举，以促进各经济部门的发展，改善人民生活，提高文化水平。因之，治理的方针应上、中、下三游并重，干流与支流兼顾，以整个流域为治理的对象。各项工程措施，凡有可供综合利用

❶ 张含英：《治河论丛·黄河的冲积》。
❷ 张含英：《治河论丛·黄河改道的原因》。
❸ 张含英：《历代治河方略述要》第八章第五节，一九四五年十一月，商务印书馆发行。
❹ 张含英：《黄河志》第三篇《自序》，一九三六年十一月，国立编译馆出版，商务印书馆发行。

者，均应根据具体情况，多方照顾。

为此，便应制定一个长期的治理规划，并据以拟具第一个五年的实施计划，着手工作。第一个五年计划，除急待进行的工作，如下游防洪措施，黄土高原的水土保持，待兴建大型工程的勘查、测验、设计外，应广泛地进行基本资料的收集，现场的观测、调查和研究工作。

此外，还就黄河资源的开发和灾害的防治，提出一个综合治理的初步建议——《黄河治理纲要》。当然，所谓建议，在今天看来，其实只不过是一些仅具可能性的初步的看法而已。因为没有经过详细的勘测规划，对水流运行与泥沙冲积没作具体研究，对现代工程没有实践经验。也就是说，刚刚认识到上、中游有控制下游水患的可能，水利资源有开发利用的可能，因而构成了上述的治河设想。至于如何具体去做，均有待于进一步做工作。

对于这条多灾河道，经过长期摸索，虽然形成了一点不成熟的设想，然而在半殖民地半封建的黑暗社会里，要把这点设想付诸实施，努力为人民做一点好事，谈何容易！正如早年河务人员答复我问的那样。在旧社会，我的设想终于"成为一纸空文"。因为在国民党反动派的腐朽统治下，中国是没有出路的。从黄河来说，不仅旧貌未改，灾祸频仍，而且日趋严重。一九三八年郑州花园口黄河大改道就是一个铁的例证。它充分暴露了国民党反动派凶狠残暴的阶级本性和敌视人民的反动立场。

一九三七年日本帝国主义对我国发动野蛮的侵略战争，国民党反动派推行消极抗日、积极反共的卖国方针，节节败退。蒋介石为了掩护其逃跑，竟于一九三八年六月在郑州花园口扒开南岸大堤，致使全河改道，滚滚洪水沿贾鲁河、颍河和涡河分别至正阳关和怀远入淮。给豫、皖、苏三省四十四县（市）五万六千平方公里的土地和一千二百五十万人民带来了空前的灾难。据不完全统计，这次人为水灾造成的死亡人数达八十九万，人民财产损失按当时银元折算，价值九亿五千二百八十万，对人民欠下了一笔巨大的血债[1][2]。 迨至一九四五

[1] 黄河水利委员会：《人民黄河》第二篇第二章第五节。
[2] 黄河水利委员会黄河史编写组：《黄河史新编》油印第二稿第八章第五节。

年抗日战争胜利以后，蒋介石于积极发动内战的同时，又阴谋将花园口决口堵复，导引黄水流入多年荒废、堤防未加修整的故道，妄图以水代兵，分割和淹没冀、鲁、豫和华东两个解放区，以配合其军事进攻，毁灭人民力量。他们狂妄地叫嚣，"黄河归故，可抵四十万大军。"悍然撕毁国共双方"先复堤、后堵口"的协议，于一九四七年三月堵合口门，使汹涌的黄水流入残破的故道❶。在这种反动统治之下，还能希冀其从事拯人民于水火的治河事业么？在这种国家衰微、民穷财尽的情况下，还能希望其投资兴修水利么？当然不可能。那时，沿河人民在中国共产党和人民政府的领导下，从一九四六年到一九四八年间，开展了规模浩大的群众反蒋、治黄运动，并开始了人民治黄的新纪元。他们一手拿枪反击蒋军的疯狂破坏，一手拿工具与黄河洪水作英勇斗争，终于战胜了"蒋、黄"，支援了解放战争，保卫了自己家园和生命财产的安全，在人民治黄史上写下了光辉灿烂的一页❷。

中华人民共和国成立以后，就大力开展了人民治黄工作。初则开始强化下游堤防，彻底消灭隐患，且加高培厚；继则将护岸的埽工逐渐全部改为永久性的石工；并部分地废除了滩地民埝，扩大河槽行水断面。为了贯彻有备无患的方针，还在适当地区准备了临时蓄、滞洪区，在堤上修建了溢洪工程，作为临时分洪口门。同时在郑州黄河铁桥以西的北岸开辟了下游第一个大型灌溉渠道——人民胜利渠。在下游河道面貌初步改变以后，第一届全国人民代表大会第二次会议又于一九五五年七月三十日通过了"关于根治黄河水害和开发黄河水利的综合规划的决议"。至此，全面的、大规模的治黄工作开始了。我以无限喜悦和激动的心情，称颂这个规划是治黄史上的一个新的里程碑❸❹。

---

❶ 黄河水利委员会：《人民黄河》第三篇第一章第一节。

❷ 黄河水利委员会：《人民黄河》第三篇第一章第一节。

❸ 张含英：《征服黄河·无限的喜悦》。

❹ 张含英：《征服黄河·治理黄河的新的里程碑》。

历史作出了公正的结论，旧的社会制度不打破，黄河不可能得到根本治理，即使有所修整，也只能为反动派粉饰太平、欺骗人民，借以苟延残喘，人民是得不到丝毫利益的，更谈不上富民强国。要把中国从贫穷落后中拯救出来，引进先进的科学技术固然是重要的，也是必然的，但更重要的是走无产阶级革命的道路。概而言之，只有社会主义能够救中国。

诚然，我们今天还远没有解决黄河的所有问题，勿宁说这仅是彻底改造和利用黄河的开端。然而，我们满怀信心和希望，并且已经大踏步地奔向这个美好的前方。

《中国水利史稿》序

（一九七九年三月）

　　我国古代传说的大事之一，就是大约四千年前的大禹治水的故事。由于大禹治水有功，舜把统治天下的位子让给他，建立了夏代。这说明，我国太古时期在与自然的斗争中，治水就成为一项重要的工作，而且取得了伟大的成就。早期的史书都把《河渠书》、《沟洫志》列为专篇。到后代，仅治理黄河的书籍就有"汗牛充栋"的称誉；而地方志书，从省、区到市、县，亦莫不将水源、河流及其治理、利用详为记载；其他有关水利专著亦甚多。这都足以说明，我国勤劳勇敢的各族人民在这块土地上为了生活和生产，对水、旱灾害进行了英勇而艰巨的长期斗争，并且取得了巨大的成绩，积累了丰富的经验。

　　我国水利事业的发展与其自然地理面貌和农业经济体系有着密切的联系。我国地处温带，领域辽阔。就全国范围来说，气候变差既大，地形亦极复杂。但东部有广大的平原和丘陵地带，且有几条大河东注入海。所以在一个较长的历史时期，黄河流域便成为我国政治、经济中心。当时和以后的长期内，社会的经济发展以农业为主体。因而，水利事业就提到重要的日程上来了。传说中的大禹治水，既平息了水患，又"尽力乎沟洫"。这是社会发展对水利提出的要求，同时水利作为社会生产力的一个重要方面，也促进着社会的发展。随着时代前进的要求，由于各地区的自然条件的不同，水利事业也在全国各地因时、因地地蓬勃发展起来了。当然，前进的道路是有起伏、有曲折的，而长期的封建社会制度，对生产力发展的束缚影响也是很大的。历史反动、腐朽的统治阶级甚至对水利事业的发展起着阻碍、破坏的作用。但是，总的说来，水利事业是前进的，对社会发展起着重大的作用，也是我国一份宝贵的文化遗产。

　　水利一词指有关对于水的改造和利用的各项事业，它是一个综合性的名词。《事物纪原·利源调度部·水利》载："沿革曰：井田废，沟浍堙，水利所以作也，本起于魏李悝。通典曰：魏文侯使李悝作水利"❶。起初，水利一词可能专指兴利的工作。然而水害的消除与水利的兴修常互为联系，而后水的利用范围又日渐扩大，且一项工程措施常可使水源得到多种利用，所以水利便成为一个综合名词。举凡保护社会安全的防范洪水灾害，有关农业生产的灌溉、除涝、降低地下水位，便利交通的航运，发展经济的水力动能，供给工矿企业及其他各项用水，等等，概称之为水利事业。本书对于历史上水利发展的各项内容，作了全面的叙述。

我国古代水利典籍虽多，但水利发展史的专著殊不多见。在中国共产党和毛主席的领导下，全国人民推倒压在人民头上的三座大山，取得新民主主义革命的彻底胜利之后，进入社会主义革命和社会主义建设的伟大时代，生产力正在突飞猛进的发展。《中国水利史稿》一书的出版，不只在写作方面闯出一条道路，而且为贯彻"古为今用"之旨，总结前人经验教训，对于我国工业、农业、军事和科学的现代化必将发挥其积极作用，敢断言也。

---

❶这里对于水利一词的来源考证有误，请参阅本书《水利释义》一文。

黄河下游新的防洪体系

（一九八一年三月二十三日）

或问：黄河下游防洪，一秉两千余年旧例，惟两岸大堤的安全是保，今又有何发展？

对曰：目的虽旧，而方法则新，且已发生巨大的变化。不只安度三十年的伏秋大汛，而一九五八年又遭遇罕见的、约属百年一遇洪水袭击，大河无恙，即其明证。苟遇更大洪水来临，亦备有对策，力求安全。

然则其法惟何？

曰：建立了科学的防洪体系、有效的防洪组织、完善的修守规程与备非常的防洪措施。今单就堤防改进的具体情况言，则为堤身的质量与昔不同，高厚不同；护堤的料物不同，修筑的方法不同；流势的控制有道，滩岸的修整有方，河槽日趋稳定。有防有治，面貌一新。在组织方面，既设有健全的治河专业机构，复备有完善的防汛指挥部署与坚强的群众防汛队伍。紧密配合，协同作战。除坚守堤防以利宣泄外，经过修整的河槽已较稳定，中游还备有一定拦蓄来水的措施，下游修建了分滞洪水的措施，配合运用，形成今日下游防洪的工程体系。惟以洪水来源尚未得完全控制，泥沙来量一时又难得减轻，则下游防洪仍将为长期而艰巨的任务。然历经三十年的治理实践，对于黄河的认识有所提高，科学的探索有所加深，则治理措施亦必将逐步改善，可以断言。

现就当前的治理情况略作介绍。

一、黄河下游概况及防洪安排

黄河自河南郑州的桃花峪至河口为下游，长七百八十五公里。由于长期的泥沙淤积，河槽高出于两岸地面三至八米，最大达十米，形成为地上河。全靠两岸长一千三百七十公里的大堤约束（山东旧东阿以东右岸靠山一段无堤），河道便成为淮河与海河水系的分水岭。华北二十五万平方公里的大平原，基本上为黄河冲积所成。黄河决口，北侵漳、卫，由天津入海，南犯颍、泗，夺淮乱江。泛区灾情十分严重。因之，黄河下游的防洪为历代所重视。

黄河中游地区，七、八月多暴雨，洪水猛涨，危险性特大，称为"伏汛"。九、十月秋雨连绵，亦常出现特大洪水，称为"秋汛"。冬季常现枯水。然大河由河南进入山东后，东北流，且河道逐渐变窄。春初冰冻融解，山东省境内开河较迟，每以流冰至此形成冰坝。这时大河流量虽低，然以冰凌拥拦，辄使水位上涨，如同大汛，必须严事防守，称为"凌汛"。春末山区雪融，亦有微涨，但无大碍，称为"桃汛"。所以黄河下游有"四汛"之称。

根据调查研究，伏秋洪水主要来自中游，即自内蒙古的托克托河口镇至河南的郑州桃花峪。此时河口镇以上来水只为每秒二千至三千立方米，组成下游基流。中游较大洪水多发生在七月中旬至八月下旬。这时中游多暴雨，倾注而下，势猛而历时较短。然以接近下游，每呈陡涨之势，峰高在每秒一万立方米以上的洪水总流量常不为大。一次洪水的涨落约为十二天，而又集中于五天。如花园口站（略居桃花峪之下游）一九五八年实测最大洪水流量为每秒二万二千三百立方米，而十二天的洪涨期，在每秒一万立方米以上的洪水总量为八十六点八亿立方米。又据调查分析，清乾隆二十六年（一七六一年）的最大洪水流量为每秒三万二千立方米，十二天的洪水总量为一百零二亿立方米（洪水主要来自三门峡至花园口区间）；清道光二十三年（一八四三年）的最大洪水流量为每秒三万三千立方米，十二天的洪水总量为一百三十六亿立方米（洪水主要来自河口镇至三门峡区间）。总之，暴洪来势甚猛，陡涨倏落。然以下游河床为沙质，洪水期冲积多变。河槽左右摆动和河底冲积均极严重。因之，汛期洪水的涨落期间均易出现险情。如遇连续涨落，形势更为险恶。

黄河的泥沙为造成其防洪复杂而艰巨的主要因素之一。黄河上、中游有五十八万平方公里的黄土高原（约有八成在中游），土质疏松。由冲蚀而进入下游的泥沙，平均每年为十六亿吨（主要来自中游）。其中，游积于下游河槽者为四亿吨，使河床平均抬高约十厘米；淤积于河口地区的河道、三角洲和滨海一带者为八亿吨，造陆约二十三平方公里，三角洲岸线外延约四百二十米；其余泥沙输入深海散流。多年水流的平均含沙量约为每立方米三十八公斤，远非世界高含沙量大河所可比拟。

河槽的大量淤积与河口的迅速延伸，使"地上河"严重地继续发展。一九七八年各河段排泄每秒三千立方米的流量时，水位普遍较一九五八年同流量者抬高二米。如果花园口站再出现一九五八年同样洪水，估计下游河段将较一九五八年实际水位高一至二米。

黄河每年的来沙量多集中在七至十月的洪水期，且多出现于几场洪水的过程中，引起河槽的严重冲积变化。来沙量的年际变化亦很大。如一九三三年的来沙量高达三十九亿吨，而一九六五年则仅为四点五亿吨。

今日下游河道，呈现上宽下窄的情势。它的形成有其历史的原因。河南兰考东坝头（铜瓦厢决口改道北流处，上距桃花峪一百三十五公里）以上的河段有四五百年的历史，两堤相距五至二十公里。东坝头以下大堤，则为清咸丰五年（一八五五年）铜瓦厢决口改道北流后的约二十年以后，沿河群众以防水土堰陆续修筑的。东坝头至山东旧东阿陶城埠（黄河穿运河处，上距东坝头二百三十六公里）两岸堤距逐渐缩窄，由二十公里到一公里，为过渡段。陶城埠以下则成为窄河段，两堤相距一公里至五公里，最窄处在艾山，仅四百米。下游两堤间的河道面积为四千二百平方公里。下游河道纵比降，桃花峪至高村（山东东明，上距东坝头七十一公里）二百零六公里间，约为万分之一点八；高村至陶城埠一百六十五公里间，约为万分之一点一五；陶城埠至渔洼三百五十公里间，约为万分之一。河道横断面大都为复式，由主槽和多级滩地所组成。主槽宽度，由桃花峪至东坝头约为一点四四公里，东坝头至高村约为一点三公里，高村至陶城埠约为零点七三公里，陶城埠到渔洼约为零点六五公里。主槽是排洪的主要部分，一般占全断面过流能力的百分之七十至九十；滩地糙率大，流速缓，过水能力低，主要起滞洪蓄水的作用。

由于下游洪水一般是峰高而量不是很大，沿河又基本无大支流汇入，高村以上堤距远而滩地广，削减洪峰流量的作用显著。如一九五八年，花园口站最大洪峰流量为每秒二万二千三百立方米，而孙口站（陶城埠以上，属台前县）、利津站的洪峰流量则分别为每秒一万五千与一万立方米。洪峰流量越大，宽河段所起的削峰作用越大。

就河道形态说，高村以上为游荡性河段，高村至陶城埠为过渡性河段，陶城埠至渔洼为弯曲性河段。游荡性河段河道宽浅，多沙洲、汊河；主槽经常摆动，且多串沟与堤脚一带洼地相通，大水漫滩后，如串沟夺溜，则造成危险局势。但宽河段的排洪与滞洪能力较大，涨水时水位上升率亦较低。过渡段及弯曲段，由于修建了大量的河道整治工程，中水河槽已基本得以控制，滩槽较为稳定。惟以河道较窄，排洪能力较小，洪水位上升率高。特别是陶城埠以下的窄河段，流量增加每秒一千立方米，水位便升高半米，洪、枯水位一般相差六至七米。高水位历时亦较久。在洪水下泄过程中，主槽又往往发生较大的纵向冲刷，深可达四至五米，增加治理与防守的困难。由于河窄多弯，向东北流，凌汛卡冰现象严重，造成紧张局势。

目前下游防洪的情况是：花园口站如果发生每秒二万二千立方米的流量（约为百年一遇洪水），在大力防守下，利用东平湖（山东东平境）滞洪，可以安全下泄。然由河床每年淤高十厘米，每三五年堤身必须加高培厚一次，并须整修导流与护岸工程。然如花园口站高于百年一遇洪水时，则须兼用北金堤分洪区（山东菏泽地区以北河南境内）分滞洪流，以确保安全。应加以说明的是，上述流量均以郑州花园口站为准。如特大洪水来自陕县三门峡以上地区，三门峡水库可以起拦蓄作用，减低洪水流量，以便到花园口站可以按上述防洪安排。不过利用三门峡水库拦洪，则库区淤淀严重，且将抬高库区水位，侵及渭河流域。故其拦洪作用尚有一定的限制。如特大洪水来自三门峡以下地区，则须运用北金堤分洪区，或者更采取其他临时措施，以免自然出险。

下游取得上述的防洪标准，是一系列的工程措施和管理制度相互配合作用的综合效果。在旧时代，下游防洪根本没有什么标准，亦难得明确防御的目标，只是"尽人事，听天命"而已。至于所谓"尽人事"，亦实为自欺欺人之谈。曾几何时，便发生了这等变化，取得了显著成果！

二、两岸大堤的修整与加固

黄河下游大堤，从外形到实质均有显著的变化。

下游两岸大堤共长一千三百七十公里，其中河南境内为五百五十公里，山东境内为八百二十公里。大都为旧堤整修加培而成。堤基大都为沙性土或沙性土与黏性土的互层，渗透稳定性较差，堤身土质亦不均匀。

在解放战争末期，黄河大堤一般高三至六米，顶宽四至八米，修筑质量很差，且多隐患。据山东境内大堤隐患调查统计：没有填实的漏洞一百三十一处，堤内壕沟、碉堡和暗洞六百五十二处，动物（獾、狐、鼠）洞穴五百四十四处，树穴、坟洞、水井四百二十八处，堤基有腐朽护岸柴草和堵塞决口腐烂软料的堤段共长五十三点二公里。经开挖检验，旧堤土料有的干容重只为每立方米一点一至一点三吨，有的为淤泥块和冻土块所筑成，防御能力很低。

一九四九年九月，黄河下游全段解放后不久，秦厂站（花园口以上）发生每秒一万三千立方米洪水。这只是一般的较大洪水。但在洪水袭击下，历史上遗留下来的大堤弱点全部暴露。几天之内，出现了五百多处漏洞、管涌、渗水等险象。堤坡滑塌达百余里。险工埽坝浸没水中，并相继沉蛰，共二千余处。大堤随时都有决口的可能。全河经过四十多天的艰苦斗争，人民以钢铁般的意志和创造性的劳动，终于克服各种困难，力挽狂澜，驯服洪水。

由此可见，旧时代大堤的防御能力极为薄弱，亦是决口频繁的一个重要原因。据查，一八五五年至一九三八年，山东境内决口的口门凡一百四十三处。其中，因堤身质量不佳和堤基破坏而造成决口者占百分之五十三，因水流冲刷堤身导致决口者占百分之十，因堤身高度不足，漫溢决口者占百分之二十九，人为的扒口占百分之八。上述决口记载，因统计标准不同，可能有出入，但已足以说明决口频繁严重的原因。

新中国成立后的三十年间，沿旧堤大规模的加高培厚凡四次，每次加高一至二米，计完成土工四点八亿立方米。堤顶防御洪水的超高因河宽而异，由上而下，分别为三米、二点五米和二点一米。堤顶宽七至十五米，临河坡为一比二点五或一比三，背河坡为一比三；背河坡一般加修一至二级戗堤，戗堤顶宽四米、边坡一比五。

大堤由于沿着旧者多次加修，土质复杂，个别堤段夯筑不实，清基不足，交接处结合不严，施工质量不均。历经洪水考验，仍出现一些问题。如，背河堤脚出现小股渗水，背河堤坡和地面发生冒水翻沙，堤身发生纵向裂缝和不贯通的横向裂缝等现象。由于河床还在继续淤高，大堤还须不断加高培厚。为了确保堤防安全，堤身还须不断加固。

关于堤身加固所采用的方法有二：一、广泛地利用锥探灌浆处理隐患，成绩极为显著；二、为处理堤身和基础土质疏松问题，采用引河水放淤加大堤身断面办法，颇适合于当地情况，此法较之以培修黏土斜墙御水和于背河堤脚修沙石反滤排水层等法均较合用。

堤身高厚可于外形见之，而隐患则难以发现。古人对隐患的危害已深知之，所以有"千里金堤，溃于蚁穴"的名言。今则利用锥探灌浆法加以处理，成效卓著。实为加固堤防之创举。

锥探隐患灌浆处理之法，亦是逐步发展而来的。最初亦只是进行访问调查，了解昔日决口口门、防空洞等的位置，熟悉动物活动习性，于查得洞穴后进行开挖回填。继之，则用直径五毫米钢条钻探堤身，凭空实感，可以发现深五米以内隐患所在，然后开挖回填。其后，又改用十三至十六米锥杆，可钻深八至十米，然后利用重力自流，向孔内灌泥浆和细沙。如灌入泥浆或细沙的体积超过锥孔体积，便证明有隐患。必要时开挖回填。工作量较前大为减少。迨至一九五七年，乃采用压力灌浆处理隐患的办法，提高工作效率，举凡深浅细缝、洞穴均可灌实，避免开挖回填，工费大省。一九七〇年，创制锥探机械，效率更为提高。

由于锥探的技术与方法不同，锥孔的布置与密度亦异。后以机械锥孔的深度增加，压力灌浆的范围扩大，乃只在堤顶布置钻孔。并根据现场试验，以确定钻孔密度和深度的布置。

迄至一九七九年年底，下游大堤已锥探四亿二千余万眼，处理隐患三十三万余处。从现场开挖检查的实例，证明锥探灌浆处理隐患的效果良好。又从大水年大堤出现的漏洞数量统计，则已大为减少。足以说明堤身质量大为提高。然由于堤身还在不断加高培厚，接合处理或有不当，加以临河堤基沉陷，地震破坏，新生动物洞穴，等等，除重视预防并随时补救外，锥孔探测与灌浆处理，则应视为经常业务，以充分发挥其加固堤防的作用。

关于引河水放淤加大堤身办法，按照加固标准设计，山东堤段共需修筑土工四点三亿立方米。在施工中亦先后经历三种不同放淤形式。

一是自流沉沙固堤。二十世纪五十年代，开始引用黄河水灌溉农田，由于含沙量大，须利用泥沙池澄清后灌溉。初则利用低洼盐碱地作为沉沙池，并以改善土质。后则发展为有计划的放淤改土。同时，又用以淤填背河堤脚洼地和旧决口处的深潭，对大堤亦起到加固作用。近年，山东境内每年引水五十亿立方米，历年积累，起到加固堤防作用的沉沙量约为三千二百万立方米。

二是提水沉沙固堤。二十世纪六十年代，部分堤段淤高后，自流沉沙之法难以再用，乃采用提水沉沙放淤固堤。主要在灌溉引水涵闸或虹吸管道的出水口处，修建扬水站，结合灌溉，提水于背河的需要堤段沉沙。山东境内先后兴建扬水站四十七处，提水流量为每秒二百二十立方米，历年累计，在需要加固堤段范围内，沉沙二千万立方米。

三是利用简易吸泥船抽沙固堤。自流与提水沉沙固堤，为于非汛期结合灌溉施行，这时水流含沙量低。于是创造简易吸泥船，可以常年工作。且于汛期引出的泥沙较多，泄入排涝河道的弃水较少。灌溉季节且可用弃水灌田。自一九七四年至一九七九年年底，山东境内已有吸泥船二百只，累计完成固堤土工九千一百万立方米。

几年来，山东境内经过自流沉沙办法，改善了四百六十公里大堤的状况，填平了背河潭坑，垫高了背河地面，缩小了临背河两侧高差，改变了汛期堤防两侧背水的局面。经过吸泥船抽沙办法，使其间二百公里的大堤又进一步得到不同程度的加固，延长了渗径，增强了堤身稳定，提高了大堤防御洪水能力，对解决漏洞、冒水翻沙、渗水、裂缝等险情有显著作用。经过几次洪水考验，达到了预期目的。

放淤固堤之法，古有所倡，技术上固所难能，时势上亦所不许，而今日乃大显身手，是则应大书而特书者也。

三、稳定中水河槽的保岸、护滩工程

黄河下游河道极不稳定，防洪措施，除两岸修筑大堤以外，往时多于险工地段，即为大堤经常临水的段落，遭受水流直接冲击之处，修筑护岸工程，并在其上游修建坝、垛（短丁坝），以资防御，即所谓埽工，纯以秸料修筑。今则完全改为石料修筑，或用柳石枕护基。同时对于平工，即大堤前为滩地、大堤只在洪水时漫滩后偎水的河段，亦已修建工程，保护滩地免遭冲刷，并以防御新险工的发生。换言之，即事险工的防护，又事河槽的整治，全面计划，治导水流，使之形成比较稳定的中水河槽。于是在平工段选择有利滩岸，修建护滩措施和坝、垛工程。在险工段与平工段统一规划治理下，则起到稳定中水河槽、加强防洪能力的作用。目前，险、平工段的工程共有三百一十五处（其中险工一百三十五处），长达五百八十八公里（其中险工三百零八公里），护岸、坝、垛八千一百九十一道（其中险工五千一百一十二道）。陶城埠以下的弯曲性河道已经得到控制，高村至陶城埠的过渡性河道也基本得到控制，高村以上的游荡性河道已建立一些节点，尚待进一步治理。

河槽整治工程的设计流量，采用中水河槽的平槽流量，每秒五千立方米。整治后的中水河槽宽度，高村以上选用一千米，高村至孙口为八百米，孙口至陶城埠为六百米，陶城埠以下为五百米。并分别拟定各段的河弯间距、河曲幅度和河弯跨度，据以确定河道整治线。然以下游河堤多为沿用过去老堤加修而成，险工段便多成为河道整治线的控制点。而险工段的外形又呈多种多样。同时，又须有利已有涵闸的引水。因之，整治线的确定，必须因地制宜，因势利导。整理线是在逐步摸索中发展的。

关于稳定河槽，古人亦曾有些设想。导引流势的坝、垛，亦曾在河上出现。关于稳定中水河槽的建议，二十世纪三十年代初期亦已提出。但是，依据近代科学技术，把稳定中水河槽作为治河的一项重要措施，并在黄河下游全面地进行实践，则是新中国成立以后的事，且已初步有所表现。

四、滞洪与分洪设备

目前黄河下游的防洪标准，为防御河南郑州花园口站的洪峰流量每秒二万二千立方米，经过河槽的自然滞蓄，到山东台前孙口的流量为每秒一万七千五百立方米。则必须利用东平湖滞洪区分泄每秒七千立方米的水流，东阿艾山以下的大河流量才能在不超过每秒一万立方米的情况下安全下泄。如果花园口站发生大于上述洪峰流量的洪水，则须相机启用山东东明高村以北的北金堤分洪区。如花园口发生特大洪水，来自三门峡以下地区，而又为北金堤分洪区所难得控制者，则需考虑采取其他临时措施。如特大洪水来自三门峡以上地区者，三门峡水库虽可起一定的拦蓄作用，但已有严重后果，目前未列入拦洪运用之列。

东平湖位于山东东平境的黄河右侧，为一八五五年黄河改道北流夺大清河入海后的积水洼地。大清河在艾山以西汇入黄河，称清河门。洼地纳容汶水，但由于出路不畅，遂积成湖。一九五八年大水之后，东平湖始正式开辟为滞蓄黄河洪水之用，并修建了进洪闸门。蓄水面积为六百三十二平方公里。一九六三年，又将原湖区内的运河西堤修为二级湖堤，界分湖区为新、老两部分，以便分级运用。二级湖堤以东为老湖区，面积为二百零九平方公里；二级湖堤以西为新湖区，面积为四百二十三平方公里。除湖东北部依泰山余脉外，沿湖筑围堤长一百公里。围堤和二级湖堤的临湖面均作干砌块石护坡，高出目前防水位一点五米。

湖容为三十点四亿立方米，计老湖八点八亿立方米，新湖二十一点六亿立方米。除底水三点二亿立方米外，可以容纳黄河与汶河来水二十七点二亿立方米。进水闸及泄水闸、扬水站等均已按计划完成。蓄水运用原则为"有洪蓄洪，无洪生产"。新、老湖采取分级运用，一般洪水尽量运用老湖。

目前，新、老湖区居民二十六万人，实有耕地四十七万亩。湖区既有大量居民，而又可能随时分洪蓄水，对湖区工程的管理组织与防护工作，均已作具体安排，对湖区群众的避水工程和撤离措施，亦已进行了修建和设置了设备。

北金堤分洪区，位于山东东明高村至台前孙口间的黄河左侧，北以北金堤为界。分洪区面积为二千三百一十六平方公里，总容水量为二十七亿立方米，有效容量为二十亿立方米。已修建分水闸，分洪流量为每秒一万立方米。北金堤加修后，长一百二十三公里，高十三米。分洪区居民一百二十五万余人，耕地二百四十二万亩。避水工程及撤离措施，正在逐渐计划安排。

三门峡水库于一九七三年改建完成后，其运用方式为，一般非汛期（每年十一月至来年六月）蓄水拦沙，进行防凌、灌溉和发电综合运用；汛期（七月至十月）降低水位，泄洪排沙，径流发电运用。换言之，汛期没有拦蓄洪水作用，只在凌汛防御时起作用。如勉强拦洪，则库区的泥沙淤积严重，并且抬高水位，影响渭河流域。所以，它的拦蓄作用须有一定限制，采取"泄洪排沙"运用，没有蓄洪的任务。

一九五八年，花园口站洪峰流量达每秒二万二千三百立方米，为有水文记录以来的最大洪水，进入山东境后，洪水均超过保证水位。如高村站超过零点三八米，孙口站超过零点八米，泺口站超过一米。按预定防洪方案，需要采取分洪措施以免决口。但黄河防汛总指挥部在党的领导下，对当时黄河流域的雨情和水情经过全面分析后，确定了"依靠群众，固守大堤，不分洪，不滞洪，坚决战胜洪水"的方针，在二百万防汛大军的英勇战斗下，取得了防汛胜利。由此足以说明，下游防洪工程已得到初步的考验。然后下游河床日益淤高，洪水的来临又难以预测，于中游对于洪水有进一步的拦蓄措施前，下游分洪、滞洪措施仍须时作准备，以迎接更大的洪水，确保河防安全。

往时对于分洪或滞洪、蓄洪等办法亦曾有所考虑和实践，如明、清两代，但多缺乏主动性、计划性、控制性，而多采取自由发展。以之与当前的措施相比，则有显著的差别。

五、防洪组织与防洪队伍

防洪任务的完成，不能单纯依靠工程措施，勿宁说，更重要的是依靠健全而有力的防洪组织。古人说："有堤无夫，与无堤同。"亦足以说明这一问题。

今天的黄河防洪组织，从中央到省、县，从专业机构到广大群众，已经建立了完整的防洪组织体系，战胜了历次洪水，确保安全。

现在，首先从各级政府的防洪组织说起。

黄河下游防洪是一项关系重大的艰巨工作，需要动员整个社会的力量。在中央防汛抗旱指挥部的领导下成立的黄河防汛总指挥部，是负责黄河防汛工作的。它是由黄河下游与防洪密切相关的陕西、山西、河南、山东四省的主要负责人与黄河水利委员会负责人组成的，分别担任总指挥和副指挥。关于黄河的防汛方针、政策和防御可能发生的各级洪水的方案等重大问题，均由黄河防汛总指挥部召开会议研究确定，报请中央防汛抗旱指挥部批准后执行。

上述四省和下游沿河各行政公署（或市）、县，成立相应的防汛指挥部，也都由同级政府的主要负责人担任正、副指挥，分别负责所辖河段的防汛工作。

下游沿河各人民公社亦都建立防汛指挥部，并通过下属生产大队的防汛领导小组，承担组织群众防汛队伍，筹措部分防汛料物，以及负责本公社责任段的堤线防守、抢险等具体工作。

实践证明，通过这样的防汛指挥系统，首先，把黄河防汛工作纳入各级政府的工作内容，既有利于动员各方面的力量，又有利于实行黄河防汛工作的统一领导和统一指挥，使各项防汛措施得以顺利的贯彻执行。

其次，说明各级政府的防汛组织如何与治河的专业机构配合作战的问题。

治河专业机构都有相应的组织，作为各级防汛指挥部（不包括公社一级）的办事部门。

黄河水利委员会是黄河防汛总指挥部的办事机构，平时负责编制防洪规划和重大防洪工程设计，制订防御各级洪水方案（包括工程调度方案），检查了解防洪工程的情况，督促检查防洪工程的施工进度，调拨主要防洪器材等；汛期发布洪水预报，进行洪水调度，并负责防汛的组织工作。

在黄河水利委员会的领导下，设立河南、山东两省河务局，作为两省防汛指挥部的办事机构，根据制订的防洪方案，分别制订本省范围内的防汛工作意见和实施计划，并负责完成各项防洪工作。

在河南、山东两省河务局的领导下，沿河各行政公署（或市）设立黄河修防处，沿河各县设立修防段，分别作为各行政公署（或市）和各县防汛指挥部的办事机构，负责黄河大堤、险工、涵闸和控导工程的修筑、管理、维护和防守，并根据上级部署的任务，做好各项防汛工作。每个修防处、段根据任务大小和管辖堤段的长短，设置一定数量的管理人员和规模不等的工程队组织。各修防段还负责群众护堤队的组织和技术指导。

再次，说明人民公社防汛指挥部如何组织群众防汛队伍的问题。

群众防汛队伍是黄河下游防汛工作的基础力量。它是在沿河人民公社的领导下，以生产大队为单位组织起来的，一般分基干队、抢险队和预备队。这支防汛队伍，一般每年有一百余万人，最多时达二百余万人。

基干队是堤线防守的主力，汛期洪水漫滩、大堤临水时，基干队即巡查大堤、险工，检查有无险情发生，观测水性及河势变化，并对一般险情进行及时抢护。它占防汛队伍总人数的百分之四十。

抢险队是防汛抢险的机动力量。当堤防险工发生较大险情时，由修防段技术工人率领，进行突击抢修。它占防汛队伍总人数的百分之五。

预备队是堤线防守的后备力量。负责运送抢险料物，必要时上堤支援巡堤抢险。它占防汛队伍总人数的百分之五十五。

此外，每年汛期，还把沿河城镇、机关、工厂、学校的职工、学生和居民按上述要求组织起来，待情况紧急时，随时投入防汛抢险工作。

为了加强堤防工程的管理养护工作，在修防段的领导下，还组织群众性的常年护堤队。参加护堤队的护堤员，由沿河生产队委派责任心强、有经验的社员担任。护堤员一般每公里一至二人。他们常年居住在大堤上，负责管理堤防工程、修整大堤、经营沿堤树木、管理防汛料物，洪水期间参加防汛。它是专业机构下的一个经常性的群众组织。

群众防汛队伍，是把千家万户的农民组织成一支调度灵活、协同一致的队伍，组织群众防汛队伍是一项十分复杂细致的工作。首先要通过县、社防汛指挥部和修防段进行广泛而深入的宣传教育。一切工作的组织与安排，亦通过县、社防汛指挥部的布置和修防段的具体指导。各人民公社都有自己的"防守责任段"，并把任务分配到每个生产大队。每年汛前，各级防汛指挥部根据所辖责任段的防汛任务，制订堤段防守计划、劳力组织计划、防汛料物计划和交通运输计划，并将具体任务和要求告诉群众，做到人人皆知、件件落实。

防汛任务又是一项技术工作，必须进行技术培养训练。对于防汛队长、骨干力量和群众的培训、学习，均定有办法，分批按时进行。

至于群众防汛队伍的经济报酬，由于队伍成员大都是从事集体生产的农民，不是国家工人，不享受工人待遇。汛期，基干队伍上堤防守，由国家按普通工标准和上堤防守天数分发工资。抢险队上堤抢险时，依工作性质分别按普通工和技术工的标准，按参加工作天数分发工资。预备队成员上堤参加防汛，亦按上述原则发给工资。遇有特大洪水，全民动员投入防汛抢险，一般不发给工资。

护堤队员虽然常年在堤防护，但仍为生产大队之一员，不实行固定工资，而由所在大队按和社员同样标准进行分配。护堤员所管理堤段和柳荫地的树木成材后，分别将树干和树枝按一定比例，分为国家和社队所有，社队可从集体收入中提取一部分，作为护堤员的报酬。

贡献大的护堤员，由治河专业机构给予奖励。

　　总之，组织群众性的防汛队伍是一项细致工作，要进行广泛而深入的宣传教育，要做好计划安排，要注意进行技术培训，要给以一定报酬。实践证明，群众防汛队伍是防洪的基础力量，专业机构与其密切结合，对取得黄河下游防洪斗争的胜利起了重大作用。而按行政区划建立防汛指挥系统与黄河专业机构统一领导、统一指挥，有利于调动各方面的力量，有利于组织群众进行抗洪抢险斗争。黄河下游的这等防洪组织实乃治河史上的创举，是战胜这条号称难治大河历年洪水的基本条件。

　　由上所述，可见黄河下游的防洪工作是有显著发展的。由于黄河决口的危害特别严重，防御来临洪水的概率标准，在全国各大江河中亦是最高的。但是，由于社会经济的发展，对于防洪标准的要求亦是日益提高的。提高防洪标准的主要措施在于削减花园口站以上的洪峰来水量与雨季来沙量，是则有待于进一步的致力者。

　　至于水文的观测与情报的传递，则不备述。

黄河召唤系我心❶

（一九八一年十月）

一、童年时黄河留给我的记忆

我是山东菏泽人。菏泽在山东西南，原属曹州府府治。黄河流经北境，废黄河流经南境，历史上曾长期为黄河泛滥区域。唐末在这里爆发了黄巢起义；北宋以来，这一带不断发生农民暴动。我就出生在这个贫穷、动乱的地方。

童年时，每到夏日夜晚，常和祖母、母亲在院中乘凉。仰望天空，群星灿烂，我指着天河问：祖母那是什么？祖母说："那是天河，天河和黄河相通，过几个月，天河就挪到那边去了！地上的黄河也常改道，黄河之水天上来呀！"我似懂非懂地听着老人的叙述。她接着说："有一年，在一个倾盆大雨的夜晚，电光闪闪，雷声隆隆，黄河便随着从我们南边滚到北边去了。"母亲在一旁也说："五十年前黄河真的搬了家，是你祖母亲身经历的事！"我满怀疑团：会有这等事？但它却给我留下了深刻的印象。

年稍长，常听到长辈和河工人员叙述防汛抢险的紧张情景。每在伏秋季节，一旦黄河涨水报警，便有人敲起响锣，高声喝喊："咳！咳——黄河发水了！咳——黄河发水了！"锣声、喊声，激荡着人心，震动着人们的神经。这时，护城堤上在封土；人们在收拾家里的东西，或作着各种必要的准备。这样，渐渐知道锣声和生命有关，与看星星、看天河时讲黄河的心情，完全不一样了。

上中学时，国文老师讲起清咸丰五年（一八五五年）河南兰阳（今兰考）铜瓦厢决口、黄河改道的事（明、清黄河本自兰阳东至江

❶本文由中国人民政治协商会议天津委员会文史资料编委会柴寿安同志记录、整理。

苏徐州夺泗，东南至淮阴，汇淮入海。清咸丰五年，黄河大决于此。全河分三股东北流，穿运河后，夺大清河入海。光绪元年（一八七五年）决溜三股，合并为一，即今黄河）。下课后，我问老师"铜瓦厢是怎么决的口？"回答是："黄河一决口，水就哗哗地往北流。"我又问："大堤是怎么被冲开的？"老师就回答不出了！这次黄河改道大概就是祖母所说的黄河搬家的故事。

在学校读书懂得了黄河流域是中国文化的摇篮，但是我想：文化摇篮就是这样？难道一点办法也没有了？中国上古史，就谈到黄河的事，黄河那么重要，难道真的没法治吗？大禹治水远在四千年前，难是难，还是治了！今天，黄河如此泛滥，为什么没人去治理？

生长在三年两决口的黄水泛滥之区，黄河决口、改道、抢险、报水的锣声，从幼年便在头脑中构成可怕的景象。黄河为什么那样狂暴凶残？为什么总是决口、改道？这一切，促使我走上学水利的道路，并且这一辈子一直跟黄河打交道。

二、为治黄河学水利

曹州虽是一个贫穷、落后和充满各种复杂社会因素的地方，却激起人们改变穷困的念头，比较容易接受新思潮，即当时所谓"振兴实业"，"改良教育"。一些前辈到日本留学，回来后，对山东教育界起过影响。如我读书的菏泽县第一小学堂，便和进私塾拜老师背诵"子曰"不同了，是穿制服、读课本、下操场，还把新式歌曲唱。上中学时，有物理实验、化学实验，很多老师都是日本留学生，教学质量较高。那时，由于环境影响，很早就升起了一个青年人对未来的理想——去改造自然，去探索黄河决口、改道的秘密，去研究怎样才能修好坚实巩固的堤坝。理想推动着我去刻苦学习。那时中学是四年制，八个学期中除去第一学期外，每个学期我都是案首。

一九一八年中学毕业，听到人们说：北洋大学土木系最好。因此，我的第一志愿是北洋大学，没有第二志愿，并且在京、津同时报考了北洋大学。

我能幸运地考进北洋大学，非常高兴，但困难也真不少。我在中学时成绩虽然不错，外文却不行。北洋大学的英文、德文课都是外国人教的，专业课本多是英文原版，也大都是外籍教师讲课。北洋大学的降班制度很严格，我脑子中始终担心降班。所以，入学以后，很少离开学校，顶多到校门外的桃花堤上去看看，一听到学校钟声，赶快回去。在这种严格的学习生活中，打下了比较扎实的基础。

第二年，因参加五四运动被学校开除。我虽志愿上北洋，但认为爱国无罪，拒绝递悔过书，于是转学到五四运动中心的北京大学。北大没有土木系，只好改学物理。

一九二〇年参加山东官费留学生考试，考为备取生。便以备取资格获得补助费赴美留学。于次年夏东渡太平洋。

官费留学生每月九十元，一年一千多元；补助费留学生一年只有四百元，相差悬殊。我选了一所学费不高、声望较好的学校——伊利诺大学。我靠洗盘子、干临时工维持了三年。

毕业时，得到荣誉结业证。获得这种荣誉相当困难，必须三年中成绩 A 占百分之五十以上，C 不能超过百分之二十五，不能有 D。我在一九二四年毕业，那时土木系只有两个人获得这种荣誉，一个是我，另一个是美国人。此后我又到康奈尔大学研究院学习了一年，获土木工程硕士学位。于一九二五年回国。

三、第一次看到了黄河决口处

一九二五年夏，菏泽城北临濮集附近李升屯民埝决口，急流逼近大堤（民埝为临河小堤，决后水流于南岸民埝与大堤之间）。民埝决口处宽三四里，最深处十五尺，平均有六、七尺。距李升屯下游约二百里处，洪水又冲决黄花寺大堤，口门有五处，黄河南岸广大地区受淹。当时河务局派人经菏泽去李升屯调查，准备估工。听说我在国外专学水利，刚刚回国，邀我同去。遂欣然前往。

出临濮北行不远，就到黄河大堤。堤身高约二十尺，顶宽二十五尺，边坡约为一比二。登堤北望，则飞沙茫茫，白色映空，残木枯树，渺无人影。大堤附近，黄水虽已退去，而淤沙之多，实出人意料。柳树的树身完全埋在泥沙中，上面只有柳条一二露在外面。高粱则偶有穗头露出。过去的村庄，如今成一片沙土，深深感到黄河水之为害，实在太深重了。

在这次调查中，亲自看到了黄河决口和堤防的实况，认识了山东河务局的工务科长潘万玉和一些老河工，得到许多书本上没有的知识，对黄河为害的情况有了一些了解。

黄河大堤分官堤、民埝两种：官堤即大堤，归政府修理、养护。官堤距河稍远，自数里到十数里不等。由于河滩地的土地肥沃，所以人民又在大堤内修筑民埝，用以防水，便于耕植。其间住户稠密，乡村、集镇与别处无异。惟以大堤不常临水，一旦民埝决口，便常危害大堤，因而溃决。

黄河两岸大堤相距很宽，河南境两岸堤距宽二十里，到山东、河南交界宽四十里，到山东寿张、东阿一带慢慢窄下去，一般只有两里宽。站在大堤上，可以看到河槽高于地面，河水总是迂回着流。在河水流近堤身、冲刷到堤的地方，则须加筑护岸。护岸是巩固堤防，兼有导溜离堤的作用。

当时护岸为埽工。埽料是秫秸或谷草，用麻绳捆镶，然后层土层料，修成护岸。埽工护岸的优点是：山东、河南一带，盛产高粱，价钱便宜，容易得到，用以抢险，比用其他方法快，又经济。但它的缺点很多：一、每年必须加镶，长远计并不经济；二、秸埽比重小，易于浮动；三、镶埽之处，多为溜所淘塌之坡，埽的重心因而居上，必然不稳；四、秸料为绳所连系，在埽被土压、秸绳失去连络之效时，则易走失；五、用土压埽，水很容易将土冲走，埽亦常因走失而失去护岸的效果。

针对这种情况，我提出黄河应改筑石护岸（长江就是石护岸）。这个意见立即遭到反对，说："长江能用石护岸，黄河不能用！"有的又说："某某人早已用过，不行。"在堤上我问工务科长，为什么不行？他慢吞吞地说："秫秸满地都是，一有险情，马上就能作。料物早都备齐，工人又熟练。"老河工说："修堤不易啊！几千年来就是这样干的！"还有人说："多年治河，书上都是这么说的，是千百年的经验总结，不能变啊！"后来我才明白：盖以秸埽，易腐易蛰，又易冲走，故须年年加镶，大水时又必须紧急抢修补救；且工程多在水下加镶，抢修用料若干，实难计核，走失若干，又难查询，如此便可上下其手，成为靡费贪污之源。"利河多事"，故河患日甚，如果黄河改用石护岸，便没利可图了。我开始懂得治理黄河不单纯是工程技术问题，还是一个社会问题。

由此联想到我在山东建设厅工作时，还提过引黄灌溉和水力发电等天真的建议，也曾得到类似的结果。我建议引河水灌田，遭到反对。便又提出试用虹吸管抽黄河水浇地，河务局不同意，只好作罢。后来动用省的力量，经过相当长的时间，才同意在齐河南岸，由河务局选定地址，靠黄河大堤安装一个小型虹吸管，作为试验。

利用水力发电的建议，同样受到阻挠。他们根本不相信水力可以发电。为了说明利用水力可以发电，便在济南小东门外，利用东流水，安装了一个小水电站。河上电灯亮了！但亮了也就亮了！没有人再去关心推广的事。作为一个工程技术人员，满怀热情想在治理黄河中有所作为，但在这种环境中，眼看着黄河成灾，残害人民，却动都不许动，还谈得上什么治理？心中纵有千言万语，不能讲，没法讲，只好退下来看书，从理论研究方面尽一分力量。而当时又缺乏以新技术治河的基本资料，难得深入研究，只得从治河史学习起。

四、探索历代治河经验

当年在美国学习时，柯乐斯教授曾对我说："你研究水利，知道中国有条黄河吗？"我说："这是一条为患四千年的大河，流经我的家乡，从童年时就知道"。"你有意除害兴利吗？"我答："志之久矣！而未得其道也！"柯乐斯教授遂将他所搜集的黄河资料底稿四大册相借。作为一个外国学者，他所搜集的资料，在当时已经是相当丰富的了。对我后来从事研究黄河问题，有很大的帮助。

我早年所处的时代，是近代科学技术在我国萌芽的时代，也是新技术、新理论与旧观念、旧习惯斗争的时代。在治河方面，有国外学者提供的理论和意见；有我国学者研究的成果；也有从事河务工作多年，根据经验成论著说。这些意见，或相合，或相反；或对旧者怀疑，或对新者蔑视。议论纷纷，莫衷一是。

总的来说，历代治河策略，专讲"河防"，重在下游。基本态度是受当时文化科学水平的限制。研究了历代治河的文献资料，我得出以下两点认识：

第一，要制订确切的治河计划，必须有正确的科学依据。如一年内流量的变化，历年变化的比较；河床的淤垫变化情况；降坡和切面的变化情况；各地的堤距及河槽宽度比较研究……。在以后的数十年中，不管担任什么职务，我一直致力于这方面资料的搜集，作为研究、应用近代科学技术治理黄河的依据。

第二，过去治河多侧重孟津以下，认为迁徙漫决都在下游之故。考查黄河为患之主要原因，实际来自上游（包括中游）。上游各支流水系都以扇形冲刷泥沙，顺流而下，流至下游，才形成淤垫漫决之患，故专治下游，不是正本清源的办法。

一九三一年二月二十四日，《大公报》载在华北水利委员会第九次委员会上，李仪祉提议"导治黄河宜注重上游"一案，首先提出治河宜注重上游的主张。他说："数十年以来，但注重下游，而漠视上游，毫无结果。故惩前毖后，深望研究黄河者，知所取择也。"三天后，我在《大公报》发表《论治黄》一文，对李仪祉的主张表示支持，并作了进一步的阐述和商榷。我认为李仪祉所持"治理黄河，宜注重上游"的看法，在当时来说，是个治河的新法。和旧日"专治下游"相对而言，能够吸引人们注意。但若从治黄整体而论，只注重上游，又觉有所欠缺。

提出商榷的问题，主要有两个：

一个是说下游治理也很重要。过去虽说注意下游，实际上并没有真正治理。如今年列为险工的，明年必仍为险工；今年已决口的，明年仍有决口的危险。像李升屯、刘庄、黄庄、宫家坝等地。历年所谓"治河工程"，不过是"抢险工程"而已！特别是下游不畅，上游必决。古今中外都是一样的。黄河之难治，一为携泥沙很多，二为洪流来去迅速。自黄河改道由利津入海后，七八十年间，淤出新地近三百万亩。黄河入海口门，其乱如网。上游洪水暴涨，口门不畅，宜泄不利，水不能下行，必然出险。黄河之根本问题，泥沙多固为主要；下淤不畅，也是黄河致病原因。所以说下游之急待治理，并不减于上游。

另一个是阐述了黄河难治的社会原因：一、畛域之见的危害。治河应统筹全局，黄河下游，河南、河北、山东三省的河务局，各不相谋。如冀、鲁之交，出险次数最多，河北决口，祸在山东，河北因利害较轻，不加注意；山东则以职权所限，不能超越省界整理。二、治河人员囿于旧习，不能采用新技术。如提倡机器打桩，轻则不理，重则将机器故意破坏。又如旧法"合龙"亟待改良。山东黄河河务局潘万玉根据科学原理，采取各国通行之新法施行时，职工都旁观，稍有失败，则加辱诉。三、尤其是河务人员责任心差，视河务为发财机关，不顾工程质量能否维持长久，惟恐来年不再决口。再有地方财政困难，除非生死关头，汛情紧急，否则都避免涉及。建议成立统筹全局的黄河水利委员会，要有孚众望之人才办理。

李仪祉对于我所提出的不同见解，不但没有非难，反从爱护、培养出发，以科学的态度，谦逊地容纳我的意见。一九三三年九月三日，当南京政府正式成立黄河水利委员会时，李仪祉还同意我为委员兼秘书长。这一任命，我事先一点也不知道。由此可见他实事求是的学者风度。

五、下游实地考察

一九三二年十月，南京国民政府特派王应榆为黄河水利视察专员，王邀我陪同视察利津至孟津一段，前后共十八日。

这次视察从利津经齐河至官庄，达十里堡。沿堤西行见郓城、鄄城、菏泽一带，沙碱干枯，非兴水利不可。再到刘庄，已入河北省界。刘庄为第一险工，水自西北来，至刘庄陡折北流，约七十五度，所以南岸堤防非常危险。地在河北，决口则尽淹山东，山东人民极为关注。但因地域关系，谁也没办法。

入河北先到濮阳，过东明，至开封，经郑县，达武陟，再经孟县、洛阳，最后到达巩县。王应榆继续西去潼关，我则因事乘车返回济南。

这次实地考察丰富了我对黄河的感性认识。比较全面地了解了黄河下游河道、官堤、民埝、护岸，以及河防和淤淀情况，特别是对河务工程上存在的迷信、保守思想，狭隘的地域观念，以及缺乏全面、系统的兴利除害的规划、部署等问题，获得了深刻的印象。

在利津本拟到海口视察，因河道情况不详，地方不静，未能成行。我们找到熟悉河口情况的河工和船家进行调查。据说："宁海以下无堤防，河水漫流于三角洲。宁海以下至海口约一百一十里地，大水时，水深十二尺；小水时，水深四五尺。如沟通水运，船可至天津、大连。鱼以梭鱼及虾为大宗。海滩约有四百万里，潮界内产豆，每年有一季收成，每亩可收三元（未开垦的生地）。"

过去关于海滩新淤之四百万亩荒地，我曾作过初步研究，深知海滩是一片富源。有自德县、临清一带前往耕种者，做工一季足敷一年之用。为什么垦殖事业不能发展？其原因有四：一、治定不能维持；二、宁海以下无堤防，黄河漫溢于三角洲上，人民耕种困难；三、无淡水饮用；四、交通不便，管理不得法。

黄河河口三角洲以利津东的宁海为顶点，大体包括北起徒骇河，南至支脉沟口的扇形地带。如果修筑堤防，固定河道，竣工后，地方则可振兴实业，增加富源。视察后，我曾据此写成《黄河河口之整理及其在工程上经济上之重要》一文，以阐述之。这些议论在旧中国统治时，都不可能实现。现在听说三角洲的顶点已从宁海下移二十余公里，到渔洼附近。三角洲成了滨海绿洲，河口建立了胜利油田、海口渔场和一些现代化工业。和我从前视察时相比，发生了根本的变化。

六、一九三三年黄河大水灾

一九三三年七、八月间，黄河上游各省，阴雨连绵，山洪暴发。洪水流到河南，一出邙山，就决口三十二处。在冀、鲁、豫交界处，分成五股外流，洪水下注，波涛汹涌。黄河流量在陕县为两万二千秒立方米，流量之巨，是自有水文记录以来所未有的。水灾非常严重。

这次水灾,陕西、河南、河北、山东等四省,总计受灾人口三百六十多万人,占受灾各省总人口的百分之二十六强;受灾面积三万五千平方公里,占受灾各省原有面积的百分之十八强(据中华民国二十三年黄河水灾调查统计报告)。

在洪水横流之际,南京国民政府于仓促间成立黄河水利委员会,任命李仪祉为委员长,王应榆为副委员长,我为委员兼秘书长。黄河水利委员会成立的第一件事,就是调查黄河水灾情况,主办堵口工程。不久实行以工代赈,此事便移交黄河水灾救济委员会办理。黄河水利委员会仅负责对黄河的治理及善后工程。

当时的黄河水利委员会对下游三省河务局,名义上是领导关系,实际上连指导也指导不了。下游三省河务局提出了双方业务上分工的要求。他们说:"黄河上调查、研究、测量你们管,黄河下游工程不能动。三省河防是千年经验积累,不用问。"的确,关于水文站、测量队的工作,他们都不管。但是讽刺、打击却不断,如提到治理黄河应兴利除害,他们就说:"唱高调,患还没除,还谈兴利?"在从事地形测量、水文观测、模型试验时,他们讽刺说:"没事干了,拿这玩艺消闲解闷啊!"一直延续到解放战争时期,黄河还基本上是明、清时代的老样子!

后来由曲阜孔姓某人出任黄河水利委员会副委员长。此人封建迷信,靠烧香扶乩决定堵口日期,背后有孔祥熙支持。李仪祉辞职,将我调为总工程师。我将李仪祉遗留的未了事情作了处理后,也离开了黄河水利委员会。

在黄河水利委员会工作期间,虽然工作不顺利,但却是我最值得回忆的一段,因为亲自接触实际,去过许多地方,也参与了一些工作的计划和实施。对于治河,在前辈领导和同事的共同努力下,自己也初有所得。这期间,我对黄河有了进一步的认识和了解,对黄河的决口、改道、修防等问题,逐渐形成了一些新的看法。

对下游河道的"治理",在当时条件允许的"调查、研究、观测"的范围内,技术人员坚持研究,对治理黄河的方针、措施,展开议论,提出建议,为此后治黄奠定了一些微薄的理论基础。

七、系统积累治河资料进行初步研究

我国历代治河经验虽极丰富，但属于古代科学技术的范畴。例如，治河的对象为对于流水与泥沙的控制。古人已知水流的涨落与大小，而不知其量的多寡；知其涨落有时，而不知其量的变化过程。又如，已知黄河泥沙量大及其危害，如称"斗水六泥"，并知其"善决、善徙"乃由于"善淤"；然亦只从概念出发，不知其确切数量，不知其变化与运行规律。是以只能空泛议论两岸堤距的宽窄，不能得出符合自然实际的计划；虽有"束水攻沙"的理论，而在执行上亦只能从经验出发。若欲以近代科学技术治河，则必须具备实地观测的数据，作为计划的张本。因此，显示出设立水文站的重要意义。

水文观测必须经常、及时和准确，并须从观测结果计算出反映实际情况的数据，并作出长期变化的统计。但水文站设立之初的工作，每多疏忽。黄河流量，自有记录以来，十余年间，中外文献都以八千秒立方米为黄河流量之最高峰。一九三〇年我研究黄河水文时曾对此产生怀疑，认为这个数据偏低。虽有疑心，苦无资料可以证明。一九三三年黄河发生大水之后，我即到河南视察。据告知，陕州最大流量为一万四千余秒立方米，则已超过以前记录的百分之八十。证明我以前的怀疑是对的。但这年的实际流量还远不止此数。据当时黄河水利委员会测绘组主任工程师安立森的计算，一九三三年陕州站之最大流量为二万二千秒立方米（见《平汉黄河铁桥与洪水之关系》一文，载《黄河水利》月刊一卷三期）。事实上黄河的水文观测从此始上轨道。

一九三三年以前，仅陕州和洺口各有水文站一处。记载时断时续，很不完整。一九三三年秋黄河水利委员会成立之后，第一步工作就致力于水文及河道的测量，先后成立水文站十五处，水标站六处，一九三五年又增设水文站八处。根据这些测量的结果，于一九三五年仲夏，写出《民国二十三年黄河水文之研究》。

黄河中游北部，每年雨季（七至十月）暴雨频注，河水流量较大，遇有暴雨时洪峰骤起，呈现陡涨候落之势。洪峰总水量相对不大，峰则甚高，对下游堤防造成严重威胁。过去这方面资料很缺乏。一九五七年商都三小时十分降雨六百二十毫米；一九六四年，山西中阳金家庄二十四小时降雨四百二十二点三毫米；一九七一年，陕西神木杨家坪十二小时降雨四百零八点七毫米，内蒙古乌审旗的哈木图木登十一小时降雨一千八百五十毫米，成为世界纪录。这种暴雨径流常对下游产生危险的影响。

黄河特性是含泥沙过多。要根本治理黄河，必先控制泥沙冲积。黄土的生成时期距今十几万年到二十万年，相当于地质上的第四纪马兰期。远在黄土层生成之前，黄河便大体上构成了它的水系，已经有了山脉河流的形势，并且在岩石上堆积了一层红土之类的土壤。黄土高原约占全流域的百分之七十七。黄土层的分布受着局部地形起伏的限制，同时也受地表径流和河水的冲蚀。也就是说，黄土是一边风积，一边水冲。受原来地形的影响，表面有起伏，积层有厚薄。一般是二十至一百五十米，薄的地方可能只有几米，厚的地方达四百米。

根据近年的观测统计，黄河每立方米水流的携沙量为三十六公斤，经过陕州带到下游的泥沙总量平均每年达十六吨，体积约折合十亿又七百万立方米。如果用这泥沙堆成高、宽各一米的土坝，足够绕地球赤道二十六周有余。这样大量的泥沙，到了下游，由于河道平缓，每年淤积在下游河槽中约四亿吨，河槽就逐年淤高，直至高出河堤两旁地面三至十米不等，成为"地上河"。所以"黄河之水天上来"的形容并不夸张，而是很形象的。

关于这方面的问题，我曾先后写出《黄河流域之土壤及其冲积》、《黄土高原和水土保持》等文以论述之。

我在黄河水利委员会工作约三年时间，既不能插手治理的实际工作，乃在黄河水利委员会制定的工作项目内，从事研究，亦曾提出过一些看法。

一、利用现代科学技术，加强观测研究，了解黄河的自然情况，找出规律。如流量、流速和泥沙的相互关系，多大流速才能减少淤淀，同样的流量是否含沙量相同。还要开展大量的地形测量工作等。

二、加强实地试验以研究改进治河措施。为了在西北黄土高原设立水土保持试验站，曾赴陕西、甘肃各地选择设站地点；为了提供河道模型试验所的研究参考，去黄河下游选择典型的河段，并搜集有关资料。

三、治理黄河应上、中、下游兼顾，兴利除害并举。包括节制洪水、土地整理、水土保持、河道整治、保护堤防、水资源利用等。

四、下游除加强堤防外，还应重视"固定河槽"，包括研究护岸的方法和布局，河槽断面的大小和形状，河身流行的路线（曲、直、缓、急）等方面的研究。

这四项工作，包括内容很多，只可以说是刚提出了一些新看法、新问题、新工作项目。不久，由于黄河水利委员会的情况改变，我们被旧派势力挤了出去。一九三七年日本侵略中国，抗战军兴；一九三八年蒋介石在河南郑州附近扒开了花园口黄河大堤，淹没了河南、安徽、江苏三省辖境内的土地五万四千平方公里，使一千二百五十万人受灾，死者八十九万人，造成了无人的黄泛区！在这种情况下，又如何能谈到治理黄河？

在黄河水利委员会工作三年中，刚刚开始的初步调查研究，很少进到设计阶段，更谈不到施工实践。但这段时间对我是很重要的。有关黄河问题研究的文章，很多是在这段时间写成的，收集在一九三六年出版的《治河论丛》中。

一九三八年在重庆，商务印书馆又出版了我写的《黄河水患之控制》。其中，大部分资料采自我过去所著《治河论丛》、《黄河志·水文工程篇》、《黄河流域之土壤及其冲刷》（《水利月刊》第六卷）、《黄河问题》（《中国水利问题》第三章）。

八、视察上、中游，提出治黄纲要

一九四六年夏秋之交，当时南京国民党政府的水利委员会组织黄河治本研究团，目的在于通过实地视察，提出治理黄河的根本方案。这次视察以我为团长带队前往。计划从陕州溯河而上，直到河源贵德和西宁一带。同行有水利委员会的刘德润、李仪祉之侄李赋都，河南大学教授、地质师张伯声等八九人。

经过一九三二年对下游的考察，一九三三年以后在黄河水利委员会期间的广泛接触，和一九四六年对上、中游的实地考察，结合多年对黄河的研究探索，想从旧的治河方略和措施中闯出一条新路来。针对黄河的自然形势和我国的国情，提出新的治理目标，以及达到这一目标的方案和措施。为此于一九四七年秋，拟出《治理黄河纲要》共八十条，一万四千余字。此文除提请中国工程师学会十四届年会讨论外，没有正式发表，只油印二十余份，分赠友好，今仅存一份。下面略述这个《治理黄河纲要》（简称《纲要》）的主要内容：

（1）治河策。在《治理黄河纲要》中，我主张把治河视为国民经济建设的一个重要部分，所有重大工程，凡能进行综合利用开发者，均应尽量进行多目标开发，统筹兼顾，以发挥最优的经济效益。如兴办灌溉，则天旱无虑；施行排水，虽涝不灾；整理航道，交通便利；开发水电，动力不缺。黄河蕴有巨大资源，果能一一开发，不仅流域以内沾其实惠，人民得以富庶，生活得以提高，即全国的社会经济状况，必因而改观。不然，则是持金碗而乞食于人，非止不智之甚，且贻笑于人也。

兴利与防患关系密切：原用以兴利之设施，可能在防患上起作用；原用为防患之设施，亦可能在兴利方面起显著的影响。因利之兴，而害即减；因害之除，而利亦见。

有人说：黄河除患，力尚不足，又谈兴利，岂非奢望？可分期为之，量己之力，察彼缓急，妥拟进行程序即可。

治河方策拟定后，应即拟具总计划，并包括五十年之治河程序。其内容随方策之修正，按时重新补充。然后按五年为期，制订分期施工计划。

总之，不论方策与计划，都应上、中、下游统筹，本流与支流兼顾，以整个流域为对象。应与农业、工矿、交通及其他物资建设联系配合，不能"为治黄而治黄"，必须明确治黄不是单纯的工程问题，应抱有开发整个流域全部经济的宏大志愿。

（2）泥沙。在《纲要》中，我主张黄河为患之主要原因为含泥沙过多。治河如不注意泥沙控制，是舍本就末。欲谋泥沙之控制，首先应注意减少其来源。其方法为黄土高原土地之善用，农作法之改良，地形之改变，沟壑之控制。以上多与农、林、牧有关，故应与农业界合作处理。

（3）水的利用。在《纲要》中，我认为黄河流域最大资源为肥美之土地，最缺者为水，故水之作用，应以农业开发为中心。水力、航运不消耗水，均应配合农业。所发电力，尤应注重抽水上升灌溉高田为优先。对日人主张托克托、孟津间单纯从发电着眼，以工业为重心，认为不合于黄河流域的经济情况。当然，黄河水能的开发应面向全国，而水资源的利用，则主要应面向本流域。

黄河上游，枯水与洪水之差较小，水力资源蕴藏丰富。兰州以上，因天气及地势关系，不便发展农业，利于畜牧。贵德之龙羊峡以下的若干峡谷，多可拦河作坝，用水发电。兰州、中卫间黄河本流，为西北交通要道，利航工程必不可少。所经峡谷多处，颇宜开发水电。设计治理必与利航、水力、灌溉、蓄水同时兼顾。宁绥沿河，地势较平，铁路已自北京达包头。然以河水平缓，亦可考虑航运。黄河在陕州孟津间位于山谷之中，且临近下游，故为建筑拦洪水库之优良区域。其坝址应在陕州之三门峡及新安之八里故同（小浪底）。三门峡位于陕州、潼关间，较为宽阔，水库容量较大，使回水不越潼关，即可达防洪目的；如于八里胡同下口建坝，使回水仅及潼关，既能控制为害下游的水量，且可开发大量水能。二者孰佳，应于决定前，作详密之比较研究。最严重的问题是水库寿命，应在对泥沙淤积情形作进一步研究后，始能判定。曾闻日人欲在陕州筑坝，使回水西至临潼，北逾韩城，构成容量达四百亿立方米之水库，为了获得大电量，不惜淹没二百万亩良田。这是个十足的殖民地计划。我们应从中国人立场计算得失，不可盲从。以淹没关中二百万亩良田，使百万同胞丧失其养命之源为代价，换取多少电力，应深加考虑。我主张不能使潼关水位增高。蓄水不宜过度集中。

黄河下游雨量缺乏，因河水大多高于平地，可开闸引水灌溉。黄河下游，盐碱地多，应利用河水淤灌，并配合排水系统，引黄洗碱。

（4）水之防范。在《纲要》中，我认为黄河下游水患严重，应以防洪为主（黄河上、中游之水患，在过去及现在范围不大，灾情较轻，然应考虑到若干年后之变化）。防洪一事不能以堵住决口为满足，应以预防免决为职责。所以，不应徒事善后救济，必须预有设施，以保安全。对此应考虑经济关系，而制定防洪之规划；应破除地域观念，不拘于局部利害，以着眼大处为首要。

在中外前辈的启发和朋友的协助下，提出过对下游护岸工程的改进、河槽调整工程的兴建、孟津以上调洪水库的修筑等建议。顺带提一下黄河上、中、下游当时尚无确定分界，我根据地理及水文性质，曾建议河源至绥远（内蒙古）托克托为上游；托克托至河南孟津为中游；孟津以下，迄至海口为下游。

九、黄河巨变

根治黄河，是我国祖先四千年来所追求的理想，是黄河流域亿万人民迫切的希望。在旧社会，由于政治、经济条件和技术条件限制，也由于统治阶级对广大人民疾苦的漠不关心，不可能根治黄河。在我的青年时代，正是军阀混战、民不聊生的时代，更谈不到治河。国民党统治的二十多年间，对黄河水利事业不但毫无建树，反而极尽破坏之能事。一九三八年蒋介石政府在花园口扒开了黄河南大堤，把富饶美丽的原野变成荒无人烟的"黄泛区"。这不过是我国人民所受黄河灾害极小的一部分。

新中国成立后，黄河水利委员会主任王化云同志曾征求我对治黄的意见。我说："《纲要》的内容，就是我的意见。"

一九四九年九月，在黄河下游大堤还没来得及全面维修的情况下，郑州秦厂站最大洪峰达每秒一万二千三百立方米，每秒一万立方米以上流量持续四十四小时，洪水总量一百零一亿立方米，大大超过一九三三年洪水总量六十一亿立方米。洪水到达后，全河堤防在洪水袭击下，历史遗留的弱点全部暴露，几天之内大堤出现五百多处漏洞、管涌、渗水等险恶现象。堤坡刷塌日达百余里，抗御大溜的险工埽坝相继坍塌二千余处。下游三省党政领导立即发起一个全党、全民性的防汛抢险总动员，号召沿河群众迅速行动起来，为"确保大堤安全，不准决口"而斗争。这在历史上是第一次。

在随时都有决口可能的危急形势下，下游三省立即组成一支三十五万人的防汛大军，努力奋斗。经过四十多天的艰苦斗争，人民以钢铁般的意志和创造性的劳动，力挽狂澜，驯服洪水。当时有一条标语："要使黄河在人民面前屈膝"！这是存在我心中很久的一句话，也是黄河流域人民世世代代的理想和要求。只有在新中国成立后，我们才有雄心和魄力提出这个征服黄河的口号。

回想一九三四年，陕州站只发生每秒八千立方米流量，推算到秦厂站为每秒八千五百立方米的洪水，封丘、长垣等县四处决口，淹没六个县。一九三五年，陕州最大洪水量每秒一万三千立方米，推算到秦厂站为每秒一万四千立方米，在鄄城董庄决口，淹没山东、江苏十个县，受灾人口二百多万。两种不同的社会制度，两种不同的结果，这是多么鲜明的对比。

一九五八年七月十七日，秦厂站出现每秒二万二千三百立方米的最大洪峰流量，并且有水位高、洪量大、来势猛、持续时期长的特点，秦厂以下各站每秒一万立方米以上流量持续五十六至七十九小时，为黄河自有正式水文记录以来的最大洪水，沿河各堤段的洪水位，大都超过防洪的保证水位，堤顶一般只高出水面一米以上，有的堤段几与顶平。由二百万军民组成的防汛大军，形成一条声势浩大、斗志高昂的"人防"阵线。周总理亲临大堤指导，给防汛大军以极大的鼓舞和力量，大家立即宣誓"坚决防守，不准决口"、"保卫社会主义建设"、"保卫大丰收"。

按照预定防洪方案，需要采取分洪措施，以免决口。但黄河防汛总指挥部，在党的领导下，考虑到黄河堤防工程经过历年培修加固，抗洪能力大为增强，还有坚强的防洪大军的巨大威力，并全面分析黄河流域的雨情和水情后，确保"依靠群众，固守大堤，不分洪，不滞洪，坚决战胜洪水"的正确方针，得到广大防汛大军的拥护，变为行动。"人在堤在，水涨船高，洪水不落，决不收兵"。沿河虽发生了二千多处不同的险情，防汛大军严密防守，及时抢护，均化险为夷。

我们人民艰苦奋斗战胜了一九五八年的特大洪水。而一九三三年黄河以略小于一九五八年的洪峰（每秒二万二千立方米）就形成三十二处决口。淹冀、鲁、豫、皖、苏五省六十七县。这种变化是前所未有的。

当然，黄河三十多年的巨变是说不完的。单从上述两年防洪斗争与历代情况和有文记载以来，黄河下游安危相比，不是足以说明黄河旧貌换新颜的关键所在吗？

一九五五年七月十八日，邓子恢副总理在第一届全国人民代表大会第二次会议上，作了《关于根治黄河水害和开发黄河水利的综合规划的报告》。全国人民代表大会作出决议，根治黄河的伟大工程，进入一个新的阶段。

作为一名水利工作者，新中国成立后这三十多年，由于工作关系，专题研究不多。但是，对我来说，则是新生，有如漫漫长夜，倏见光明。比如说，长期对于下游护岸，早就想把埽岸改为石护岸。但在当时即便试作一段也不许可。而一九五四年春，我随黄河查勘团从济南到黄河海口，又从那里顺大堤到了孟津。我对黄河大堤是比较熟悉的，走过不少次，常常能说出沿堤村庄的名称和险工情况。这是新中国成立后第一次来，使我惊讶的是大堤全变了样，像走到一个陌生的地方，几乎不认识了，大堤临河的埽岸几乎看不到，绝大部分改为石护岸。我心里立刻乐开了花。

为了发展利用黄水资源，已在上、中游修建了六座大坝，有的是在《纲要》中所提到的，其中龙羊峡现正在修建中。青年时代我主张引黄灌溉，没人答理，后来只做了一个小虹吸管试验。新中国成立后不久，在一次水利会议上，我建议在郑州北岸沁河口一带修建引黄大灌渠，立刻被采纳，进行设计、施工，其果决、迅速实出意表。它就是现在的人民胜利渠。总干渠长五十多公里，再加上干支渠，总长五千多公里，采用分区轮换存水沉沙的办法，既可沉淀泥沙、改良土壤，又可防止渠道淤塞。经过存水沉沙的土地，变成肥沃的良田。人民胜利渠浇灌着新乡地区六个县、市的近六十万亩农田，使过去受旱、涝、盐碱灾害的土地，变成高产、稳产的粮棉基地。而今，在黄河危害的大平原上，又已经发展了大量的农田灌溉。

我亲眼看到黄河发生了翻天覆地的变化，我的许多前辈和朋友们根治黄河的理想，已经逐渐成为现实。对我来说，则远远地超过我的理想。在过去，我们只是想要以近代科学技术改变当时治河的方针和方法，改变几千年治河的旧面貌，开发全流域的天然资源，减轻大平原的自然灾害。今天看来，这些已经是自然的事了。但在当时却得不到任何支持，得到的只是冷遇与嘲讽，我的理想根本不可能实现。只有社会主义才能治黄河，只有社会主义才能救中国，这是我亲身的感受。

近十余年，对比新旧社会治黄的实践经验和理论研究，试以唯物史观，重新探讨历代治河方略，分析几千年治河业务落后于社会经济发展的自然原因和社会原因，写成《历代治河方略探讨》一书，交由水利出版社。我还在兴致勃勃地全力追赶，努力学习、工作，一直向前看，为四个现代化做出点贡献。

黄河洪警话上游

（一九八一年十月二十九日）

　　一九八一年九月，黄河上游，自青海贵德到宁夏、内蒙古河套地区，发生了百年一遇的洪水，人们进行了艰巨的防洪抢险工作，这还是历史上的第一次。这并不是说，历史上这一地带没发生过这样大的洪水，而是由于对上游地区的重视不够。而今在中国共产党的领导下，在社会主义建设大发展的形势下，情况不同了。黄河上游的洪水威胁，第一次提到国家建设日程上来了。

　　黄河上游的经济形势发生了巨大的变化。宁夏、内蒙古河套地区的灌溉措施虽然盛于汉、唐，但到封建社会后期则成为广种薄收的低产区。新中国成立之前，每亩产量只约五十斤，丰产亦不及百斤。而且由于黄水泛滥生产没保证，灌溉面积已缩减到一百多万亩。现在的一般产量为每亩二三百斤，高产区达五六百斤。灌溉引水设备和沟洫系统逐渐完善，黄河两岸亦修筑了较为坚固的堤防，并建立了修守制度。青铜峡工程建成后，成为灌区引水枢纽；刘家峡水库的调节作用，提高了供水保证。农田已初步呈现稳产、高产局面。而灌溉面积亦已达到一千三百万亩。石嘴山以上的山区，沿河县、市已有不同规模的工业建设，并且修建了三座水利枢纽，其中兰州以上的刘家峡，电力装机容量为一百二十二万五千千瓦。青海贵德的龙羊峡水利枢纽正在施工兴建，计划电力装机容量为一百六十万千瓦。山区沿河各县的经济亦均有相应的发展。请看，这样初步兴起的繁荣景象，对于防洪能不提出较高的要求吗？国家对这一地区的经济建设如此关怀，能听洪水的泛滥纵横吗？

　　现在，再看一九八一年九月的洪水及其调度运用。这时上游发生了实测水文记录以来的最大洪水。洪水主要来源于青海省兴海县唐乃亥（在龙羊峡水库坝址上游一百二十五公里）以上地区，唐乃亥站

的洪峰流量为五千五百七十秒立方米，最大十五天洪量为五十九点二
亿立方米（四十五天洪量为一百二十亿立方米），超过了龙羊峡施工
期百年一遇的设计洪水标准。唐乃亥以上的流域面积约为十二万平方
公里。这次洪水是这一地区长时阴雨连绵所造成的。据初步统计，从
八月十一日到九月十四日，降雨量在一百毫米以上的范围约为十二万
平方公里，二百毫米以上的范围约为五点三万平方公里，三百毫米以
上的范围约为零点二万平方公里，以久治站降雨三百一十八毫米为最
大。再则，八月上旬，青海省境内还有一次较大的降雨过程，一般降
雨三十至五十毫米，局部超过一百毫米。地表土壤可能已达含水饱和
程度，便可能使其后的降雨产生较大的径流。

在这次洪水期间，龙羊峡至刘家峡区间的大夏河与洮河、刘家峡
至兰州间的湟水与大通河都没发生大洪水，而是处于一场中小洪水的
退水阶段。否则，兰州的来水量可能更高。那么，这年兰州的洪峰流
量是多少呢？这不是一句话所能答复出来的。因为，以上有刘家峡水
库的调蓄，又有龙羊峡施工围堰的调蓄。尤其重要的是，为了保护龙
羊峡工区，便必须维护施工围堰的安全，又须使洪水尽量下泄。而关
键问题在于刘家峡水库的运用。如果使之尽量承受龙羊峡的来水，尽
量控制水流下泄，又恐超出其保证水位，危害大坝安全；如果使刘家
峡水库少事拦蓄而尽量下放，又恐其下游遭受洪灾。所以，一方面要
加高龙羊峡施工围堰、加强刘家峡大坝，使之多所拦蓄；另一方面必
须迁移山区可能受淹的城镇和居民，加强河套地区的大堤与防守，以
免刘家峡可能下泄大于计划洪流造成的危险。这些都是防洪措施中的
安排。当然这些措施不是盲目的，而是有计划的。

在唐乃亥站洪峰还未出现前，便根据当时水情进行分析，预估其
最大洪峰流量和十五天的洪水总量，用以计划龙羊峡施工围堰加高的
尺度。但如万一龙羊峡工地发生危险，还必须预先留出刘家峡库容，
以防其大量下泄，影响兰州及其下游。于是必须对于洪水的调度及其
可能发生的意外情况作好准备。说是一场激烈的、带关键性的战斗，
一点也没夸大。

这次对唐乃亥的来水预估很准确，龙羊峡的施工围堰加高后得以

确保。刘家峡水库一方面预防上游工地出险，来水增涨；一方面控制
一定的下泄量，维持下游安全，亦达到一定要求。这样，便保障了兰
州及三省、区的安全和包兰铁路的畅通。在这种情况下，兰州站于九
月十五日出现最高水位，超过有记录的最高水位零点二八米，最大流
量为五千六百四十秒立方米；流量保持在五千五百秒立方米左右的时
间达四天（估计如果没有水库调蓄，兰州最大流量将达到六千八百
秒立方米）。洪水到达宁夏，加入部分区间径流，石嘴山水文站于九
月二十一日出现最高水位，超过历年最高记录零点一九米，最大流量
为五千八百二十秒立方米，流量维持五千五百秒立方米以上的时间达
五天。洪水到达内蒙古河段，为了减少洪水威胁，确保包兰铁路安
全，由三盛公水利枢纽引出水流量三百至三百五十秒立方米，总计引
走黄河水量二点三九亿立方米。因此，巴彦高勒（磴口）以下各站
洪峰流量均小于五千五百秒立方米，但还超过了各站历年最大值。当
然，这场洪水对于中、下游没什么影响。

　　根据水文实测记录，黄河上游发生大洪水的年份（以洪水大小
为序）为一九四六年、一九六七年、一九六四年、一九六三年等，
其中比较大的为一九四六年和一九六七年。一九四六年循化站（集
水面积十四万五千多平方公里）最大流量为四千一百六十秒立方米，
十五天洪量为四十三点九亿立方米；一九六七年九月唐乃亥站最大流
量为三千三百四十秒立方米，十五天洪量为三十八点二亿立方米。所
以说一九八一年洪水居有记录以来的第一位。但如果考虑到黄河上游
历史洪水调查成果，则这样洪水为自一八五〇年以来仅次于一九〇四
年（贵德站最大流量为五千八百秒立方米，十五天洪量为六十五点
五亿立方米）的一次，居第二位。但若就兰州站的洪水组成加以分
析，一九六七年兰州站十五天洪量为六十五点五亿立方米，其中唐乃
亥到兰州区间的来水量占百分之四十三，而一九八一年兰州站十五天
洪量为七十五点五亿立方米（还原计算数值），其中唐乃亥至兰州区
间的来水量则仅占百分之二十二。换言之，如果没有刘家峡水库的调
蓄，如果唐乃亥至兰州区间也遇到一九六七年的暴雨，兰州站洪水流
量将远比六千八百秒立方米为高。事实是，有了刘家峡水库的调蓄

（龙羊峡工程建成后亦将起调蓄作用），那么，兰州站的最小洪峰流量将要比一九八一年实测的五千六百四十秒立方米者为低是可以断言的。它说明水利工程对于防洪的作用。兰州至石嘴山间还计划修建大型水利枢纽，则宁夏、内蒙古自治区的洪水威胁亦当大为减轻。但就近期而论，上游地区的防洪问题，仍应予以重视，并当严加修防保护工作。

一九八一年九月，宁夏、内蒙古自治区的防洪工作则很紧张，两岸堤防仍必须加高培厚，险工堤段必须加固抢修，虽然动员了大量人力，仍有数处溃决。九月二十一日，内蒙古巴彦高勒流量为五千三百八十秒立方米，三湖河口流量为五千二百八十秒立方米，昭君坟流量为五千一百秒立方米，头道拐流量为四千六百一十秒立方米。迄二十二日巴彦高勒水流始见平稳。这次防洪，内蒙古自治区共堵复灌排渠口二百多处，加高培厚堤身三百六十公里，加固险工四十一处；累计完成土工三百三十三万立方米，石工二千四百立方米，动员汽车、拖拉机六百九十四台，推土机具三百六十台，胶轮车四千七百多辆；用铝丝八十一万多吨，草袋、麻袋三十七万多条，柴草一万二千多斤，参加防汛第一线者三万余人。由于河套地区防洪紧张，刘家峡水库曾一再减低下泄流量，控制兰州流量在后期不超过四千秒立方米。

从上述内蒙古自治区动员的防洪人力、物力看，亦可以说是空前的，同时亦暴露出旧有防洪措施的缺点，为今后改进的参考。

总之，向来不受重视的黄河上游防洪，已经提到议事日程上来了。虽然山区水库还要逐渐兴建，而一九八一年的洪水并非上游的特大洪水，则山区城镇与河套地区农工的防洪规划，还应在一九八一年的经验基础上，进行改善与加固。这正是社会主义社会经济发展所提出的新要求。

解渴黄水到天津

（一九八一年十一月一日）

说黄水来到天津，一般人总认为黄河又泛滥为灾了。不是，是为了供应北方大城市天津市的人民生活和工业用水，黄河正在执行"雪里送炭"的紧急任务。亦可以说是社会主义新中国的一件新事。

城市人民生活和工业用水的大量增长，是近年经济发展和生活水平提高所引起的重要问题。但是位居"五河下梢"的天津市竟发生了水荒，亦可以说是件"新闻"。它不仅是由于天津市区工业的迅速发展和人民生活水平的提高，而是由于整个地区经济发展的结果，亦是我国水资源分布不平衡的具体表现。

我国水资源是丰富的，居世界第五位，但若按人口分配，则只约当世界总平均数的四分之一强，则又是不丰富的，或者说是贫乏的。水资源在地区上的分布亦很不均衡。珠江流域人均每年占有水量为四千六百立方米，而海河流域则为二百一十立方米，相差是很悬殊的。在同一地区，一年内的降雨量，在季节上和多年间亦极不均衡。这是海河流域缺水的自然原因。

海河流域的雨量愈少，农业灌溉用水愈殷。另外，由于工业的迅速发展，耗水量急剧上升。以天津现况来说，每万元的工业产值，毛耗水量约为四百立方米，照此推算，每增一百亿元的产值，每年便须增加四亿立方米的用水。生活用水随着生活水平的提高亦逐年增加。这是海河流域缺水的社会原因。

起初，永定河上的官厅水库和潮白河上的密云水库，主要为提供农田用水，后来成为北京、天津两市的主要水源。由于连续两年少雨，水库存水不多，供北京市一处尚感不足。因之，天津市用水势须另寻水源。在取得新水源之前，只有引黄止渴。但黄河水源并不丰富，用以救急则可，充分解决问题则难。过去说到黄河，大有"谈虎变色"之感，而今天却又求之难得满足。这不是巨大的变化吗？

从黄河引水到河北省和天津市，有两条路线，一为从河南郑州北岸的人民胜利渠引水入卫；一为从山东黄河北岸的东阿位山和齐河潘庄两闸引水北流，分别注入卫河。向天津供水是国务院一九八一年八月中旬的紧急决策。十月人民胜利渠已开始送水到天津，流程八百五十公里。报刊称之为"久旱缺水的天津人民喜迎豫、鲁、冀三省人民千里迢迢送来的'风格水'"。山东一路由于须新辟渠道，亦已于十二月一日送水。"久旱逢雨"怎能不喜气盈盈呢？

为何说是三省人民的"风格水"呢？是的，华北苦旱，人民胜利渠和卫河两岸农田都亟待用水。而人民胜利渠闸放出的五十五秒立方米的水（山东两闸各放出四十秒立方米的水），则全部送往天津。河南省沿岸社员用"浇地用井灌，河水送天津"的标语表示决心。水过门而不截，并大力抢修输水工程。山东省于三秋大忙季节，抽民工三十八万，风餐露宿，搬庄迁户为赶修两条北输水道二百四十里，做出紧张努力。河北省引导社队积极封堵原有引卫的涵闸、撤销水泵站，使来水全部送天津。这正说明全国一盘棋，全民一条心。

河南一线计划，除沿途渗漏损失外，向天津输水约三点五亿立方米，由于路远，国家投入大量人力、物力、财力，预计每立方米水到天津须投资一元，而用水则仍按每立方米八分八厘收费。这既说明引黄济津是一项消除工业停产损失的紧急临时任务，亦说明节约用水的现实意义。

由此可见，天津市已经出现了水资源的危机，决不能长期采取临时救济的办法，而必须早日筹划，拟定具体措施。由此又想到，由于工业的迅速发展，城市用水必日趋紧张。永定河的官厅水库和潮白河的密云水库，原皆属以供应农业用水为主，现已演变为以供京、津两市的工业用水为主的水源。而今又不足以供应两城市的用水，天津且须长途引水。从此亦就看出一个苗头，工业用水的增长率远远超过了农业用水的增长率，而且将与年俱增。我们要尽快地制订水资源的开发计划，而其中工业用水计划的制订尤为迫切。

关于大禹治水的几个问题

（一九八一年十二月二十日）

我国古籍关于大禹治水的记载很多，而内容则每有出入。史书记载大禹治水始于帝尧戊午年，即公元前二千二百八十三年。而对于这一事实的文字记载和论述，则多见于约一千五百年后的典籍。这些记载和论述必须是根据上古的传说、作者个人的经验和体会编辑而成。因此，内容分歧在所难免。然常以此而引起史学界的争论，并涉及大禹治水有无其事等问题。由于关系到历史和地理的问题，我属门外汉，辄不敢多所议论。然有时又难以回避，故略述所见。

首先，有无大禹治水的事实？我认为古籍的记载是有据的。记载的主要情况符合于我国的自然环境。

春秋战国及其以前，我国政治经济中心地带的气象水文情况虽难具体考证，然根据近代现象的记录，说明它是一个洪、涝、干旱灾害频繁严重的地区。伏秋多暴雨，春季苦干旱。一年之内，在同一地区辄旱、涝互现。尤以暴雨季节常导致黄河下游大平原遭受洪水灾害的严重威胁。在长期的统计中，这一地区又常出现多年连续的旱灾和涝灾。古代这一地区气候虽可能与今日微有差异，而基本情况则同，古代对于治水的要求虽不如今日的迫切，亦必然有所追求。换言之，在这种自然情况下，治水必须是群众广泛的要求。因此，治水的事实必然会在有文字记载以前经常出现。大禹在总结前人经验教训的基础上，做出了治水贡献。于是他便作为一个突出的代表人物出现在记载之中。但是，我认为，要把大禹治水及其以后的上古不同时期的治水事绩分别看待。换言之，大禹治水的事实是有的，而在有文字记载以前的一千五百年间，还可能有多次的治水运动，有着不同的业绩，而在传说中可能都归之于大禹了。

我在《历代治河方略探讨》一书的第二章中，有这样一段话：

"黄河是条危害大的河流，禹治水的传说又如此广泛，可能在上古某一时期有过一次治水运动，而且在治水的过程中，有失败的教训，也有成功的经验。人们歌颂治水的成功，汲取失败的教训，流传下来，完全是可能的。当然这不一定全是四千年前禹的故事，也不一定是一次治水的经验教训，而可能是长期的治水总结，不过以'禹'作为人民群众治水的代表人物而已。那么，除掉传说记述中的神化和夸大部分，便可以从事上古治水策略的研讨。"

这段假想并不是凭空立论，一是根据这一地带的自然情况，一是鉴于各家的记载。从大禹治水以后的长期内，必然还有几次大规模的治水运动，震动人心，广为流传。至于各家记载内容之不同，则是由于作者所处的时代不同，是据作者个别的经验和体会而成，代表着不同时代的治水要求和治水技术，而不得统统列入大禹名下。

其次，略论大禹治水的地区。

据说尧都平阳，在今山西临汾；舜都蒲坂，在今山西永济；夏禹初即位于平阳，后迁都安邑县，均在今山西省境内的汾河流域，其中水济、安邑接近黄河。如果这一传说属实，禹治水于尧、舜之世，必难如《尚书·禹贡》所载："导河积石……同为逆河入于海"如此范围之广。但亦不能肯定其只限于治理汾水而不涉及黄河。帝都所在地固属重要，而黄河中游的其他支流和下游大平原，并非无人之区，且随时代的发展而逐渐有所发展。迨至商汤继夏有天下，便建都于亳，在今河南商丘县；盘庚迁都于殷，在今河南偃师；武乙又迁都朝歌，在今河南淇县。史家曾称殷商迁都以避河。这时的政治中心便在黄河下游大平原。周代建都于镐，在今陕西西安市，居渭水流域。《尚书·禹贡》所称的"九州"，实际上与战国时期的七国大致相同。

由此可见，传说中的"洪水泛滥于中国"的范围是因时代而不同的。"中国"的概念，在我国历史上随着各兄弟民族的融合而逐渐扩大。因此，治水的范围也必随时代的不同而逐渐扩大。据考证《尚书·禹贡》成于战国，其所载的治水范围就可能代表当时的情况，而决不是大禹治水的实际地区。

至于说到黄河下游治理的具体情况，虽然传说共工、鲧有"障"

的方法，可能为局部的、原始型的"堤防"。但两岸绵亘长堤的出现，则是经过一个长时期形成的。我在《历代治河方略探讨》第三章第一节中，有这样一段话："关于堤的出现时期，也有多种说法。但是，应当把防护居民点的堤，或局部防水的短堤、围堤与下游沿河绵亘的长堤加以区分。前者必然有悠久的历史，正如传说中鲧的治水方法。而下游的沿河长堤，则是在经济和技术发展到一定水平才出现的。当然也不是一时的突然出现，而是两岸不同河段经过长期的筑堤防护，又于某一时期全部完成的。贾让《治河策》说：'盖堤防之作，近起战国。'贾让对下游两岸长堤出现时代的论断，是有道理的。"

如果上述论断大体上符合实际，则在黄河下游有绵亘长堤之前，虽少所"决口"或"改道"的记载，而洪患在大平原的某一地区的某一时代必然是极为严重的。例如说，没有堤便没有"决口"，是自然的，而泛滥横流之灾则必仍所常见。近代河口三角洲的无堤河段的情况便是当时的缩影。在距河道较远而泛滥一时所不及的地区，则较安定，部落渐兴，甚至可能成为帝都所在。然如河道一带逐渐淤高，一旦黄河变迁改道，则这一地区必然造成长期的泛滥巨灾。黄河的近代史实亦足以说明这一情况。因此，史书记载某一地区，某一时代受到"五年"、"九年"、"十年"的洪水灾害，在改道的影响下，虽然不遇到黄河连续的多水年，也是完全可能出现的。如果在上古遇到这种情况，除迁帝都以避水或迁民以避水外，就必然有一次长期的治水过程。至于说到灾害可能影响的地区，就黄河下游说，北自漳、卫左右到天津，南自颍水到淮河，在这一广大地区的不同时代，都可能出现这种情况。

当然，黄河干流禹门口至潼关一段支流，如汾、渭，也都可能出现上述情况，只是严重情况有差别而已。

总之，如果不把春秋战国以前的治水事绩统统列到大禹名下，则古籍记载"洪水泛滥"的地区，或亦各有所据。

再次，略论大禹治水的方法。

关于大禹治理洪水的方法，各家多称其以疏为主，后世的治河专著亦大都以此论是宗，兹不多述。而对其他的治水方法，如"九泽既陂"（《尚书·禹贡》）、"尽力乎沟洫"（《论语·泰伯》），等等，则略为说明。

黄河下游二十五万平方公里的大平原，基本上为黄河冲积所成，这是地质学家的总结。黄河下游携沙量特大，淤积严重，是一条著名的地上河。大平原在长期的冲积生成过程中，一方面逼海后退，面积逐渐扩大；一方面在已淤积高出海面的土地上继续淤高淀平。换言之，在下游大平原形成过程中，必然出现许多薮泽、湖泊、波池、洼地，如河南的圃田，山东的雷夏、大野，河北的大陆等，乃湖泊之著者。从事农业生产，必须防御湖泊的泛滥，所以有"九泽既陂"的记载。又必须排除低洼易涝地区的积水，所以又有"尽力乎沟洫"的工作。这两项治水措施如果为大禹所创，亦必然属于原始形式。而后人所记必然是人口日繁、农事发展时期的情况。这里只想说明对"沟洫"的解释，是随着各项记载作者的经验和体会之不同而异的。

《周礼·遂人》载："十夫有沟，百夫有洫。"说明十夫之田首有沟，沟广四尺，深四尺。百夫之地相连相属，而以一洫泻水，洫广八尺，深八尺。显然不是禹时景象的描述。战国已有大规模的引水灌溉工程，虽可能采取漫灌形式，然亦必有输水渠道系统。后世之论沟洫者，便明确提出有"备旱涝"的作用。今略举明、清数例。

明代周用说："治河垦田，事实相因。"所采用的方法为开沟洫。他认为，"沟洫之为用，说者一言以蔽之，则曰备旱涝而已。其用以备旱、涝，一言以举之，则曰容水而已"（《周恭肃公集·卷十六·理河事宜疏》）。明代袁黄说，沟浍不必尽泥古法，旱则蓄，水则泄（见《宝坻劝农书》）。清代林则徐则说：水田沟洫之法，主要为灌溉，间防外水之侵入（见《畿辅水利议》）。

由此可见，沟洫之制，显然指一个有计划的治田沟渠系统。由于历代劳动人民的创造发展，逐渐演为排灌结合的渠系。至于近世，我国南方的水田，有的又把排灌分别安排为两道渠系。

那么，导流疏流、尽力乎沟洫与陂九泽等，是否全为大禹治水所采用？古籍这样记载，肯定自战国上溯尧、舜之世这些方法曾被采用，只是历经改进而日有发展而已。

至于"凿龙门"、"辟伊阙"、"开底柱"诸说当系虚构。称大禹治水功垂千年，亦非事实。

总之，春秋战国以前的所谓"洪水泛滥于中国"之事是有的；排除积涝，开渠灌田之事亦必随社会经济的发展而逐渐开展；因此，必有治水之人和治水之事。"大禹治水"的传说历久不替，既表达了历代人民治水的渴望，各家的记载亦表达了历代治水的事绩，大禹以治水功绩而承继帝位，自然是一位治水的代表人物。而有史书记载以来的古代治水业绩，则是长期工作的总结。

李仪祉先生与近代水利

(一九八二年一月二十二日)

　　李仪祉先生是我国的著名水利学者，是我国由古代科学技术进入近代科学技术治河的开路人。他于辛亥革命前后留学德国，学习土木工程专业。回国后，从一九一五年至一九三八年病逝，曾长期任教于南京河海工程专门学校，主持陕西省水利局业务；又曾任华北水利委员会主席、黄河水利委员会委员长；兼任导淮委员会总工程师、全国救济水灾委员会总工程师；担任扬子江水利委员会顾问；并自中国水利工程学会成立之日起，任会长直至病逝。在此二十余年间，写了大量的教学讲义和学术论文。对于培养水利人才，倡导科学治水，开发水利事业，做出了光辉的贡献。

　　我初步闻知李先生，是河海工程专门学校学生辗转相述的。由慕名而相识，大约是在一九二六年以后。真正结交，是一次笔战引起的。事情的发生是这样的：

　　一九三一年早春，我在辽宁葫芦岛工作。天津《大公报》载华北水利委员会第九次委员大会中，有李先生提议"导治黄河宜重上游"一案；次日又载李先生《治黄研究意见》一文。我认为，议案和文章"指破数千年治河之弱点，详示筹款之根本办法，意至善也"。然由于案中没提及上、下游应统筹兼顾，似乎忽略下游之治理。我乃写《论治黄》，详述黄河下游败坏的严重情况，分析灾害频繁的根源。认为"若就治黄全体而论，只注意上游，又似未尽治黄之事"。投稿《大公报》，迅即登载。青年气盛，亦自知这篇文章担待着风险。日后，在一次学术活动场合，我正和人交谈，李先生满面春风，微带歉意地前来，紧紧握着我的手，欣然相对，会心无语，良久点头告别。他那谦虚为怀、忠厚待人的长者风度，使我深受感动，终生不忘。事隔五十年，犹如目前。正是无言之言胜于有言，倍增钦敬之感！

一九三三年秋，黄河水利委员会成立，发表李先生为委员长，王应榆为副委员长（未到任），我为委员兼秘书长。原定会址设于陕西西安，后以下游三省当局之请，在河南开封设办事处，实即会址所在地。黄河水利委员会成立之初，事务十分繁忙，尤其在旧社会，社交和人事关系烦琐不堪。在安排初定之后，我请示李先生：日常工作和一般业务是否可由我多所承担，请其专心考虑治河大计，从事专题著作。李先生欣然许诺，并立将私章交付，任我使用。这种用人不疑的态度是所罕见的。其后遇有重要文件，送请李先生签发，一般例行公文，则由我盖章发出。李先生为人正直不苟，自约甚严，很少外出活动，惟以治河为任。我以师长相对，彼则推心置腹。两年多中，上下级关系和谐无间。

李先生大量治河论文多是这时发表的。每篇刊印前都是我学习的教材。也可以说，这是我潜心学习的二年。

一九三五年冬，发表一位腐败官僚、专以扶乩定行止的人为副委员长。李先生立即对我说：我走啦，不能和这样的人合作共事。他认识到这位新任命的副委员长是位权贵的亲信，难以抵制。这正是科学治河与神权治河斗争的关键时刻，他采取了坚决不妥协的态度，拂袖而去。作为一位科学工作者，他的行动是正确的。我怀着敬佩的心情说，我亦要去，但须等几个月，在任内开支报销文件送出后，我便离开。我亦正是这样做的。

说到"报销"，在旧社会任何一位"主管官"任内的经费开支，截至去职之日，须由本人负责办理报销。实际上，李先生的报销任务很简单，因为所有开支都是按预算执行的，没有一项冒支，没一项预算外的开支，账目一清二白。换言之，用不着报假账，用不着伪造单据。在今天看来，这是平常而当然的事。在旧社会则是绝无仅有的。尤其是以贪污腐化出名的"河务"衙门，更是难能可贵的。从这一点亦足以说明李先生出污泥而不染的廉洁作风。

李先生治河的主导思想是"用古人之经验，本科学之新识"。所谓科学之新识，即引进西方二十世纪的治河理论与技术。然欲以

"科学之新识"治河，则必首先了解黄河客观情况，研究其自然规律。他认为，"以科学从事河工，一在精确测验，以知河域中丘壑形势，气候变迁，流量增减，沙滩堆徙之状况，床址长削之原因。二在详审计划，如何而因自然以至少之人力代价，求河道之有益人生，而免受其侵害。昔在科学未阐时代，治水者亦同此目的。然则测验之术未精，治导之原理未明，是以耗多而功鲜，幸成而卒败，是其所以异也"（见《黄河根本治法商榷》）。这里他阐明了古今治河的异同及其致力的方向。事实上，在其主持黄河业务时亦正是这样做的。黄河水利委员会成立之初，即开展较大规模的水文、地形观测，设立水土保持现场试验站，成立下游河道模型试验所等，用以收集治河基本资料，探索治河具体措施。另一方面则拟订黄河根治初步计划，以期获得"十年小成，三十年大成"的效果。可惜新业初创，即遭挫折，并于不久后逝世。

李先生治学则本诸实事求是精神，不断前进。一九三三年以前，黄河上只有陕县与泺口两个水文站和简易陆军测量图。新科学的基本资料几等于无。再则，西方按近代科学技术治河虽早有开展，而现代化的发展则萌发于二十世纪二十年代早期，初见成就于三十年代。因之，李先生早年的治河议论，亦多受见闻的局限。但随时代的前进，认识的提高，前后议论每有不同，而逐渐发展。这说明他的治学精神是随时代而前进的。

举例说明。二十世纪三十年代初期，在《黄河治本探讨》中，论及治河的目的，说："以前的治河目的，可以说完全是防洪之患而已。此后之目的，当然仍以防洪为第一，整理航道为第二。至于其他诸事，如引水灌溉、放淤、水电等事，只可作为旁枝之事，可为者为之，不能列入治河的主要目的。"这一治河目的，较之过去单纯为防洪者前进一步，但仍似西方早期的治河观点。然不久，看法即有所发展。主持黄河水利委员会工作之初，在《黄河根本计划概要叙目》中写道："用古人之经验，本科学之新识，加以实地之考察，精确之研究，详审之试验，多数之努力，伟大之机械，则又何目的之所不能达。"本此精神，对于灌溉、放淤、水力发电等，一一列入计划。由此足以说明，李先生本诸科学的要求，力行调查研究，逐步提高认识，不断前进。

关于水利建设实施，在旧社会是很困难的。盖以大江大河的治理涉及面广，在治理意见上有新旧之争，在利害关系上多畛域之议，这是旧社会所难解决的。加以当局根本无意建设，工程之实施是难以想象的。最多亦只能做些调查研究功夫。李先生则专心致力于关中水利，锲而不舍，誓以终生。在"关中八惠"的计划中，先后完成泾惠渠与渭惠渠，并筹备洛惠渠与梅惠渠的施工。这是旧社会水利建设中罕见的成就。尤可贵者，从查勘设计，到奔走呼号筹款施工，皆身任之。为减轻陕西旱灾，历尽辛苦，长期不懈，终有所成。今以泾惠渠为例，于计划完成后，奔走三年筹款无成。后以陕西连续三年大旱，始由华侨赞助、省方支持兴建。这种"爱国悯人"的事业心怀，实为可贵。

以上仅就个人接触的亲身体会，略述李先生处世作风、治学精神、治河思想与工作态度，用作纪念，并以自励。努力为建设高度文明、高度民主的现代化社会主义强国而奋斗！

三门峡水利枢纽的兴建与改建

（一九八二年二月二日）

三门峡水利枢纽位于河南陕县以东二十二公里的三门峡，控制黄河流域面积的百分之九十二、来水量的百分之八十七、来沙量的百分之九十八。这一带地质优良，河谷狭窄，可以修建高坝大库，工程造价低廉。设计的三门峡水利枢纽是综合开发黄河水利、防治下游水患的关键性工程。但它却有两个严重缺点，一是水库淹没损失很大，二是河水的含沙量特高且对于多泥沙河流的运行规律尚少所研究。以致枢纽工程于一九六〇年九月建成而在短期的运用后，虽然坝上游水位高程远在设计水位以下，而库内即发生严重淤积，致使潼关水位大为抬高，渭河下游出现拦门沙，影响关中平原安全。乃先后进行两次改建，并一再改换运用方式，才始得库区冲淤基本平衡。改建的结果，既取得了多泥沙河流运行规律的一定认识，又发挥了防洪、防凌、灌溉和发电的一定效益。但远非原设计的本来面目，效益相差极为悬殊。

工程的兴建、改建和运用过程是曲折复杂的，资料内容是繁多的。这里只能略记梗概。

一、枢纽计划及兴建概况

计划拦河建高一百一十米的混凝土重力坝，坝体工程量二百九十五万立方米。坝上游面水位高程（海拔）在三百六十米时，库容为六百四十亿立方米，水面为三千五百平方公里。设有十二深孔泄水（完成数量与此不同，见下文）。在正常高水位三百六十米时，水利枢纽的综合利用效益如下。

（1）防洪。经过水库调节，可使千年一遇洪水、由每秒三万五千立方米，减为每秒六千立方米，调节库容为一百亿立方米。

（2）灌溉。灌溉季节，可使水流由每秒三百六十立方米，提高到每秒九百五十立方米，保证四千万亩农田用水，共需水量一百九十三亿立方米，由发电放水供应。

（3）发电。可安装一座容量为一百一十万千瓦的大型电站，每年发电六十亿度；死水位为三百三十五米，死库容为九十一亿立方米。

（4）航运。保证下游河道水深不小于一米，改进到海口的航运，并且发展水库区二百公里的航运。

（5）供水。保证工业和居民的供水。

在正常高水位三百六十米时，淹没耕地三百五十万亩，迁移人口八十九万。

对于水库淤积与使用年限的估计，考察水土保持在一九六七年可减少泥沙来量百分之二十，五十年后可减少百分之五十。又估计至少有来沙量的百分之二十可以以异重流方式通过拦河坝排到下游。这样，五十年后，除死库容全部淤满外，还减少有效库容三十六亿立方米，库内淤积总量约为一百二十七亿立方米。这时发电保证出力将有所降低（但若考虑干支流其他水库的兴建，保证出力还可能有所提高）。九十年后，连防洪库容也没有了。

陕县水文站多年平均的年径流量为四百二十亿立方米，年平均输沙量为十六亿吨。

这个水利枢纽采取"蓄水拦沙"的运用方式，是根据国内有关资料委托苏联列宁格勒水电设计院设计的。

在这个计划的讨论中，首先是赞同原设计的占大多数，但亦曾有人提出各种不同的意见。首先是应该进行科学研究的问题。有人建议，应当在水库泥沙运行规律（亦即关系到库区泥沙淤积的问题）和下游河道整治办法（亦即关于建成后下游河道冲积的问题）等问题研究有较明确的结果后，再修建三门峡工程。但赞同原设计的人则认为，根治黄河的要求迫切，而上项研究工作亦须与实践相结合，所以应当一面进行建设，一面加强研究。

其次一个问题是关于枢纽工程的"综合利用"与"蓄水拦沙"

的运用方式问题。有人主张应当采用"拦洪排沙"办法，而不进行"综合利用"。因为，采用后一种办法须有较大库容，因而淹没损失太大，不相宜。有人主张枢纽应以防洪为主，其他效益为辅，水库淤积可以减轻一些。有人认为水库蓄水后，地下水浸没及回水对关中平原和水库周围的影响很大，现在还缺乏具体的研究，所以应使库内水位逐步抬高，并对设计中所说的水位高程在三百六十米时不影响西安表示怀疑。有人认为水库下泄较清的水流，对于下游可能有严重的冲刷，初期运用可以有一个过渡阶段，等等。但赞同原设计的人则认为，这样大的水库，是应当综合利用的，如单为拦洪排沙，最好另选坝址，而不要占三门峡这个优良的综合利用坝址。

再则，有人认为对于水土保持工作的效益不应估计过高，否则水库寿命将相应减短，下游防洪则仍待解决。而赞同原设计的人则认为，至于一百年水库失效后，由于水土保持发生作用，泥沙和洪水量均将减少，水灾威胁减低，加之上、中游各级水库和支流水库的调节，防洪问题是可以解决的。

最后考虑到库区泥沙淤积的严重性，并为确保蓄水后回水不影响西安等重要城市，从留有余地起见，决定大坝按正常高水位三百六十米设计，按正常高水位三百五十米施工。初期运用水位为三百四十米。初期移民线为三百三十五米高程，三省共移民约三十万人，淹没耕地九十六万亩。

三门峡水利枢纽于一九五七年四月开工兴建，一九六〇年年底，大坝修至三百五十三米高程，计坝高一百零六米，坝顶长七百一十三米，坝体工程量一百六十三万立方米（连同其他工程，混凝土量则大于此数）。即开始以"蓄水拦沙"方式运用。发电厂第一台机组于一九六二年春安装完竣，并经试运正常。但以库区淤积严重，影响渭河流域，"蓄水拦沙"运用方式亦于此时停止，改为"拦洪排沙"运用方式。

二、枢纽运用初期库区及其相邻地区的淤积及浸没情况

枢纽运用初期，坝上游面水位高达三百三十二米时，库区淤积现

象即已严重，而且影响到潼关（距大坝一百一十四公里）以上的广大地区。枢纽遂改为"拦洪排沙"运用方式，这对原设计是一个很大的改变，主要是为了拦蓄危害下游的洪水，并使泥沙尽可能下排。与原设计的"蓄水拦沙"运用方式截然不同。汛前尽量泄空水库，汛期在保证下游安全的前提下，放水下泄，降低库水位，减少库区淤积和所影响范围。至于兴利，则在不妨碍上述目标的前提下，尽量加以安排。这里首先将库区淤积情况、库上游的支流河道的淤积和浸没情况加以说明。

（一）库区淤积情况

三门峡水利枢纽于一九五七年四月开工。大坝先从左侧筑起。在大坝筑至一定高程后，利用十二个位于二百八十米高程的施工导流底孔泄流，再修建第二期围堰，筑右侧的大坝，以至于成。从一九五八年十二月第二期围堰起，水库的运用大致可分为三个阶段。

第一阶段，从一九五八年十二月至一九六〇年九月，大坝仍在施工时期，利用施工导流底孔泄流，可以称为"施工导流"时期。以施工导流底孔没有闸门控制，只起调洪作用，库区仅略有淤积，计一亿六千万吨。

第二阶段，从大坝完成的一九六〇年九月至一九六二年三月，是"蓄水拦沙"运用时期。一九六〇年九月堵塞施工导流底孔，以十二个位于三百米高程的深孔泄流，并备有闸门。这时根据灌溉的要求，曾经蓄水，一九六一年二月，坝上游面水位曾达三百三十二点五八米。这期间库内水位变化于三百一十六米至上述水位之间。库区淤积量为来沙量的百分之九十三点三，计十五亿二千万吨，其中淤积于潼关以上者约占五分之一。

第三阶段，从一九六二年四月起为"拦洪排沙"运用时期。根据第二阶段观测，当坝上游面水位在三百二十五米以上时，入库泥沙多淤积在潼关以上，水位在三百二十米以下时，多淤在潼关以下。为减少水库淤积，尽量延长水库的寿命，减轻上游移民工作的困难，一九六二年黄河防汛工作会议决定，在上游水土保持没有显著见效前，水库运用应以"拦洪排沙"为主。乃尽量利用十二个深孔泄流。到一九六三年六月，库区淤积为来沙量的百分之五十四点九，计六亿二千万吨。在此期间，一九六三年二月为下游防凌曾关闸十八天半，蓄水六点九亿立方米，库水位达三百一十七米。此期淤积约一千万吨。一九六三年六月至一九六四年五月，库区淤积来沙量约百分之四十二，计五亿吨。在此期间，一九六三年十一月到一九六四年五月，为低水头发电试验，人造洪峰试验，亦满足了下游的防凌作用。

以上三阶段库区淤积，包括库区坍岸约二亿吨，共约为三十亿吨。根据一九六四年四月底实测资料，三百二十米高程的库容已从设计时的二十七亿五千万立方米减为七亿立方米，三百二十五米高程的库容从四十亿七千万立方米，减为十九亿立方米。

（二）水库上游渭河水系的淤积情况

潼关本属库区，今以同一来水流量（每秒一千立方米）来看潼关水位的变化。一九六〇年四月属第一阶段，潼关水位在这一流量下为三百二十三点六米；蓄水运用后，水位高达三百二十八点四米，抬高四点八米；一九六二年十月，属第三阶段，水位降至三百二十五点二米，仍较原来水位抬高一点六米。这便足以说明潼关在不同运用方式下的冲积情况。如果继续按蓄水运用，而流量又超过每秒一千立方米时，潼关水位的抬高当远在四点八米以上。

渭河在一九六一年蓄水运用阶段，淤一亿一千三百万吨。改为拦洪排沙运用后，未遇大洪水，回水亦未超过潼关。但是，由于蓄水运用阶段所造成的渭河口拦门沙的影响，便对渭河起着壅水落淤的作用，到一九六三年汛前，渭河又淤一亿一千七百万吨，累计为二亿三千万吨。可见，渭河口一经水库蓄水淤积，便引起连锁反应。两年间渭河下游河床抬高零点二至一点四米。淤积末端，一九六一年到渭南赤水，一九六二年又继续上延，据陕西省报告淤积已达临潼新丰附近，距渭河口一百四十九公里。

洛河在一九六一年淤积一千二百万吨，一九六二年淤积三千七百万吨，累计为四千九百万吨。两年间河床抬高三至四米。淤积末端，一九六一年达大荔晋城，一九六二年又继续上延，据陕西省报告已达河里村，距洛河口一百一十三公里。由于洛河枯水时流量较小，对于拦门沙冲刷更加困难，所以淤积更为严重。

当然，如若库区水位不再影响潼关，上游各支河当不致继续恶化，如若拦门沙能冲开或挖除，情况亦将好转。但是，即按拦洪排沙运用，如遇五年一遇洪水，三门峡大坝上游面水位亦将在三百二十五米上下；如遇十年一遇洪水，坝上游面水位将在三百三十米左右，潼关上游将有相当大的淤积，而各支流情况亦将难有改善希望。

（三）库区淹没及浸没情况

一九六一年十月，坝上游面水位在三百三十二点五八米时，据陕西省调查，淹没耕地二十五万亩，其中在三百三十五米高程（移民线）以上的有五万二千亩。

一九六二年八月，渭河拦门沙冲开一个缺口，但河口段过水能力只约为每秒二千立方米，如来水超过此量时就要漫滩。一九六三年五月，渭河华县站洪峰流量为每秒四千七百一十立方米，河口拦门沙续有发展，淹没三百三十五米高程以上耕地十三万亩。

库周受浸没影响，盐碱化和沼泽化面积有所增长，在一九六〇年蓄水前为十六万亩，一九六一年蓄水后曾达四十七万亩，一九六三年二月减至三十七万亩，然仍高于一九六〇年以前，且盐碱化程度加重。

根据陕西省估计，拦洪排沙运用期间，如遇五十年一遇洪水，将淹没三百三十五米高程以上耕地三十二万亩，影响九万人；如遇二百年一遇洪水，将淹没耕地六十一万亩，影响十八万人。

库区移民，从一九五六年开始，截至一九六一年年底，三百三十五米高程以下，除山西与河南两省外，陕西省共移出十九万五千人，其中后靠安置十六万四千人；安置在宁夏回族自治区三万一千人。截至一九六二年七月，又返回库区二万九千人。

黄河下游河道在枢纽蓄水运用后有不同程度的冲刷，兹不详述。而对于改变运用方式后的下游冲积情况，下边还略有说明。

三、枢纽的改建

枢纽于一九六二年四月改为"拦洪排沙"运用的决定，表明彻底否认了原设计的方针。这是由于当时未能掌握库区水沙运行规律，并过高地估计了水土保持工作的进展的结果。例如，三门峡大坝上游面水位高程在三百二十五米以上时，入库泥沙多淤积在潼关以上，只有水位在三百二十米时，才多淤积在潼关以下。这是始料未及的。而十二深孔泄流量在水位三百二十米时，只能宣泄每秒四千立方米的流量，在水位三百三十米时，亦只能宣泄每秒五千四百立方米的流量。由于泄水量低，汛期泥沙淤积在潼关以上的机会是很多的。而在一九六〇年至一九六三年间的四年中，黄河汛期洪峰并不为高，库区淤积已很严重。以"蓄水拦沙"运用的一九六一年论，全年来水量仅略高于多年平均值，而来沙量且略小于多年平均值，淤积严重影响已如前述。如若遇到高洪峰的年份，由于深孔泄流量所限，淤积必更为严重。一九六二年改变运用方式后，正当枯水年，来沙量低于多年平均值，库区淤积泥沙约当来量的百分之六十二；一九六三年约为平水年，来沙量亦低于多年平均值，库区淤积泥沙约当来量的百分之四十七。根据前述库区淤积的严重情况和对未来的估计，就提出了增建大坝泄流排沙措施的改建倡议。

由"蓄水拦沙"改变为"拦洪排沙"运用方式时即有反对意见，今又提出增建泄流排沙措施，议论就更多了。为了叙述方便起见，先说改建的具体倡议，当然，这亦是从若干建议中归纳出来的。

关于改建泄流排沙措施，即除已有的十二个深孔外，再于左岸开凿两条隧洞，直径十二米，洞底位于二百九十米高程线上，坝上游面水位在三百米时开始泄流；并利用八个发电钢管中的四个或更多钢管作为泄流管之用，经试验，水位在三百一十米时可以开始泄流（原设计机组在水位三百一十五米时开始泄流）。

现在略述倡议者及反对者的意见。

倡议改建的理由：

（1）在水位三百四十米以下的水库容积，到一九六三年十月已淤积二十七亿立方米，尚余约一百三十五亿立方米，除保留八十亿立方米为防洪库容外（按：原设计为一百亿立方米），尚余五十五亿立方米供淤积之用。如按每年淤积五亿立方米计算，再有十一年即要侵占防洪库容。如这期间遇到大洪水，淤积更快。为防洪计，必须增建。

（2）按现在泄流措施，库区淤积不断增加，淤积末端不断向上游延伸。有人估计，可能不久就会延伸到西安草滩。增建后，按不同方案，水库最高拦洪水位可以降低四至五米，或七至八米，水库的高水位时间亦可缩短，淤积向上游的发展速度可以减轻。遇到像一九三七年或一九五八年的洪水，坝上游面水位均在三百二十七米以下。如遇到像一九三三年或更大洪水，库水位最高亦将达三百二十八至三百三十一米。

（3）按已有泄流设施，库水位在三百二十米时，回水已影响潼关，将加重淤积，而下泄流量仅为每秒约四千立方米。这一泄量还远没有发挥下游河道的排洪能力，但却又不必要地增加了库区的负担。

（4）改建后可能使下游河道淤积较多，但如对于所有泄洪措施加以控制运用，便可以减轻淤积。例如，在非汛期加以泄流控制，使坝上游面水位维持在三百一十五米，免使较粗的沙下放，以减轻淤积河槽；而在汛期，除特殊情况外，则不加控制，水流既能为下游河道可容泄的数量，沙随水下，可以充分利用下游河道的输沙能力，大量携带入海。相反，如维持泄流现状，虽仍继续采取拦洪排沙运用方式，估计下游河槽到一九七〇年将终止冲刷，以后亦将逐渐有淤积。

反对改建的理由：

（1）改建后，虽可减少水库淤积，减少人口迁移，但并非根治之策［见理由（3）］。而大量泥沙下排，对下游河道和海口都带来不利的影响。下游的拦洪区与滞洪区使用的机会亦多。此外，由于河道淤高，岁修和防洪的任务亦加重。

（2）改建后，闸门开关需时，控制不灵活。设遇三门峡以下地区发生洪水，将加大下游防洪负担［见理由（4）］。

（3）建议采用水土保持和在中游兴建拦泥库以减少来沙量的办法，以求得根本解决黄河洪水和泥沙问题，而不采用三门峡改建的办法。在水土保持工作显著生效以前，应兴建干支流拦泥水库，并且提出兴建拦泥水库的地点和施工意见，以期在十年内减少三门峡入库泥沙的一半左右。

（4）改建后，加大三门峡水库下泄流量，如遇三门峡到秦厂间发生洪水，将增加下游河道的负担。如伊、洛、沁各河发生大水，再通知三门峡水库关闭泄流水门已来不及，两峰相遇，可能使下游发生特大洪水。

（5）改建后，以控制运用方式减少下游的淤积办法不落实。泥沙运动规律复杂，不易掌握。在缺乏经验的情况下，不应寄托在控制运用上。

还有的人主张恢复"蓄水拦沙"运用方式，按原设计办理。

争论双方都具备研究分析资料，各持己见，相持不下。国务院周恩来总理于一九六四年十二月又主持召开了治理黄河会议，对于当时和以后黄河的治理工作作了详细的分析。最后决定三门峡水利枢纽进行改建。至于倡议的改建内容与正反两方面的理由已如上述。

周总理在决定改建计划后，曾问及我的意见，我诚恳地回答，完全同意总理的决定。而我当时的心情则是十分沉重的。这是为什么呢？我过去曾主张三门峡修坝工程的意见，但库水位不应影响潼关水位，并曾批评过日本人所拟高坝大库的建议（见《黄河治理纲要》）。所以对于这次设计的高坝大库亦提出过异议。但以这次支持高坝大库的人数很多，而我又没有低坝设计的具体方案，难作深入的探讨，加以在一九五七年对于枢纽工程设计的决定中，又规定库水位为分期升高的运用方式，就认为可以在实践中检验库水位的适当高程，而更重要的是对黄河求治心切，所以没再突出地表达个人的见解。因之，我对于三门峡工程的失误，是应负有一定的责任的。周总理在会议结束前讲的一段话，对于我是有深刻的教育意义的。他说："黄河的许多规律还没有被完全认识。这一点要承认。我还要再三说一下，不要知道一点就以为自己对其他都了解了。当时决定三门峡工程就急了点。头脑热的时候，总容易看到一面，忽略或不太重视另一面，不能辩证地看问题。原因就是认识不够。认识不够，自然重视不够，放的位置不恰当，关系摆不好。"（见《周恩来选集》下卷第四三八页）

这次改建工程为整修四条发电用的钢管并增加两个隧洞，用以加大泄流作用。于一九六五年动工，一九六九年完成，投入运用。然以库区淤积仍重，渭水下游威胁未除，于一九六九年又进行第二次改建，打开已封闭的十二孔施工导流底孔中的八孔并安装闸门。于一九七〇年七月至一九七一年先后投入运用，并重新安装四台单机容量为五万千瓦的水轮发电机组（后于一九七八年又安装一台），改建工程结束。从一九七三年十一月起，便改为"蓄清泄浑"运用方式，亦称为"蓄泄控制"运用方式，成为以防洪为主的综合利用枢纽。

四、蓄清泄浑运用阶段

"蓄清泄浑"运用阶段，在一般非汛期（每年十一月至第二年六月）蓄水拦沙，进行下游防凌、灌溉和发电综合运用，水位一般控制在三百二十米左右，最高不超过三百二十五米。汛期（七月至十月）降低水位至三百到三百零五米，泄洪排沙，径流发电。由于运用方式的不同，库区和下游河道的水流和冲积均有显著的变化。

首先，三门峡枢纽改建后，泄水能力有显著的增加，见表一。

表一　三门峡枢纽改建前后的泄水能力对比

水位（米） 流量 （立方米/秒） 时期	310	315	320	325	330	335
改建以前	1 728	3 084	4 040	4 800	5 460	6 040
第一次改建后	4 376	6 064	7 310	8 300	9 230	10 020
第二次改建后	7 700	9 662	11 300	12 500	13 700	14 700

三门峡水库对于其上所来洪水有很大的削峰作用。建库后，一九六一年至一九八〇年，潼关站出现过流量大于每秒一万立方米的洪峰五次。其中，一九七七年八月五日出现洪峰每秒一万五千四百立方米，三门峡的出库最大洪峰流量为每秒八千九百立方米，削减百分之四十二点二。

关于库内淤积，在"蓄清泄浑"运用阶段，冲积基本平衡，大为改善。然如遇上游特大洪水，由于大坝泄流的限制，潼关水位还可能有所增长，因而可能影响潼关及其以上地区的淤积。是则有待于进一步的研究。

至于下游河道的冲积，在"蓄清泄浑"运用阶段亦有一定的调节作用。在"拦洪排沙"阶段的一九六四年汛后，水库开始大量排沙，下游河道恢复淤积。然由于"大水带小沙，小水带大沙"，与出库水沙过程不适应，下游河道输沙能力降低，河道淤积加重，淤积部位亦与二十世纪五十年代不同。由于水库的削峰作用，水流漫滩时少，这时下游只淤槽而不淤滩，滩槽高差减小，河床趋向宽浅散乱。又由于生产堤（三门峡工程建成后在河滩修筑的小堤）的存在，一些河段出现了"河槽高于滩地（指大堤与生产堤间的滩地），滩地高于堤外（指大堤以外）地面"和"二级地上河"的险恶局面。一九六四年十一月至一九七三年三月的九年的平均含沙量，与建库前的一九五〇年至一九六〇年的十年平均含沙量相等。但下游河道每年淤积四亿三千八百万吨，比建库前的十年平均淤积三亿六千八百万吨还高。尤其是艾山以下的山东窄河段，由建库前的微淤变为严重淤积，主槽平均每年抬高二十厘米左右，使下游河道排洪能力"上大下小"的矛盾更为突出。

一九七三年十月以后，水利枢纽改为"蓄清泄浑"运用。非汛期水库下泄清水，下游河道发生冲刷。然以流量小，冲刷限于兰考夹河滩、东明高村以上，其下河段仍为淤积。汛期水库排沙，大量泥沙在汛期平水和小洪水时下排，河道发生了淤积。这种运用方式改变了河道泥沙的冲积部位，使郑州花园口以上由淤变冲，花园口至夹河滩淤积比重减小，夹河滩以下河段淤积比重增加，特别是艾山以下河段，在入海河口条件较为有利的情况下，仍然发生较多的淤积。滩地的淤积量因水库的削峰作用而有所减少。一九七三年十一月至一九八〇年十月，下游河道年平均淤积量为二亿六千万吨，较建库前减少三分之一。主要原因是这几年黄河来水偏枯，来沙偏少；再则由于其他拦蓄作用（如干支流水库），引起来水来沙条件的变化。总的来说，枢纽"蓄清泄浑"运用后，下游河道的淤积状况比"拦洪排沙"运用时期有所改善，但与自然状况相比，由于淤积部位的改变，就防洪全局而言则为不利。

是的，三门峡水利枢纽通过改建和运用方式的改变，还起着调水调沙的作用，使库区和下游河道的冲积情况有所改善，并使枢纽发挥了远低于原设计的防洪、发电、灌溉的一定效益和防凌作用，但是对于黄河的规律则还有待于进一步的探索认识，对于黄河治理与开发的方案则还有待于进一步的试验研究。以便在汲取三门峡枢纽的经验教训中，能更好地开发黄河水利、减除黄河祸害。

水土保持的开展端赖政策的落实

（一九八二年三月十一日）

水土保持工作一直是党和国家关怀的大事。早在新中国成立初期的一九五二年十二月，政务院便发出《关于发动群众继续开展防旱、抗旱运动，并大力推行水土保持的指示》，认为"水土保持工作是一种长期的改造自然的工作"，并根据已有的经验，提出水土保持工作的方向、步骤和方法。一九五七年七月，国务院又发布了《中华人民共和国水土保持暂行纲要》。第一条说明纲要的制定是"为了开展水土保持工作，合理利用水土资源，根治河流水害，开发河流水利，发展农、林、牧业生产，达到建设山区，建设社会主义的目的"。更明确地指出了水土保持工作的方针和方向。同时并规定在国务院成立全国水土保持委员会，有水土保持任务的各省，都在该省人民委员会下成立水土保持委员会。其后，一九六二年三月，全国水土保持委员会提出《关于加强水土保持工作的报告》，经国务院批转各省、区、直辖市"认真加强水土保持工作"。全国水土保持工作逐步开展。

三十年来，水土保持工作走过一些弯路，亦曾几起几伏，但还取得一些成绩，只是进行缓慢，赶不上形势发展的要求。由于长期的实践，则取得一些经验教训。当前，我对于水土保持工作的认识如下。

水土保持是土资源保护、水资源调度的手段，其目的在于适应自然、合理利用水土资源，并以充分发挥其经济效益。因之，它不单独属于自然科学，而属于自然科学与社会科学的综合范畴；任务的完成亦不能单纯依靠科学，还必须依靠政策。

水土保持的具体安排是：治理与预防并重，除害与兴利结合；植物措施与工程措施并重，综合治理，因地制宜。换言之，对于已破坏的生态环境力求恢复，对于生态环境尚好的地区则力求保护和改善，禁止一切助长土壤侵蚀的举动。所谓植物措施，包括造林与种草，以发展林牧生产；工程措施包括农田基本建设与沟坡治理。

水土保持是一项长期的、经常性的任务，不能忽冷忽热。水土保持是广大面的工作，是生效较慢的工作，不能要求过急，指标过高。水土保持是一项综合性的工作，必须相互配合，齐头并进，不能"单打一"。

黄土高原水土保持点和小面积的试验研究，已有近五十年的历史。结合群众经验，提高理论水平，已取得一整套办法，并获得显著效果。据统计，到一九八〇年年底，黄土高原综合治理水土流失面积七万五千平方公里，占应治面积的百分之十七点五。现在的问题是，如何把点和小面积的治理成果推广运用于大面积上去。这是一关。换言之，水土保持的理论与措施业已取得实践的验证，水土保持作为防治土壤侵蚀的口号亦已大声疾呼，但还没突破推广这一关，其原因何在？曰，政策还有待落实。

黄土高原四十三万平方公里的冲蚀区，居民约四千万，是饲、肥、燃"三料俱缺"的地区。长期以来，在以"农"为主的经济政策指导下，随着人口的增长，无计划的垦荒日益发展。又由于其他自然条件的限制，采取"广种薄收"的手段，形成"越垦越穷，越穷越垦"的被动、循环局面。新中国成立后，虽欲"悬崖勒马"，但迄尚难得纠正。这不是单纯地禁垦与不禁垦的问题，而是须从解决人民生活并提高人民生活水平入手的问题。关键在于正确的水土保持政策的落实。

农业实行生产责任制，充分体现了按劳分配的原则，使生产积极性和劳动生产率大为提高。随着生产责任制的实行，水土保持工作亦必须紧密结合农民利益，讲究经济效果，联系实际，制订一系列政策，解决具体问题。如免除土壤侵蚀严重区的粮食征购任务，以促进农、林、牧业的全面发展；闸沟垒堰新增加的土地，谁治、谁管、谁受益，若干年内不计产量；鼓励陡坡退耕还林，因退耕影响口粮的社队，实行口粮定销包干，节约归己；划定自留山、责任山，治、管、用合一，收益分成，长期不变；下达治理任务，并规定每个劳力每年需投入的基本建设工数，组织实施；制订规章制度，防止山林破坏、陡坡开荒，等等。这里只列举一二供参考，自不能适用各地。但是，这些问题的解决则不属于自然科学的范畴，而有待于各级领导对于水土保持的认识提高和关切重视。过去忽视了这一点，只视开展水土保持为一项技术问题，则是迟迟未能推广的一项重要原因。应当着重指出，今后水土保持的开展主要在于农业政策的落实。当然，这并不是说所有的技术问题都已经解决了。政策与科学是开展水土保持的两条腿，不能偏废。只是在推广上略嫌政策的步伐稍慢而已。

再者，近年对于水土保持工作，倡导以小流域为重点的综合治理，这是由点到面开展的初步，是走向全面治理的过渡。但在提法上，似应以小流域为基点、为起点，在统一规划、全面治理的原则下进行工作。换言之，黄土高原应有一个综合治理的全面规划；然后分别制订各支流的治理计划，至于具体工作则落到小流域上，并视为基点。也就是说，立足于稳、于细，而面向整个黄土高原。

水土保持工作过去在黄土高原虽已取得初步成就，然由于多是点上的工作，"满天星"地铺开。点上土壤冲蚀量的减少虽著，而对于总的产沙量影响不大。加以这几年破坏严重，大有"收支相抵"之势。所以冲蚀地区的来沙量并不见少。也即是说，泥沙冲积对于黄河安全的严重威胁如旧。瞻望前途，来沙量必然会逐步减少，这是可以肯定的。但就黄河治理而言，对于将来黄土高原来沙量的多寡，尚是个有待研究的问题；即黄土高原水土保持做到令人满意的程度后，下游还有多少来沙量，则是下游治理规划所关心的问题，亦是当前所应从事研究的问题。

所以提出这个问题，因为有人认为水土保持开展了，黄河的问题就解决了。但可能并不完全如此。水土保持是根治黄河的重要措施，开展后，来沙肯定会大为减少，但黄河似乎还不会"清"，仍将列于世界含沙量高的大河之首。关于这个问题，只简单地说明几句，以便引起重视。

三门峡（陕县）站多年平均的含沙量为每立方米三十八公斤。而产沙较少的上游地区，来沙量亦极严重。如兰州站多年平均含沙量为每立方米三点四一公斤（流域面积二十二万二千五百平方公里），内蒙古托克托河口镇站为每立方米六点五公斤（流域面积三十六万七千九百平方公里）。托克托到郑州桃花峪属中游，是主要的来沙区。在中游大规模治理之后，亦即在黄土高原水土保持做到令人满意的程度后，三门峡站的含沙量能减到什么数值呢？现在自然还说不准，总可以得出一个概念吧！即它大概不会小于今日河口镇的数值，而很可能还要高一些。世界出名的含沙量高的大河，如埃及的尼罗河，含沙量只约为每立方米一点二公斤。那么，黄河的含沙量还将远远超过它，仍然是治理上的一个重大问题。当然，含沙量只是有关泥沙运行的一个指标，今只用来说明问题的一斑而已。因之，应当把将来黄河下游含沙量或来沙量的多寡，作为目前研究的一个课题，用以指导黄河治理规划的进行。

这话离题太远了。总之，水土保持关系到黄土高原水土资源的开发利用，关系到黄河的根本治理，应当从实际出发，加强科学的研究，贯彻政策。

山西吕梁地区水土保持的实践

（一九八二年三月二十一日）

山西省吕梁地区的水土保持是有成效的，它的经验是值得参考推行的。

三十二年来，吕梁地区的水土保持工作曾经几起几落，然一般说是向前发展的。从一九四九年到一九八〇年，全区初步治理面积四千平方公里，占水土流失面积的百分之三十四，每年平均治理面积一百二十四平方公里。其中，从一九四九年到地区组建前的一九七〇年，二十二年治理面积为一千七百零六平方公里，每年平均七十七平方公里。地区组建后的一九七一年到三中全会前的一九七八年，八年治理面积为一千六百七十三平方公里，每年平均二百零八平方公里，比前二十二年加快一点六倍。三中全会后的一九七九年，治理面积增加为二百八十平方公里。一九八〇年又增加为三百三十三平方公里。一九八一年可能完成四百平方公里以上，又比三中全会前加快将近一倍。经过长期的实践，取得了经验，总结了教训，树立了一批有说服力的典型，培养了一批领导干部和技术人员。

按照近三年的治理速度估计，全区的水土流失面积需要再有二十五年左右的时间，才能做到初步治理。但这又是何等鼓舞人心的设想！好像使人看到了黄土高原的日出。

其经验是，做好这项工作，首先要提高干部和群众的认识。必须真正认识到"水土保持是山区发展农业生产的生命线"。土地资源是人民赖以生存的基本条件，保护土地资源是广大群众的迫切要求。我们再没有权力把人民群众赖以生存的土地，让流水冲进黄河中去了。在水土流失严重的地区，如果不搞水土保持，就必然脱离客观实际，就没有任何出路，甚至走向绝路。不过这一认识还没有得到完全的解决。必须加深和提高认识，确实把水土保持工作摆到地委和行署的议事日程上来。

关于吕梁地区土地治理的方针，由于认识的局限，近十年内曾经过四次变动。由于方针不符合或不完全符合当地的客观实际，亦曾吃了不少苦头。最近制订的治理方针为："以林、牧为主，以水土保持为中心，狠抓流域治理，积极建设基本农田，做到粮食自给有余，大力发展多种经营，达到农民富、河水清的目的"。他们认为这个指导思想，是符合吕梁地区的自然特点的。

根据这一方针，又作出了治理规划。在全区三千一百万亩总面积中，除去七百一十五万亩耕地（实际上在一千万亩左右）、四百五十万亩林地、三十万亩草地外，还有可利用的荒山荒坡一千三百万亩。在耕地中大约有四分之一是二十五度以上的陡坡地，需要退耕还林还草。这样，实现土地合理利用的目标是"四、三、二、一"，即百分之四十的面积造林，百分之三十的面积放牧，百分之二十是基本农田，还有百分之十是村庄、道路、河道等非生产用地。换言之，经过治理，林、草地面积将达到总面积的百分之七十。

该地区山区人口密度较大（平均每平方公里八十人，多者达一百五十至一百六十人）。建设好基本农田，每人平均产量稳定在八百斤左右。解决好吃饭问题是一项重要任务。没有这一条，单纯靠国家供应粮食，用以发展林、牧业生产是不现实的，亦是不可能的。就目前情况看，大部分社队仍处于粮食单一经营的局面。一九八〇年在全区农业收入构成中，农业占百分之五十九点五，林业占百分之九点六，牧业占百分之一点六，工副业占百分之二十五点三，其他占百分之四。山区的林、牧、工、副业收入所占的比重更小。只有大力发展多种经营，才能尽快由穷变富。换言之，要把水土保持和山区经济发展紧密结合起来，才能达到农民富、河水清的目的。

解决了领导认识和制定治理方针之后，怎样才能把干部和群众的积极性调动起来，开展群众性的水土保持运动呢？所提出的办法是"三靠"，即一靠党的政策，二靠符合客观实际的水土保持责任制，三靠科学的治理措施。

党的十一届三中全会以来，该区认真落实了党中央关于农村工作的两个重要文件，绝大部分生产队建立了包产到户、包干到户的"双包"生产责任制，调整了生产关系，按劳分配、多劳多得的原则得到了充分实现，这就调动了广大农民的生产积极性，劳动生产率大为提高，粮食大幅度增产，农民的温饱问题基本上得到解决。这就打下了开展水土保持的经济基础。农村劳动力剩余三分之一左右，为开展水土保持提供了劳力资源。但是，在集体所有、集体经营改变为集体所有、分散经营的新形势下，水土保持究竟如何开展，开始尚缺少经验。经过深入实际、调查研究，并举行现场会议、交流经验，取得了一些成功的经验。集中推广了十几个先进单位的典型经验，并明确提出要像落实人的政策一样落实水土保持政策，要像抓农业生产责任制那样抓水土保持责任制，要拿出抓粮食的劲头抓水土保持。确定政策，建立水土保持责任制的立脚点，必须充分调动国家、集体、社员个人三方面的积极性，在统一规划、分项管理的前提下，具体组织国营林牧场、社队、机关工厂、社会个人四方面一齐上。至于具体做法，这里只就流域治理为例，略加说明。

在流域治理中，除实行水土保持责任制外，凡是有国家投资补助的，都按基本建设程序办事，签订合同，实行谁治理谁享受国家补助、国家补助和社员直接见面的办法，充分发挥了投资的作用，提高了经济效益。

治理的起点应以小流域为基本单元，实行综合治理、连续治理，效果显著。该地区在总结经验教训的基础上，实事求是地、因地制宜地、有计划地、有组织地在一百一十九个山区流域内，进行了集中治理，进度快，质量高，水土流失在不太长的时间（少者五年，多者十年）就能得到初步控制，人民生活亦随着治理逐步富裕起来。

那么，治理工作如何起步呢？由于吕梁地区的地域差异较大，在具体执行中，采用因地制宜、发挥优势、分类指导的办法，绝不搞"一刀切"。该地区大体上有三种起步方法：

一是从建设基本农田起步，逐步实现农林牧全面发展、综合治理、保持水土之目的。这是一条比较积极而又稳妥的路子。因为，广种薄收、粮食生产低、现金收入少是影响山区经济发展的主要因素。

粮食越少，开荒越多，破坏了生态平衡，恶化了生产条件，产量就越低，生活亦因之越苦。只有建设基本农田，有了稳定的粮食生产基地，才能放手大抓林牧。这样的成功例子很多。有的十年便粮食自足有余，林木开始间伐，果树开始收果。

二是从抓见效快、受益期短的生产项目起步，解决群众迫切要求解决的问题，综合治理，全面发展。群众把它叫作"当年抓粮油，近年抓桑柳，中期抓畜牧，长期抓植树"。在燃料最缺的地方，首先从解决烧柴起步。在燃料问题解决后，节余出的砍柴工，从事基本农田建设。

三是从抓工副业起步，积累资金，保持水土，发展生产。

总之，在方针确定、政策落实之后，如何起步，千万不可"一刀切"。一定要根据各队实际，充分发挥当地的自然优势，首先解决当地群众在生产和生活上迫切要求解决的问题，集中抓好一两个项目，先把经济搞活，把干部和群众的积极性调动起来，就可以推动整个生产建设的迅速发展。一切要按自然规律和经济规律办事。

某中央领导在《当前的经济形势和今后经济建设的方针》报告中提出："发展农业生产，进行农村建设，仍然主要靠政策，靠科学。"又说："一是人们乐意去做，有积极性，这就要有正确的政策；二是做得好，收益大，这就要采取适用的科学技术。"山西吕梁地区水土保持工作的所作所为，正符合该领导报告的精神。也可以说，山西吕梁地区水土保持工作所取得的进展，正可以作为该领导报告的一个具体注释。当前水土保持科学技术人员，在总结群众经验和研究试验的基础上，已经摸索了一套办法。但是过去领导上每每单纯地把水土保持视为是一项技术问题，所以进行迟缓。在实行农业责任制后，制定了水土保持责任制。政策与科学两条腿走路，水土保持便大有可为。深望四十三万平方公里的黄土高原冲蚀区，按照中央的指示办事，在落实政策的基础上，乘胜前进。

黄河下游一九八一年汛期全段冲刷的观感

（一九八二年四月十八日）

黄河下游（郑州桃花峪以下）河道，汛期（七至十月）淤积是一般现象，汛后虽略有冲刷，然就全年而论，则为淤积，所以形成一条地上河。而一九八一年汛期，下游河道则呈现全段冲刷的局势，这是一个特殊而有研究价值的现象。黄河水利委员会对于这一汛期黄河洪水的水沙特点及其对于下游的影响进行了分析，并得出如下的结论：根据全面的分析研究，在这一汛期中，从干流禹门口至潼关，经三门峡库区，直至河口的一千公里，普遍地呈现冲刷。其主要原因是由于这年汛期洪水主要来自兰州以上地区和渭河上游。河口镇至龙门之间的多沙、粗沙地区以及泾河、北洛河均没产生较大洪水。汛期的来水多、来沙少，洪峰流量不大，而中水流量持续时间较长。且黄河上游洪水与渭河洪水又没遭遇。凡此种种，都是有利的来水来沙条件。加上河口畅通，遂产生大河长距离的普遍冲刷现象。这就充分说明，增水减沙，调整水沙组成，是可能使下游河道少淤、不淤，甚至冲刷的。

黄河下游危害严重而难治的主要原因在于"善淤"。历史早作结论。然在近年保证长期不决口的情况下，下游河床的淤积升高更迅速，平均每年约为十厘米。这就成为当前急待解决的迫切问题。

解决的方法有二，一为减少泥沙来源，一为调整并增加上游来水。

减轻黄土高原冲蚀的水土保持工作是减少泥沙来源的根本措施。三十年来，这项工作虽有所进展，但步伐较慢。加以"左"倾思想的危害，毁林开荒的情况亦有所发展。所以得失几乎相抵，沙源来量并未减少。然在正确政策的指导下，黄土高原的侵蚀肯定会减轻，来沙量肯定会减少。但水土保持工作见效缓慢，且属长期性的连续工作。即使做到满意的程度，从自然情况而言，黄河亦难以变清，必然仍列于世界多沙大河之群。因之，下游的治理仍然是长期的，调整并增加上游来水的措施，亦是必不可少的。

黄河作为一条大河，不要看它汛期波涛汹涌，势不可当，它的全年来水量并不是丰富的。如果还原推算，它的径流量每年亦只有五百多亿立方米。但经开发利用，这三十年的平均入海径流量已不足三百亿立方米。在几个枯水季节，下游且曾断流，仅赖三门峡水库的节蓄，得以勉强供给下游工业和生活用水。因此，在上、中游修建大型水库的蓄水任务中，必须列入"调整黄河水沙组成的用水"这一项，而且保证及时供水。当然，这可能限制了黄河流域水资源的开发。但权衡轻重，这项要求仍应占优先的地位。盖以黄河下游的安危，关系整个社会经济的盛衰，历史的惨痛教训是应当记取的。再者，由于黄河水源不足，早已提出跨流域由长江引水的设想。这是一项艰巨的工作，已从下游开始进行，上、中游的工作还有待调查研究。当然，在引水计划任务中，亦必须包括上述"用水"要求，结合黄河规划，进行全面考虑安排。

综上所述，黄河下游水害是可能治理的。当然，这项工作是艰巨的，又是不能等待的。目前，对于下游洪水的防御，已有三十年的实践经验。在战略和战术上有了一套办法，在措施上亦正逐年加强。不过对于减轻下游河槽的淤积则尚少所研究。"善淤"既是决口、改道的原因，则应当把它列入下游"防洪"的范畴，而予以高度的重视。一九八一年汛期下游全段的冲刷，只呈现出一种改善的可能性，还须从理论上作出深入的分析研究。所以不能只寄希望于来水来沙条件的改善，而应视为"攻关"的课题，以为治理规划的基础。

水利释义

（一九八二年八月三十一日）

　　水利就是水之利或水之利用，意至明显。不过，它的含义是随着社会经济、文化的发展而逐渐充实完备的。

　　先秦古籍言水利者，见《管子·禁藏》："渔人之入海，海深万仞，就彼逆流，乘危百里，宿夜不出者，利在水也。"《吕氏春秋·孝行览·慎人》："舜之耕渔，其贤不肖与为天子同。其未遇时也，以其徒属堀地财，取水利，编蒲苇、结罘网，手足胼胝不居，然后免于冻馁之患。"所谓"利在水"、"取水利"等，皆泛指水产捕鱼之利的范畴。到了汉代，"水利"的含义便已比较完备。朱更翎同志提出：《史记·河渠书》首次明确赋予水利一词以治河、修渠等专业性质（《水利史研究溯源》、《中国水利》一九八一年三月）。我同意这一论断。

　　《史记·太史公自序》说："维禹浚川，九州攸宁；爰及宣房，决渎通沟。作《河渠书》第七。"可以说这是司马迁作《河渠书》的主旨。《河渠书》所记包括治河（防洪）、开渠（通航）、引河（溉田）诸事，远溯"禹抑洪水"，下及汉武帝塞决。而在叙述塞瓠子、筑宣房后说："自是之后，用事者争言水利。"并继及穿渠、溉田、堵口诸工。纵观全书，就其所叙述的内容及其论断，司马迁对于水利一词的含义至明，包括上溯远古、下迄当时的各项水利专业。《河渠书》便是我国最早的一部水利史，同时又是首次赋予水利一词以新的含义，并为后世所遵循、发展。

　　我在《中国水利史稿序》中曾以《事物纪原》为据，误认为水利一词起源于魏李悝。《事物纪原·利源调度部·水利》载："沿革曰：井田废，沟浍湮，水利所以作也，本起于魏李悝。《通典》曰：魏文侯使李悝作水利。"但所引《通典》之句与原文不符。查《通典·食货·田制下》载："魏文侯使李悝作尽地力之数。"并非如所引。是则水利一词并不起源于魏李悝。《事物纪原》作者可能沿用《河渠书》水利的含义,以表达李悝所从事的工作。

新中国成立前,中国水利工程学会第三届年会对于水利的定义曾通过一项决议,全文如下:

"本会为学术上之研究,水利范围应包括防洪、排水、灌溉、水力、水道、给水、污渠、港工八种工程在内。但为建议政府确定水利行政主管机关之职责起见,应采取如下之定义:

水利为兴利除害事业,凡利用以生利者为兴利事业,如灌溉、航运及发展水力等工程;凡防止水为害者为除患事业,如排水、防洪、护岸等工程是"(《水利》第5卷第5期,一九三三年十一月)。它代表了二十世纪三十年代对于水利的认识。

时至今日,举凡水资源的开发利用,水害的治导防护,从测量、调查、研究到规划、设计、施工及其经营管理,莫不属于水利业务范畴。概括言之,举凡水害防治、生活用水、工业用水、农业用水、水力开发、水道开辟、港湾建设以及淡水养鱼、美化环境等,虽各有其专业内容,然莫不与水资源的管理与开发、河道的整修、渠道的开辟及其相应的工程建设有关,因之亦均与水利业务有关。为了使水资源的开发利用发挥最优的经济效益,水利业务必须统筹规划、管理。至于各项专业的发展,则可有分有合,各司其事。所以,水利亦已构成为一门完整的科学体系。

水资源的开发利用,必须有工程技术措施。水利是适应自然、改造自然、利用自然的事业,必须按照自然规律办事,因之它就成为一门技术科学。然由于其服务的对象为维护人类生存、发展社会经济的事业,为了最合理地综合利用水资源,并发挥其最优的经济效益,又必须按照经济规律办事。因之,它不单纯地属于自然科学,而是一门跨自然科学与社会科学的综合性学科。要办好水利就必须加强自然科学与社会科学的联盟。

由于我国气象和地理条件的限制,雨量在季节上、地区上以及年际间分布的变差都很大,所以自古以来,水利事业就引起了人们广泛的重视,大有"治国必治水"的情势。因之,它早就成为一项专业,发展到今天则更受到了重视。

中国水资源的特点

（一九八二年十月十日）

　　自古以来，水利事业就在我国社会经济建设中占有重要的地位，这是和我国水资源的自然特点分不开的。

　　我国位于世界最大的大陆——亚欧大陆的东南部，国土的西北部是世界屋脊，东南部沿汪洋大海；南北跨高、中、低三个纬度区。这种特定的地理位置，使我国气候具有明显的季风性质。温暖湿润的东亚海洋季风和干燥寒冷的西伯利亚-蒙古高原季风，在国土上空往复交替，形成我国降水的特点，决定了我国水资源在地区分布和时间分配上的不均匀性。这是我国历史上水、旱灾害严重的自然原因。

　　在我国九百六十万平方公里的土地上，平均年降水深为六百三十三毫米，江河平均年径流量为二点六三万亿立方米（相当于径流水深二百七十八毫米），居世界各国的第六位。看来是丰富的。但就我国人口说，每人每年平均占有径流量二千七百立方米，仅约占全世界人均量的四分之一，相当于苏联的七分之一、美国的五分之一，略低于印度。所以，我国的水资源是不丰富的，甚至是贫乏的（按：我国尚有地下水七千八百亿立方米，扣除与江河径流重复部分，水资源总量约为二万七千亿立方米）。

　　此外，我国水资源在分布上有两个不利特点：一是，在地区分布上的变差极大，很不均匀；二是，大部分地区的降水量和径流量，在年内不同季节的分配很不均匀，在年际间的变差亦很大。

　　年降水量四百毫米的等降水线，从东北到西南成对角线，斜贯我国大陆。如按此划分，我国有一半以上的国土处于干旱和半干旱、少水或缺水的地区。沿海和内陆、南方和北方水资源的数量相差悬殊，使我国水、土资源的组合在地区上极不平衡。

　　长江、珠江、浙、闽、台和西南诸河，处在丰水、多水地带，水资源丰富，占全国总水量的百分之八十二点三，耕地面积只占百分之三十六点三，人口占百分之五十四。

黄河、淮河、海河、滦河、辽河、黑龙江和西北内陆诸河，处于过渡或少水、干旱缺水地带，总水量仅占全国总水量的百分之十七点七，而耕地面积却占百分之六十三点七，人口占百分之四十六。其中，尤以海河、滦河、淮河流域（包括黄淮海大平原地区）最为突出。流域面积占全国的百分之六点八，水量只占全国的百分之四，而耕地面积却占百分之二十七点四，人口占全国的百分之二十六点七，是全国水资源最为紧张的地区。至于缺水地区的情况就更严重了。

年内的降水量在不同季节的变化是很大的。南方雨季较长，正常年份三至六月或四至七月的降水量占全年的百分之五十至百分之六十。北方雨季较短，出现的时间亦迟，正常年份六至九月的降水量占全年的百分之七十至百分之八十，而实际上主要的降水往往又只在两个月左右的时间内，且常出现集中的暴雨。在自然情况下，水资源的利用率较低，对农作物生长不利。少雨季节容易发生干旱，多雨季节容易出现洪涝。所以在同一地区常有旱涝互现之象。

降水量和径流量的年际间变化亦大，北方且甚于南方。例如北京市，一九五九年降水量为一千四百零五毫米，而一九二一年则仅为二百五十六毫米，相差五倍有余。又在一八九一年，降水量仅为一百六十八毫米，只为该地多年平均值的百分之二十七。

从河流的年径流量看，最大与最小的比值，亦为愈向北而变差愈大。例如，长江的比值为二点一倍。而海河一九六三年大水，年径流量则约为干旱的一九七二年的五点五倍。

江河的年径流量不仅年际间的变差较大，更严重的是，还存在多年连旱或连涝的情况。因之，常连续发生多年的旱灾或涝灾。

根据以上的自然情况，我国劳动人民从上古时代就致力于水、旱灾害的防御。而灾害依然频繁。据记载，自公元前二〇六年到一九四九年的二千一百五十五年间，我国发生较大水灾一千零二十九次，较大旱灾一千零五十六次。平均每年就约有一次较大水灾或旱灾。所以，水利便成为我国人民所关心的大事，水利事业亦史不绝书。

水与人类社会的密切关系

（一九八三年一月十七日）

水是有使用价值的，亦即水之利。它的获得必须通过人为的努力或措施。原始时代，人类"逐水草而居"，"逐"便是人为的努力，通过他水才得到利用。随着社会经济文化的发展，除逐水外，还有提水、引水、蓄水、治水等一系列的水利措施。水之利得到广泛的开发。今估略述水与人类社会的密切关系。

水是一切生物产生和发展的最根本条件之一。医学家认为，人体每天平均消耗水分约二千五百克，除体内物质代谢可氧化产水三百克外，每天至少要补充饮水二千二百克才能维持平衡。当然，人类的用水还有他种需要，如清洁、卫生、医疗、休养、游览、娱乐、教学，等等。随着人类生活水平的提高，生活用水量亦要急剧增加。我国山区农民用水量，平均每人每日不及二十公斤，北京居民每日每人用水一百四十公斤，巴黎约为五百公斤，莫斯科约为六百公斤，华盛顿约为七百公斤，芝加哥达八百二十公斤。从发展趋势看，我国人的生活耗水量将是不断增加的。因之，它的供应设施亦必逐渐有所增修。

水又是人类社会经济活动的物质基础，所以生产活动都离不开水。在农业方面，大面积的生产实践证明，生产一吨玉米需水六百至八百吨；生产一吨小麦需水七百至一千三百吨；生产一吨稻谷需水一千四百至二千吨。肉牛增产一斤，至少需要饲草六至八斤，而生产一斤干饲草需水六百至七百斤，那么肉牛增重一斤至少需水三千六百至五千六百斤。这是指毛重。按净重折算，生产一吨牛肉，当需水八千至一万吨之多。经营园林、蔬菜，所需水较之一般农田当更多。因此，水利是农业的命脉，乃是一条颠扑不破的真理。盖以按我国地理和气候条件的限制，要保持农业的稳产、高产，常须引水灌溉，以弥补自然供水之不足。这就要有人为的灌溉措施。目前，我国现有农田灌溉约七亿亩，约占全国现有耕地的一半。而有灌溉措施农田的收获则约当全部农田收获量的三分之二。这就足以说明人为努力的效益。随着农业发展的要求，用水量亦必逐渐增长。

在工业方面，科学发展到今天，还没有发现可以不要水的工业。所以有的国家形容水是工业的血液。工业用水，除了工矿区的生活、环境用水，生产本身的需水量亦是很可观的。据统计，在一般情况下，炼一吨钢需水二十至四十吨；生产一吨石油需水三十至五十吨；造纸一吨需水三百吨；生产一吨化肥需水五百至六百吨；生产一吨人造纤维，用水高达一千二百至一千七百吨。许多国家的实践证明，随着社会经济的发展，工业用水的比重将急剧增长。据国外资料分析，进入二十世纪以来，全世界农业用水量增长七倍，而工业用水量则增长二十倍。我国缺乏这方面的统计资料，工业用水量的急剧增长亦是很明显的。如北京市的官厅水库和密云水库、沈阳的大伙房水库，原设计都以农业用水为主，而今则变为以工业和城市用水为主了。

工业用水基本上有赖人为措施。目前，天津市工业单位产值净耗水量为每万元二百七十三立方米，按水的有效利用系数零点七计算，万元产值毛耗水量约为四百立方米。供应工业发展的用水量是很大的。

我国的水资源，江河年径流总量为二万六千三百亿立方米，地下水为七千八百亿立方米，扣除重复水量，水资源总量为二万七千亿立方米。与世界各国比较，尚称丰富。但按人口平均计算，每人占有水量仅约为二千七百立方米，与美国一九七五年人均实际用水（二千五百二十八立方米）相近，是则我国水资源又是贫乏的。我国目前引用水量四千五百亿立方米，约占水资源的百分之十七。粗略估计，到本世纪末，引用水量可能将有一倍的增加。

水能的开发不消耗水，但要求江河的自然流量能得到调节，能蓄有余而补不足，使水流能较平稳地宣泄；而能量的发生又必须利用水流的落差，必须使自然落差得以集中备用。要达到这些要求，亦有赖于水利措施，才能获得。我国水能资源虽居世界前列，而已开发利用的数量则很低，仅占可能利用量的百分之五点五。目前，水能开发程度较高的国家，其所占可能开发资源的比重，瑞士为百分之九十八，法国为百分之九十五，意大利为百分之八十三，西德为百分之七十八，日本为百分之六十六，挪威为百分之六十五，瑞典为百分之五十八，美国为百分之四十三，加拿大为百分之三十八。相比之下，我国是很落后的，应急起直追。

关于洪水的防治，仍是目前各大江河的严重问题。而防洪的效益则是比较难以计算的。防洪措施并不直接创造财富，而其所收效益则是以其所保卫的地区因少受泛滥的损失来权衡的。某一标准的防洪措施，所能减少的灾害损失，只为在遇到所防御的洪水来临时，由于不受泛滥灾害所获得的结果。换言之，它只减少了受灾的机遇，但并非绝对的保险。洪水的来临，具有偶然随机的特点。一般洪水经常出现，但不为害，或为害较轻。因之，为防御一般洪水所采取的措施投资亦较少。但是，这样的措施遇到较大洪水，如所谓百年一遇的洪水，便没有防御能力。而所谓百年一遇的洪水，只说明它来临的机遇，指示在长期内它的重现期，但不能肯定其出现期的时间。它可能百年后出现，亦可能在三五年内出现。防御大洪水的措施投资很多。如果这项措施完成后，不久即遇到这样洪水的来临，得保安全，便能收到几十倍或更多倍的投资效果。如相当长的时期内遇不到这样洪水，虽然河水安澜，但则积压资金，交付利息。所以计算防洪措施的效益比较困难。但有些河流的水灾比较严重，虽不能或难以计算其投资效益，仍以关系国计民生者大，亦常把防洪要求列居治理的首要地位，如黄河等，而其投资则列入国家开支项目，不作为企业投资核算。

根据以上所述，在通过人为的努力或措施后，自然的水在生活和工农业生产方面有着显而易见的使用价值，而且可以计算出来。至于洪水的防治，则似属另一范畴，它不属于水的利用，而属于水的防御，然治理之后亦有其显著的效益。在制订人为措施的计划时，则应当选择经济上合理、技术上可能的方案。在计划实施后，用水各方就应当缴纳水费。目前，除防洪外，则应进行企业管理。

三十年的水利建设

（一九八三年二月二十五日）

中国共产党领导下的新中国成立之后，在全国人民的共同努力下，水利事业有着高速的发展。虽然才是一个开端，但已呈现出划时代的变化。水利建设，包括水资源的开发利用和洪涝灾害的防护治理，已经纳入全国经济计划之中，以现代的科学技术从事统一规划、综合治理、综合开发、综合利用、综合经营，为国民经济的发展服务。

截至一九七九年年底，已经建成水库八万六千多座，其中大型水库三百一十九座，中型水库二千二百六十二座，总库容为四千亿立方米；修建和加固江河堤防十六万八千公里；建闸二万五千多座。建成配套机井二百二十万眼；机电灌溉排涝装机总量，由新中国成立时的九万六千马力，增加到七千四百万马力；建成万亩以上的灌溉系统五千二百多处；建成农村小水电站（总装机容量在一万二千千瓦以下或单机六千千瓦以下的水电站）八万五千四百多处，装机容量共七百五十七万千瓦。这样一批工程措施，加上大量的群众性的田间工程，使我国灌溉面积，由新中国成立时的二亿四千万亩增加到七亿二千九百万亩（其中三十万亩以上的大型灌区二百一十三处）。防洪工程保护农田四亿八千万亩，除涝面积二亿六千万亩，改良盐碱地六千二百万亩，解决了山区、高原四千万人口、二千万大牲畜的饮水问题，并保证了黄河大汛期间不决口。

我国粮食生产，尽管在"大跃进"时期和"文化大革命"时期受到两次严重挫折，但三十年来平均增长率仍达到百分之三点六，高于同时期的世界平均增长率，亦高于美国、苏联、日本、法国、西德等国的同时期平均增长率。我国土地和气候条件是较差的，机械化水平和种子、肥料、药物等条件亦均不如上述国家。因之，估计水利建设在这中间起了重要的作用。再看棉花，一九七八年我国年产量比一九四九年增长了将近四倍，棉田播种面积并未扩大，主要在提高单产。我国若干个集中产棉省、市、自治区的棉花生产基地，都因有了可靠的灌排工程措施，才能保证单产不断上升。在没有水利条件时，大旱就是大灾年；有了水利条件，加上旱年日照时间长，光合作用好，反而会出现大丰收。这亦是有事实根据的。

　　水库起着拦蓄水流的作用，并可发挥综合利用的作用。例如，北京市工业和城市用水，每昼夜需二百万吨，天津市需一百一十万吨。两市的生产、生活用水全赖官厅水库（永定河）和密云水库（潮白河）的调蓄维持。又如，汉江的丹江口水库，一九六七年至一九七八年的十一年间，灌溉农田一百三十万亩，发电三百亿度，拦截上游一万秒立方米以上的洪峰二十一次，其中九次洪水全部滞蓄库内。一九八〇年水库上游出现一九二〇年以来未曾有过的大洪水，洪峰流量二万二千四百秒立方米，洪水量近四十亿立方米。由于丹江口水库的调洪作用，江汉平原免除了国民经济灾难性的损失。单发电一项的收入，就超过水库投资的一倍。

　　我国的水能资源是比较丰富的，蕴藏量在一万千瓦以上的河流凡三千多条，全国水能理论蕴藏量为六亿九千一百万千瓦，年发电量可达六万零五百亿度。但可能利用的装机容量则为三亿八千二百万千瓦，年发电量可达一万九千三百亿度。现在建成大、中型水电站九十六座，其中装机容量大于二十五万千瓦的大型水电站十七座。装机容量由新中国成立时的十六万千瓦，到一九八一年年底已增至二千一百万千瓦。早在二十世纪五十年代就已建成第一座坝高一百零五米、总库容二百二十亿立方米、装机六十六万二千五百千瓦的新安江水电站。六十年代又建成坝高一百四十七米、总库容六十亿立方米、装机一百一十九万千瓦的黄河刘家峡水电站；建成坝高九十七米、总库容二百零八亿立方米、装机九十万千瓦的汉江丹江口水电站。七十年代水电站建设又有更大的发展，除完成几座大型水电站外，又开工兴建了十多处大型水电站。目前，正在兴建工程的装机总容量为一千万千瓦，连同已完成的装机容量共为三千一百万千瓦，约为可能利用量的百分之八。开发前途远大。

我国农村小水电的装机容量，约当全国建成水电装机容量的百分之三十，已如前述。一九八〇年已有部分联成地方小电网，或接入国家电网。我国水能资源虽然比较丰富，但分布很不均匀，大部分位于西南方。而小水电资源的分布比较广。粗略统计，全国有一千一百多个县可自行开发超过一万千瓦的水电站。其中，有的县可自行开发三万至五万千瓦的水电站。另外，已建成的其他水利工程（如渠道、闸坝等）亦可为开发小水电提供条件。随着农副业的发展，农村用电量不断提高。一九七九年农村用电量超过二百八十亿度，其中三分之一是由小水电供应的。所以，发展小水电是解决农村能源不可分割的一个组成部分。

对《黄河志》编纂的几点意见

（一九八三年四月二十一日）

喜闻黄河水利委员会正拟从事《黄河志》的编纂，这是一大好事，深望早观厥成。惟以衰老不能执笔参与盛举为憾。爰就编纂意见略陈一二，聊供参考。

（1）要有鲜明的时代性。因为《黄河志》是在新兴的社会主义社会中编纂的，是在运用现代科学技术开发治理中编纂的。

（2）要有全面而系统的记述。编纂应以全流域为对象，对开发和治理的内容，进行系统的记述。包括上下游、干支流以及重点地区，如黄土高原、下游冲积平原等；包括流域水资源的开发利用及灾害的治理减除，古代史实及现代创修（当然要着重现代）。

（3）治理黄河与社会经济的发展有密切关系，要把"用"与"治"的目的性明确提出，兼及经济效益。

（4）我国对于史、志的编纂有丰富的经验，应总结经验，写出新规格的志书。

（5）黄河的自然特点与流域的气象、地理、土壤、地质等因素密切联系，书内应安排一定的分量。

（6）坚持辩证唯物观点，贯彻实事求是精神。

《都江堰》序

（一九八三年五月二日）

　　都江堰位于四川省灌县，是分岷灌溉成都平原及其相邻地区的引水工程，已有二千二百三十余年的历史。经历代整修，迄今仍发挥着巨大的作用。它的创建与整修，标志着我国水利科学技术的光辉成就，它的巨大经济效益，显示出在我国特殊的自然条件下，水利建设的重要意义。而今在社会主义建设方针的指引下，则更有着长足的进展。灌溉面积已由一九四九年的二百八十八万亩发展到目前的一千一百万亩。

　　关于都江堰的创建时间和创始人，史家尚无定论。据《史记·河渠书》（书成于公元前一〇四年至公元前九一年）载："……于蜀，蜀守冰凿离堆，辟沫水之害。穿二江成都之中。此渠皆可行舟，有余则用溉浸，百姓飨其利。至于所过，往往引其水益用溉，田畴之渠，以万亿计，然莫足数也。"《华阳国志·蜀志》（书成于公元三四七年）载："周灭后，秦孝文王（公元前二五〇年，在位三月去世）以李冰为蜀守……冰乃壅江作堋。穿郫江、检江，别支流，双过郡下，以行舟船；岷江多梓、柏、大竹，颓随水流，坐收材木，功省用饶；又溉灌三郡，开稻田。于是蜀沃野千里，号称陆海。旱则引水浸润，雨则杜塞水门。故记曰：'水旱从人，不知饥馑，时无荒年，天下谓之天府也。'……"以上二书所记工程的效益，可能为作书时的情景。然以"凿离堆"、"壅江作堋"、"田畴之渠，以万亿计"而论，决非短时期内所能完成。固有后人续作，但在秦孝文王之前，亦必有人探索试修，只是到了李冰才开始发挥较为显著的效益而已。即以此而论，亦是我国迄今犹能发挥巨大效益的最古老的水利工程。

　　都江堰自创建以来，有着不同的名称。如北魏郦道元撰《水经注·江水》载："江水（指岷江）又历都安县……李冰作大堰于此。

壅江作堋，堋有左右口，谓之湔堋（当时大堰之首建于湔江口——今白沙河口，因以河名命名）……俗谓都安大堰（以县名命名），亦曰湔堰，又谓之金堤（指巩固万全之堤）。"但至迟到宋代便有都江堰之名称。《宋史·宗室（赵）不恶传》有"永康军岁治都江堰"的记载（宋代灌县治地称永康军）。都江堰系引水工程的总称，包括若干不同作用的工程，然亦有将灌区包括在内者。

都江堰之所以能长期维持生效，而且有所发展，由于它有四个特点：自然条件好，工程规划好，经营维修好，经济效益好。

都江堰工程位于岷江出山口附近，河道比较稳定。流量丰富，多年平均流量为四百九十三秒立方米。实测最大洪水流量为六千五百秒立方米（接近百年一遇），实测最小日平均流量为九十五秒立方米。惟水流泥沙较多，悬移质多年平均输移量为八百四十五万吨，平均含沙量为每立方米零点五四公斤，推移质在中水年的输移量为一百五十万吨。

都江堰工程的布局合理，运用得当。这项工程由三部分组成：都江鱼嘴（分水堤）、飞沙堰和宝瓶口。鱼嘴用以分水，设在岷江的江心，属金刚堤（即大坝）之首部，把岷江分为外江和内江。内江在左，即引水进入灌区的水道。外江在右，为主要泄洪水道。鱼嘴的位置和修建技术极关重要。洪水时，外江分洪排沙多，分洪占六成，排沙占八成以上；枯水时，内江引水多，约占六成。金刚堤之下接飞沙堰，为由内江向外江排泄过量水流和泥沙之用，既以保证内江引水足供灌溉之用，又免除进水过多，造成水灾；且避免过量泥沙进入灌渠。飞沙堰之下接离堆。离堆与内江左岸玉垒山崖形成流水缺口，名宝瓶口，宽二十米，实为控制内江水入灌区的咽喉。换言之，宝瓶口既可输水，又能控制过量洪水。由于这三大工程的合理布置，互相配合，联系运用，使都江堰很好地发挥了引水作用。在长期的实践中，我国人民总结了成功的治水方法，创造了有效的工程措施。它的特点是：因地制宜，就地取材，施工简易，节约用费。

都江堰是在岷江这样较多泥沙、河流上没有拦河坝的引水工程，难免有河床冲积、引水过多或过少、维修加固等问题，因之自古便有经济性经营管理机构的设立。从一九七四年在外江滩中挖出的李冰石像上的刻字可知，在一千八百多年前，东汉灵帝时就有了主管这项工程的都水掾和都水长。以后历代都设有堰官，主持岁修，并将岁修规范及注意事项立石标志。至于大修及改进之事，史册亦多所记载。坚持岁修，并随时改善扩充，遂使都江堰历久不废。

灌溉之利与航运之便，使成都平原成为我国的一个经济基地、一个"水旱从人"的"天府"，而成都亦成为历史上繁荣的城市。经济的发展，在政治上亦起很大的作用。如战国末年，秦利蜀的富饶，布帛金银供给军用，得以灭楚，统一全国；楚、汉相争，萧何"发蜀、汉米船给助军粮"，支援刘邦夺取中原；蜀诸葛亮北征，"以此堰为农本，国之所资"；历代亦还常以川西粮仓赈济全国各地饥荒。都江堰的经济效益是特为显著的。

三十多年来，对于引水和灌区又进行了大规模的改建与修整，扩大了灌溉面积，健全了管理制度，提高了单位面积产量，取得了巨大成就。但随着社会的发展，对于经济建设的要求必然愈来愈高，因之都江堰的改进业务亦必愈来愈繁。《都江堰》的编纂必将在总结经验的基础上，推动工作的日益发展。

《中国农业百科全书·水利卷》

绪言

（一九八四年二月二十三日）

　　水利的含义和内容随着社会经济、文化的发展而逐渐充实完备。先秦古籍言水利者，见《管子·禁藏》，"渔人之入海，海深万仞，就彼逆流，乘危百里，宿夜不出者，利在水也"。《吕氏春秋·孝行览·慎人》："舜之耕渔，其贤不肖与为天子同，其未遇时也，以其徒属堀地财，取水利，编蒲苇，结罘网，手足胼胝不居，然后免于冻馁之患。"所谓"利在水"、"取水利"等，皆泛指水产捕鱼之利。到了汉代，司马迁在《史记·河渠书》中，始首次明确赋予水利一词以治河、开渠、引河等专业性质。

　　《史记·太史公自序》说："维禹浚川，九州攸宁；爰及宣房，决渠通沟。作《河渠书》第七。"可以说，这是司马迁作《河渠书》的主旨。《河渠书》所记，包括治河（防洪）、开渠（通航）、引河（溉田）诸事，远溯"禹抑洪水"，下迄汉武帝塞瓠子决口。而在叙述塞瓠子、筑宣房之后说："自是之后，用事者争言水利，"并继及穿渠、溉田、堵口诸工。纵观全书，就其所叙述的内容及其论断，司马迁对于水利一词的含义至明。包括上溯远古、下迄当时的各项水利事业。《河渠书》是我国最早的一部水利史，同时又首次赋予水利一词以新的含义，并为后世所遵循、发展。

　　一九三三年，中国水利工程学会第三届年会曾通过一项决议，申明水利的范围："本会为学术上之研究，水利范围应包括防洪、排水、灌溉、水力、水道、给水、污渠、港工八种工程在内。"

　　时至今日，举凡水利的开发兴建，水害的治理防护，从观测、调查、研究至规划、设计、施工以及其经营管理，莫不属于水利业务的范畴。概括言之，举凡水害防治、生活用水、工业用水、农业用水、水力开发、水道开辟、港湾建设以及淡水养鱼、美化环境，等等，虽各有其专业内容，然无不与水利的开发与管理、河道的整修、渠道的开辟、水患的防御及其相应的建设有关，因之亦均与水利业务有关。为了发挥其最优的经济效益，水利业务必须统筹规划、管理。至于各项专业的发展，则可有分有合，各司其事。所以水利亦已构成为一门完整的科学体系。

水利的开发与水害的治理，必须备有工程技术措施促其实现。它是一项适应自然、改造自然、利用自然的事业。因之，就必须按照自然规律办事，成为一门技术科学。然由于其服务的对象为维护人类生存、发展社会经济，因之又必须按照经济规律办事。所以它不单纯地属于自然科学，而是一门跨自然科学与社会科学的综合性学科。要办好水利就必须加强自然科学与社会科学的联盟。

中国水利事业有着悠久的历史，固有其社会的原因，亦有其自然的原因。由于气象和地理条件的限制，雨量在季节上、地区上以及年际分布的变差都很大。约有国土的一半处于干旱和半干旱、少水或缺水的地区。沿海和内陆、南方和北方的降水量相差悬殊。因之，使水土资源的组合在地区上极不平衡。一年内的降水量在不同季节的变化又很大，雨季多集中在少数几个月，且常出现暴雨，发生洪涝灾害。再则，降雨量在年际间的变化亦大，且存在着多年连旱或连涝的现象。

根据以上的自然情况，我国劳动人民从上古时代就致力于水、旱灾害的防御。而灾害依然频繁。据记载，自公元前二〇六年（西汉初）到一九四九年的二千一百五十五年间，曾发生较大水灾一千零二十九次，较大旱灾一千零五十六次，平均每年约有一次较大水灾或旱灾。所以水利便成为我国人民所最关心的大事，水利事业史不绝书。

大禹治水的传说，历四千余年，歌颂不衰，说明它是深得人心的。不过自原始社会历经奴隶社会的一两千年的漫长时代，水利事业亦历经了漫长的原始阶段。铁制工具的出现就不同了，到了春秋战国时期，便宣告石器时代和铜器时代的结束，耕作普遍使用铁制工具，加以深耕细作、播种、施肥、田间管理等一系列的农业技术革新，运输舟车的广泛使用，使春秋战国时期的整个社会生产力提高到一个新的高度。生产力的大发展推动了社会的大变革，进入封建社会，大型水利工程开始出现，我国的水利事业发展到一个划时代的新阶段。

这时，在楚国兴建了我国最早的期思雩娄大型灌溉工程。在魏国出现了引漳十二渠。在秦国出现了郑国渠与都江堰。在黄河下游两岸出现了绵亘的长堤。还有沟通黄河、淮河与长江的邗沟与鸿沟。秦代统一后，又开凿了沟通长江与珠江水系的灵渠。这就更加推动了经济的发展。

秦汉建都长安，关中地区人口渐增，粮食的需求愈来愈大。解决用粮问题，除了依靠外地艰难的漕运外，更重要的是大力发展当地生产，扩大种植面积和提高产量，因之大兴水利。除郑国渠外，又兴建了白渠、漕渠、六辅渠、灵轵渠、成国渠等。对于河套一带黄河亦进行了开发、屯田，广开渠道。

汉水流域和淮河流域的南阳、襄阳、汝南一带，是两汉时期兴起的农业经济区，这里修建了一系列的水利工程，如钳卢陂、六门堰、鸿隙陂（鸿却陂）等。这时水力机械亦有所发展。

江南地区在我国历史上与黄河流域相比，发展较晚，西汉时期还是"地广人稀"、"火耕水耨"的景象，可是到了唐代以后的五代，我国的经济中心便由黄河流域转移到长江流域了。当然，这个转变的历史原因是比较复杂的。两晋南北朝时期，北方战乱较多，破坏极大，而南方则相对稳定，北方人口大量南移，以南方特有的优越条件，与北方的先进技术相结合，便以更快的速度向前发展。

江南地区经济的迅速发展，亦是与水利事业的兴建分不开的，这个地区的水利建设，不但包括灌溉、排涝与治河，而且结合其自然特点，大力从事航运开发与海塘修建。

长江中、下游平原是我国湖泊最多的地区，在数以百计的湖泊中，鄱阳湖、洞庭湖、太湖和巢湖最为称著。这些湖泊是长江的天然水库，又大量地接纳长江及入湖支流的泥沙，形成一片新洲沃野。由于湖区圩垸的不断修筑，逐渐成为我国著名的粮仓。只是到了明清，盲目围垦的现象严重，湖泊面积日益缩小，引起了洪涝灾害。

江浙海塘是防御潮水危害的堤防，始于东晋，发展于唐代。到了宋代并逐渐由土塘和柴塘改为石塘，明清时代大为扩建。江浙滨海成为富庶之区。

隋唐以后，长江航线四通八达，船舶载运量亦日益增高，遂使长江成为经济的大动脉。

由于经济中心的逐渐南移，对于南粮北运的要求亦日益高。在昔日运河沟通的基础上，隋代开辟了规模宏大的运河系统，经过元代改建，成为今日的京杭运河。

水能兴利，亦能为害，在我国特殊的自然环境下，洪水灾害比较严重。它既影响农业生产，危害社会安定，又破坏漕运畅通，为历代所重视。

黄河是一条危害严重、变迁无常的河流，下游二十五万平方公里的大平原，主要为黄河冲积所成。在西起郑州，北至天津，南抵淮河口的大三角洲上（又称为黄、淮、海平原），黄河时而北夺卫河，流入渤海，时而南袭淮河，注入黄海。来回滚动，到处留下了变迁的痕迹。战国时期，下游初步建成了两岸的绵亘长堤，以后又逐渐完善，大堤决口的记载日渐增多。自西汉初（公元前二〇六年）至一九三八年，决口之年以四百一十三计。当然，不同堤段在同一年内可能有几处决口，而一次决口由于长期不事堵塞，又常为害多年，甚至因而改道，今统以一年计算。至于只称沿河大水，而未点明决口的记载，则未在统计之列。所以上述数字只可表示灾情概况，远不足以表达黄河灾害的严重性。盖以黄河是一条地上河，决口后洪水倾泻而下，泛滥所及的范围至广，且有改道迁徙的可能，所以灾情特重。决口后必须强事堵塞，始能回复原道。所以古人有黄河"善淤、善决、善徙"的评语，历代虽大都重视治理，而溃决的灾害依然频繁。

当然，黄河迁徙摆动所引起的灾害亦不只限于下游，上中游的平原地区，如宁夏、内蒙古的河套地区、永济到潼关间的河段，以及汾河和北洛河汇入黄河一带，危害亦极严重。

长江洪水灾害，以荆江、皖北沿江、汉江中下游、洞庭湖和鄱阳湖等处最为严重，所以重要堤防亦都分布在这些地区。据历史水灾记载，约略统计，自唐迄清的一千三百年间，长江水灾共二百二十三次，其中汉江四十二次。平均言之，唐代约十八年一次，宋元五六年一次，明清约四年一次。

随着时代的前进和治水经验的积累，我国的水利科学技术代有发展，积累了丰富的文献资料，获得了广泛的建设成果，前仅扼要例举，难得备列。不过由于长期的封建统治，有时进步迟滞，甚至遭到破坏。因之，发展的道路是曲折的，发展的进程是难以满足要求的。

迨至鸦片战争（一八四〇年）以后，清政府与帝国主义各国签订了许多丧权辱国的不平等条约，中国封建经济解体，沦为半殖民地半封建社会。随着外国资本主义势力的入侵，亦带进来西方近代科学技术，受其影响，水利建设的研究探讨亦逐渐有所表白。但在半殖民地半封建社会的残酷剥削的压迫下，水利形势犹如死水一潭。

一九四九年中华人民共和国在中国共产党领导下成立以后，进行了社会主义革命和社会主义建设，水利事业有着高速度的发展，虽然才是一个开端，但已呈现出划时代的变化。水利建设，包括水资源的开发利用和洪涝灾害的防护治理，已经纳入全国经济计划之中，以现代的科学技术从事统一规划、综合治理、综合开发、综合利用、综合经营，为社会经济发展服务。

截至一九七九年年底，已经建成调节水流的水库八万六千多座，总库容为四千多亿立方米；其中大型水库（库容一亿立方米以上）三百一十九座，中型水库（库容一千万至一亿立方米）二千二百六十座，小型水库（库容十万至一千万立方米）约八万四千座；另外，还有塘坝六百多万座。修筑和加固江河堤防十六万八千公里，疏浚整治了一些河道，修建了一些滞洪、分洪区，并开辟了海河和淮河流域的排水出路。建成万亩以上的灌溉系统五千二百多处，配套机井二百二十万眼，机电排灌功能七千四百万马力。建成大、中型水电站九十六座，小水电站（每站总装机容量在一万二千千瓦以下）八万多处。大量基本建设工程的完成，促进了水利事业的迅速发展。

农田灌溉面积已由一九四九年前的二亿四千万亩增加到七亿二千

多万亩。灌溉面积虽只占全国耕地面积的一半弱，但粮食产量则约占全国总产量的三分之二，各类经济作物的产量约占全国总产量的百分之六十，商品蔬菜约占百分之八十。经济效果是很显著的。此外，还完成除涝面积二亿六千万亩，改良盐碱地六千二百万亩，解决山区、高原四千万人口、二千万大牲畜的饮水问题，并改善、扩大了城市的工业和生活用水。

已完成的防御洪水的措施，初步保证了河流中、下游平原地区的安全，包括农田四亿八千万亩、许多重要城市和人口占全国一半以上的广大地区。素以"善决、善徙"见称的黄河，其下游的防洪能力已接近百年一遇的洪水。

水力发电亦有较大幅度的增长，装机容量已由一九四九年的十六万千瓦增加至一九八二年年底的二千二百九十六万千瓦，其中包括小水电的装机总容量七百七十三万千瓦。有的已接入了国家电网，成为农村能源不可分割的一个组成部分。此外，正在兴建的水电工程的装机容量约为一千万千瓦。

其他各项水利事业和科学研究亦均有长足的发展。总之，三十多年来水利建设的成就是伟大的，是突飞猛进的。但就社会经济发展的要求说，则才是千里之行的起步。瞻念前途，水利建设的任务仍然是很艰巨的。

中国江河的年平均径流量约为二万六千亿立方米，连同地下水约为二万七千亿立方米，看来水资源尚称丰富。但以人口平均计，每人每年平均占有的水量仅为二千七百立方米，约当全世界人均水量的四分之一，相当于苏联的七分之一、美国的五分之一，所以说，中国水资源并不丰富，甚至是贫乏的。截至一九七九年，水利事业每年的总耗水量已由一九四九年的约一千亿立方米增长到四千七百多亿立方米，这一数量仅占水资源全部的百分之十七，潜力还很大。此外，由于水资源在地区上的分布极不平衡，季节性的变差又很大，所以有的地区深感水源不足，一些地区缺水现象仍极严重，是则对于不同地区水资源的调度，亦须大力筹划兴办。

中国的水力资源是比较丰富的，全国的理论蕴藏量为六亿八千多万千瓦，年发电量可达二亿八千多万度，其中可能利用的装机容量为三亿七千八百万千瓦，年发电量可达一亿九千多万度。而一九八二年已建成的水电装机容量仅约当可能利用的装机容量的百分之六，开发的潜力还是很大的。尤其是在目前能源供应极感不足的情况下，水力发电的要求更为迫切。

至于洪水的防治，仍是一个严重的问题。今仍以黄河与长江为例，黄河下游二十五万平方公里的冲积大平原是我国北方人口密集、经济文化发达的地区，交通的大动脉穿过这里，而黄河是条地上河，如有决口，泛滥范围甚广，势必打乱经济建设的部署，按目前设计标准，黄河下游防御洪水能力已接近百年一遇洪水。但是黄河携泥沙量至高，根据三十多年大汛期间没决口的统计，下游河床以平均每年十厘米的速度淤高，行洪能力日趋降低。下游河堤几乎每十年须加高一轮，施工一次比一次困难。它所面临的治理任务仍是十分紧迫而艰巨的。

目前，长江中下游约五千万人口、六千万亩耕地仍受着洪水的威胁。堤防标准，除江苏地段较高外，其他防线仅能抗御十年至二十年一遇的洪水。长江的治理是刻不容缓的。洪水灾害的威胁亦是各大江河普遍存在而有待继续加紧解决的问题。

由此可见，水利建设的任务是艰巨的，应当进一步努力，加快步伐。但在社会主义建设的正确方针政策指引下，在现代科学技术的不断发展创新促进下，它必将会出现更加兴旺发达的局面，可以预卜。

《中国农业百科全书·水利卷》的编写，正值中华人民共和国水利事业取得初步的、但具有划时代意义的成就之后，并正在继续发展迈步前进之时，有着继往开来的重大意义，必将对水利建设起着促进的作用。本卷虽属《中国农业百科全书》的一个组成部分，但力求收容有关水利各方面的知识。所以除有关水力发电与水运等部门的若干具体条目外，大都尽量编入。它是一部集体创作，在一千六百多个条目中，约五百人参与执笔，二百人参与审查，并经过反复审议。但由于事属创举，涉及范围较广，且以经验不足，缺点、遗漏、错误之处在所难免，敬希读者指正！本卷的编纂，蒙有关部门和个人的大力支持和热情协助，深致谢忱！

胜利前进中的起步

（一九八四年四月二十九日）

在中国水利学会召开的一九八四年春节学术座谈会上，水利电力部钱正英部长在谈到过去水利建设时说："在过去三十多年间，水利工作在党中央、国务院直接领导下有很大的发展。这个发展在不少方面，甚至可以说是超过了过去两千年积累的总和。"我完全同意这一估计。真的，这是一个划时代的变化！但就中国社会主义建设的需要说，它亦只能是胜利前进中的起步。

三十五年来，水利建设之所以取得这样大的成就，首先，决定的因素是中国社会制度的变革。新中国成立以后，站起来了的全国人民，在中国共产党的领导下，热情奔放地致力于社会主义革命和社会主义建设。在"水利是农业的命脉"的号召下，进行了大规模的防洪、排涝和灌溉工程。又根据新兴工业的发展，进行了水力发电和厂矿供水的建设，并为改善生活用水创造了条件。在这样短时期内取得水利建设这样大的成就，则是中国社会主义制度所决定的，是不以人们意志为转移的。

其次，则是由于近代科学技术在中国的运用。中国对于防洪、开渠、引水等水利事业有着悠久的历史，但大都是凭藉传统经验和简单工艺进行的。一八四○年鸦片战争以后，受到所谓列强的侵略。在帝国主义残酷剥削的压迫下，亦传进来一点西方的近代科学技术。但是清末对之则采取闭关锁国的态度。辛亥革命以后，一则由于国内局势混乱，在反动势力的压迫下，人民则处于水深火热之中，无力从事建设；再则由于长期受封建社会思想的束缚，尊经崇古，轻视近代科学技术，没什么进展。五四运动以后，看到了一些汲取近代科学技术的苗头，但在水利方面亦只作了一些初步的调查观测和个别的研究性试验，对于少数河流进行了初步的治理探索，少数建树。在新中国成立之后，人民得到解放，思想得到解放，为了社会主义建设的发展，对于近代科学技术采取了正确的对策。新中国成立初期，水利建设便阔步前进，这时的规划、设计工作已能初步地满足要求。只是由于工业落后，施工机械化程度则稍差。可是随着社会主义建设的实践，各项水平亦逐步有所提高，并取得了很大的成就。在中国水利科学技术史上，这一时期可以说是一个转折阶段。

在社会主义建设的长征途中，水利事业迈出了胜利的一步。回顾过去，瞻望未来，当前则应紧抓以下几项工作。

（1）从事水资源开发的进一步研究。中国水资源与世界各国相比较，在量的方面并不为少，但以人口平均计，则是不丰富的，甚或说是贫乏的。同时，水资源在全国各地区的分布、在季节上的分布、在年际间的分布的差异很大，这又是一个极为不利的条件。现在水资源的开发利用尚不及五分之一，大有潜力，应积极推进。就目前情况说，素称干旱地区以外的一些地区，亦已有水源不足之感，甚或出现了危机的苗头。就全国情况来说，如何正确地开发利用这个不丰富的水资源，还是一个极关重要而迫待解决的研究课题。

（2）加强防洪措施。各大江河的洪水威胁仍然是很严重的。诚然，三十五年来，在防洪方面作了大量的工作，防洪标准有不同程度的提高，灾害已较往昔大为减轻，有的则发生较为显著的变化。其所以仍然感到威胁严重者，则有以下几条原因：由于社会主义建设的发展，人们对于防洪的要求日益增高；其次则由于为了扩大耕地而围湖垦殖，或者为了修建厂房、建筑房屋而侵占河滩地，以致减低了水流调节作用、减低了江河泄水能力；再则由于"正本清源"的工作一时还没跟上，或者由于滥事垦荒，而增加水土流失，等等。洪水威胁的严重性既是存在的，治理的任务则是迫切的。绝不能由于水患的减轻而存有丝毫大意。

（3）大力从事水利规划。水利规划是对于水资源的开发利用、水害的减缓免除所进行的初步的、全面的安排。它是进一步作兴利除害计划的依据。它不只单纯地考虑水的自然条件和规律、具体工程措施的必要和可能，而且要考虑有关地区的经济、社会条件及其发展前景。

水利规划可分几个阶层，有全国性或大区域的规划，有流域的或地区的规划，有某一项水利措施的规划。它们都是相互关联而互有影响的。流域规划不只包括江河干流的开发规划，而且应包括支流及全域的水利开发规划。目前，各大江河有的已经着手这项工作，有的早已完成，但根据社会经济发展的需要，还应进行修订，而对中、小河流则大都尚未顾及。至于全国性的或跨流域的水利规划，目前深感需要，应即着手准备。各项规划的前期工作是很繁重的，应有计划地从早着手。

（4）提高科学技术水平。中国科学技术的起步落后于西方国家二三百年。经过三十五年的实践，水利科学技术有着显著的提高。但要达到现代化的水平，则尚有一定距离。首先应根据实际情况，对于水利科学技术现代化的目标和部署制订计划，以便有所遵循。否则，盲目前进必致失误。"现代化"是一项艰巨的任务，是一项必须完成的任务。所以制订提高水利科学技术的计划和具体部署实为刻不容缓。

（5）树立经济效益观点。水利是跨越自然科学和社会科学两个领域的科学。水利措施属于自然科学，而其作用则与多种经济发展和人类生活有着密切的关系。所以水利建设既要考虑工程兴建之可能性与合理性，又必须考虑其所产生的社会经济效果。这本来是一个很自然的问题，但事实上却出现了忽视经济效益的现象。某中央领导在评论水利建设时，严厉地指出："过去成绩很大，但浪费也很大！"浪费很大就是说，投资很多而相应的效益不够高，正中要害。浪费的原因是多方面的，可能发生在工程设计和施工的技术和管理方面，亦可能发生在工程完成后的经营运用方面，或者兼而有之。总的来说，是没有充分发挥水利建设的经济效益，偏离了方向。今后工作，应当是提高技术水平，加强经营管理，树立经济效益观点，把保证工程安全、讲究经济效益视为水利建设的总目标。当然，随之而来的当有一系列的改革工作，必须加紧进行。

（6）节约用水。我国水资源是不丰富的，甚至是贫乏的。现在已经有许多地区缺水，华北地区则已出现水的危机的苗头。现在灌溉和工业用水方面都有浪费现象。"节约用水"已成为我国应时的口号，应坚决严厉地付诸执行。

黄河胜利前进的三十五年

（一九八四年七月十一日）

黄河的治理有着悠久的历史，可是，只是在新中国成立后，才开始运用近代科学技术从事治理。三十五年来取得了很大的成就。有的是在旧的基础上进行改造发展扩大的，有的则是新兴创建的，处处显示出人民治河的伟大威力，使黄河的面貌已大为改观。

黄河是中国第二大河。流域面积七十五点二万平方公里。干流长五千四百六十四公里，分为上、中、下游三段。上游段自河源至内蒙古自治区的托克托河口镇，河长三千四百六十一公里。这段在青海省玛多（黄河沿）以上为湖沼和高寒草原地区，甘肃省与宁夏回族自治区交界的黑山峡以下为平川地。玛多至黑山峡间河长二千二百公里，落差近三千米，沿河川峡相间，水源丰富。中游段自河口镇至河南省桃花峪（在郑州铁路桥以西的南岸），河长一千二百三十五公里。其中，河口镇至陕西与山西交界的禹门口、陕西潼关至河南孟津间的两个河段，河长一千公里，落差八百二十米。桃花峪以下河长七百六十八公里为下游段，进入二十五万平方公里的冲积大平原，多水患。由于下游是一条地上河，除邻近泰山的一小部分外，左右两岸的地表水均流入其他水系，所以冲积平原的面积不包括于上述流域面积之内。

黄河多年平均的天然径流量约为五百六十亿立方米（约合多年平均每秒一千七百七十立方米流量），是中国西北和华北地区的重要水源。但较诸南方河流，显然是很不丰富的。上游地区水量比较丰沛，兰州以上的来水量占黄河总径流量的百分之五十八。黄河的径流量在时间上的分布很不均匀，季节间和年际间的变差很大。中游地区的伏、秋暴雨又常引起河水猛涨，严重危胁下游冲积平原的安全。据郑州花园口水文站有观测记录以来的统计，洪水流量曾高达每秒二万二千立方米；根据历史记载推算，花园口曾发生过每秒三万立方米的特大洪水；又根据历史资料分析，还有更大洪水发生的可能。而冬、春则水流低落。

黄河上、中游有着世界闻名的黄土高原，面积五十八万平方公里，几占流域总面积的百分之七十八，其中水土流失严重的面积达四十三万平方公里。根据三门峡（陕县）水文站观测的统计资料，多年平均向下游输送的泥沙为每年十六亿吨；折合每立方米水中的含沙量高达三十五公斤，比世界有名的多沙河流恒河大八倍；所测最大断面含沙量为五百九十公斤。严重的水土流失使黄土高原的生态环境遭到严重破坏，直接危害着当地的农、林、牧业的生产，使其成为艰苦贫困的地区。而大量泥沙不断地输入黄河下游，使河床逐渐淤淀抬高，河道排洪能力逐渐降低，给下游河道的治理带来很大困难。话又说回来了，下游的冲积大平原为黄河长期冲积所成。它破坏了黄土高原，创建了冲积平原，得失各半。这是历史，今须整治。

根据黄河的自然情况和社会经济的发展要求，黄河的治理有两个主要目标：一是兴利，即对于水资源的开发利用；二是除害，即克服不利因素，防御洪水灾害。治理的方针是：统筹全局、因地制宜，进行综合的治理开发。

现在略述三十五年来的成就。

一、制定综合治理和开发的规划

在国务院的直接领导下，黄河规划委员会与各有关部门通力合作，于一九五四年编制了《黄河综合利用规划技术经济报告》。经国务院核准后，向中华人民共和国第一届人民代表大会第二次会议提出了《关于根治黄河水害和开发黄河水利的综合规划报告》。会议于一九五五年七月三十日通过了批准报告所提出的综合规划的决议。《黄河综合利用规划技术经济报告》包括远景计划和第一期计划两部分。除干流的梯级开发以外，还涉及其他的治理和利用问题。通过实践，发现它还有不适当和不完备的地方，已经逐步作了相应的修正。随着社会经济的发展和对黄河自然规律认识的提高，正准备在旧有的基础上，进行改编。

二、水能开发

根据修订的干流梯级开发方案，拟建三十级枢纽工程。所谓枢纽工程，指的是修建以综合利用为目的的拦河建筑物，以抬高水位或成为蓄水较多的水库。各河段的枢纽工程布置和任务如下：青海共和县龙羊峡至甘肃乌金峡河段，以发电及调节径流为主，共布置十二座梯级电站，装机容量一千万至一千二百万千瓦，每年发电五百一十亿度。从上述自然情况介绍，可以看出这河段的水能资源最为丰富，将对西北地区工农业发展起着重要的作用。乌金峡至河口镇河段以解决宁夏、内蒙古平川地区的灌溉及防洪、防凌为主，结合发电，布置五座工程。河口镇至禹门口河段，发电、灌溉、防洪、减淤统筹兼顾，布置九座工程，装机容量四百五十万至六百万千瓦，年发电量一百七十亿度。禹门口至桃花峪河段，以解决下游防洪、防凌、减淤为主，结合发电、灌溉，综合开发，布置四座工程，装机容量二百一十万千瓦，年发电量七十五亿度。干流上共有七座大水库，总库容九百一十亿立方米，联合运用、调水调沙，对消除黄河水害、开发黄河水利将产生重大作用。

现在，黄河干流上已经建成了甘肃省的刘家峡、盐锅峡、八盘峡、宁夏自治区的青铜峡、内蒙古自治区的三盛公、陕西省府谷的天桥、河南省陕县的三门峡七座枢纽工程。青海省的龙羊峡水库工程正在兴建中。上述工程均起着综合性的作用。已完成的工程在水能开发方面，共装机容量二百三十五万千瓦，年平均发电量一百一十七亿度。截至一九八三年年底，累积发电量约一千二百亿度，产值达七十六点七亿元，为上、中游干流工程总投资的三点三倍。

这里简要地介绍刘家峡、盐锅峡、青铜峡、三门峡枢纽工程和正在建设的龙羊峡枢纽工程的水能利用情况，见表一。

还要附带说明的是，为了灌溉和人畜用水，在支流上亦修建了大量的水库；为了农村用电，则修建了一些小水电站。这些和上述的干流工程一样，同是黄河上的新兴事物。

表一　刘家峡、盐锅峡、青铜峡、三门峡和龙羊峡枢纽工程的水能利用情况

工程名称	坝型	坝高（米）	总库容（亿立方米）	最大水头（米）	装机容量（万千瓦）	年发电量（亿度）	发电年份
龙羊峡	重型拱坝	175	247	124	128	60	在建
刘家峡	重力坝	149.5	61.2	114	116	57	1969
盐锅峡				43	35.2	22.8	1961
青铜峡				21.3	27.2	10.8	1967
三门峡	重力坝	106	103.1	52	25	13.9	1973

三、农田灌溉的发展

黄河流域的灌溉有着悠久的历史，但工程设施简陋，时兴时废。直到新中国成立前夕，全流域灌溉面积仅有一千二百万亩，且盐碱化严重，粮食产量低而不稳。目前，全流域已建成五万亩以上的灌区二百多处，全流域总灌溉面积发展到六千八百万亩。许多大型灌区已成为商品粮基地。同时，还为工业用水、生活用水提供了水源。

宁夏及内蒙古河套地区，是灌溉事业发展最早的工程之一，但至新中国成立前夕有效灌溉面积只余一百多万亩。新中国成立以后，进行了大规模的整修、配套和扩建。青铜峡工程建成后成为引水枢纽，一改过去无坝引水、渠系紊乱情况。除了系统地整修灌溉渠道，还开挖了四百多公里的排水渠道，改良了沼泽、盐碱荒滩。加以刘家峡水库的调蓄作用，提高了供水保证，成为稳产、高产地区。内蒙古自治区于一九六一年三盛公工程建成后，同样地进行治理，根本改变了灌区面貌。现在河套的引黄灌溉区已扩展到一千三百万亩。

汾河盆地曾有几处古老的泉水灌区。新中国成立后建成了汾河、文峪河等十几座中型水库，使水源得到了有效的调节，灌溉面积已发展到七百多万亩。

陕西关中平原亦是古老灌区之一，经过大力修整、加强管理，旧有灌渠的效益扩大。又先后兴建宝鸡峡引渭、东方红抽水站大型灌区，引水上了旱原。关中平原灌溉面积已发展到一千三百多万亩。

黄河下游是地上河，从来没有发展灌溉。现在已修建引水涵闸七十二座，虹吸管道五十五处，扬水站六十八座，灌溉和抗旱浇水面积已达二千多万亩。一九七三年以来，利用三门峡水库，结合防凌蓄水十二亿至十四亿立方米，每年五、六月枯水时期为下游增加来水每秒二百至四百立方米，从而缓和农田灌溉和沿河城市以及工业用水的紧张状况；而且有两年枯水季接济天津市的工业和生活用水。

除上述的大型灌区外，还特别值得一提的是干旱的黄土高原，由于黄河水电建设的发展，这一地方的高扬程提水灌溉亦得以蓬勃兴建。据统计，目前上、中游地区已建成五万亩以上电力提水灌区三十三处。它不只供给农田灌溉用水，还解决了人畜饮水的困难，有的还营造了防护林带。其中，甘肃景泰川电灌工程净扬程达四百四十五米，装机容量六点四万千瓦，最大提水量为每秒十二立方米，目前已能灌二十九点三万亩耕地，一改过去的生产贫困面貌。

黄河及其许多支流的含沙量特大，灌溉时常须停止引水。为了克服这一困难，在技术上亦有所创新。至于引水改良盐碱涝洼地等，亦多见成效，目前河南、山东两省引水放淤已达三百一十多万亩，改种水稻一百二十多万亩，平均每年引用黄河泥沙一亿八千万吨。

四、黄土高原的治理

黄土高原土壤冲蚀严重，无论就国土整治还是黄河治理来说，都应视为重点。古人对于黄河治理，就曾提到所谓清源之策。二十世纪三十年代曾于甘肃、陕西分别成立三个水土保持实验站，从事水土保持措施的试验观测。新中国成立以来，对于黄土高原进行了多次大规模的综合性调查研究，制定了一系列方针、政策和法令。一九六三年国务院发布了《关于黄河中游地区水土保持工作的决定》，并批准成立黄河中游水土保持委员会，先后设立水土保持科学实验站、研究所三十多处。在调查总结群众经验的基础上，展开水土保持科学研究，提出了一些有用的成果，推广应用。截至一九八三年年底，黄河流域累计治理水土保持面积八万多平方公里，约占水土流失总面积的百分之二十。共建成水平梯田、条田四千万亩，坝地三百多万亩，造林六千一百万亩，种草一千六百七十多万亩，小片水地六百八十多万亩。同时还推广了水土保持耕作方法和保土轮作、间作、套种等农业技术措施。

从某些水土保持实验站的资料来看，保持水土的效果是很显著的，但从整个流域来看，黄河下游的来沙量并无明显地降低。微观和宏观之差，必然有其原因，尚待研究。

对于危害下游河道淤积严重的粗粒泥沙的来源地区，目前已基本弄清，有助于治理黄土高原的规划。在水土保持工作实施的技术方面亦有所创造。同时，在试验与实践过程中，在不同土壤侵蚀的类型区，出现了一批全面规划、综合治理、充分利用水土资源的先进典型。这一切都为发展水土保持工作提供了有利条件。

此外，由于黄河的含沙量特别大，在河流泥沙冲积运行的理论研究中，取得了不少的成就，并引起国内外的重视，在解决具体问题中，亦已发挥一定的作用。

五、下游冲积平原的防洪措施

黄河下游的冲积平原为黄河冲积所成。在修建堤防以后曾有多次改道的记载。至于决口则更加频繁，曾有"三年两决口"的传说，亦颇接近于两千多年来决口记载的资料。从一九一九年黄河有实测水文资料起，至一九三八年国民党反动派扒开花园口大堤时为止的二十年间，就有十四次决口泛滥。其中，陕县水文站洪峰流量大于每秒一万立方米的六年，每年都有决口，不到每秒六千立方米流量决口的有三次。新中国成立以来，伏秋大汛均安全渡过。其间，花园口水文站曾出现大于每秒二万立方米的洪水一次；每秒二万至一万五千立方米的洪水二次；每秒一万五千至一万立方米的洪水四次；再加上花园口站应该出现每秒一万立方米以上的洪水，而被三门峡水库拦蓄削减到每秒一万立方米以下的洪水两次；总计花园口站应出现大于每秒一万立方米的洪水共九次。换言之，三十五年来的汛期大洪水依然是经常出现的。其所以能确保安全，一是工程措施，二是坚强严密的防洪组织与英勇战斗的旺盛精神。

下游的防洪，已初步建成了由水库、堤防、河道整治、滞洪区等组成的工程体系。这几年来，曾三次全面加高培厚了两岸大堤，共完成土工六亿多立方米，目前堤高一般九至十米，顶宽七至十五米。并采用放淤固堤的办法，使六百公里的堤段得到不同程度的加厚，一般淤宽五十至一百米，总计放淤用土约二点四亿立方米。堤身隐患则以锥探方法发现后进行填补，堤身质量大为提高。此外，险工护岸已全部改秸料埽工为砌石，共改建、新增险工坝、埽五千多道，石护岸长度总计达三百余公里，用料一千三百多万立方米，使堤的防御能力大为加强。

河道整治工程主要为巩固控制中水河槽，已修筑控导护滩工程一百七十多处，坝、埽三千多道，使山东东明高村以下四百多公里的河道水流得到控制，高村以上的主流游荡范围亦大为减轻，起到控制主流、护滩护堤、加大排洪排沙能力、淤滩刷槽等作用。

此外，还开辟了北金堤、东平湖滞洪区，齐河和垦利展宽区；兴修了干流三门峡和支流伊河陆浑水库，目前正在修建洛河故县水库，以拦蓄洪水。

上述措施是防洪的物质基础，然欲使之充分发挥其应有的效力，则有赖于修防组织与管理运用。在黄河水利委员会的领导下，按河段层层设立防洪机构处理经常修防业务，并于农闲期间对沿岸群众进行思想教育和防汛技术培训。汛期则按情况组织防汛队伍。今以一九五八年七月抗御花园口出现的每秒二万二千立方米特大洪水为例，在洪水到来时，全河已经作好了一切战斗准备。沿河各级党政负责同志，层层挂帅，带领群众上堤。河南、山东两省的一把手亲自部署防汛并到现场指挥战斗。由二百万军民组成防汛大军，严密地把守着每一段堤坝，监视着洪水。这时周恩来总理来到了黄河，更加激励了群众"坚决防守，不准决口"的积极性，增强了胜利完成这一战斗任务的信心。黄河防汛总指挥部对于各方情况作了统筹研究，考虑到黄河堤防工程的加强，以及坚强的防汛大军日益增长的巨大威力，并经全面地分析了黄河流域的雨情和水情以后，确定了"依靠群众，固守大堤，不分洪，不滞洪，坚决战胜洪水"的方针。报经认可后，经过艰苦的战斗，终于胜利完成了这一任务。

关于下游防洪还有一个特点，就是河道上段河宽、下段河窄。河南省境内河道很宽，进入山东省境逐渐缩窄，迨至运河以东的陶城埠以下则为窄河道。宽河段尚略有拦滞削减洪峰作用。但由于各河段的泄水能力不同，所以在防洪安排上亦必采取相应措施。当前，下游的防洪能力为：保证花园口站每秒二万二千立方米洪水不决口，除利用河槽滞洪和东平湖滞洪区外，陶城埠以下可以安全下泄每秒一万立方米洪水。如果花园口站洪水为每秒三万立方米，则必须加用北金堤分洪区，或采取其他对策。

为保证济南的安全，必要时可利用齐河展宽区分洪，可以削减济南泺口洪峰每秒二千立方米。为保证河口胜利油田安全，可利用垦利展宽区分洪，削减每秒一千五百至三千立方米流量，使垦利以下洪水控制在每秒七千立方米左右。

为了保证下游凌汛安全，可利用三门峡水库的潼关以下的十八亿立方米库容进行调蓄。

总的看来，三十五年黄河治理的成就是巨大的，但亦只是胜利前进中的起步。随着社会经济的发展，对于水资源的利用与开发，对于洪水灾害的减除，必然提出更高的要求，是则对于黄河的治理与开发，还有待于继续研究提高。

首先，在考虑水资源继续开发的同时，还必须考虑节约用水和水资源的补充。据初步了解，黄河水资源尚不能满足本流域的要求。此外，下游河道淤积严重，已成为迫待解决的问题。有人建议用调水调沙的办法来减轻河道淤积。因此，黄河水资源除对于工农业及生活供水以外，还须具备为这项工作任务的用水。是则，水资源将益感不足。因此，除继续研究水资源的利用，讲究善于用水、节约用水外，还必须将南水北调的问题提到议事日程上来。

其次，下游的防洪问题，还有待于进一步的研究解决。黄土高原的治理，仍远落后于要求。目前，下游河槽每年淤高十厘米，泄水能力日退，必须每十年加高培厚一次大堤，而加培的困难程度且逐次递增。是则，水土保持工作应引起特别重视，以期能早见成效。再则，下游洪水来量大于每秒三万立方米的可能依然存在，是则有赖于中游地区有适当的调蓄建设。

当然，从过去看将来，在社会主义现代化建设的促进下，在现代科学技术革命的挑战下，对于黄河的治理与开发则是满怀信心的。

黄河的巨大变化与前瞻

（一九八九年五月）

外国人说黄河是"中国的祸害"，我们则传说它"三年两决口"，亦颇接近于近古史的统计事实。它危害的严重，固有其自然的原因，亦有其社会的原因。四十年间，经过社会体制的变革和治河策略的转变，使它发生了巨大的变化。现举几件事实来说明。

（1）一九四九年的黄河防汛会议中，提出了"保证陕县洪水涨到每秒一万六千立方米时，下游大堤不决口"的决议。这使初步接触"新黄河"的我惊喜地跳了起来！遍查历史文献，有哪个"河官"敢于在防汛中，立过保证不决口的"军令状"？它创造了历史的新纪元，真是天下大变，是从"官僚"治河，改由人民治河了。这年也真的遇到了罕见洪水的考验，使残破多年初整的大堤，经过奋勇抢护，确保安全。

（2）黄河危害下游几千年的冲积大平原（约占所谓黄、淮、海大平原的四分之三以上的面积），而今则引黄河水灌溉二千多万亩农田，保证稳产丰收。这不是又一个奇迹么！

（3）从前黄河水到天津，总是由于泛滥为害，而近年则几次引黄河水供给天津市的工业和生活用水，雪里送炭。

（4）黄河干支流上修建了许多水利枢纽，利用地形水势发电，并调节水流兴利除害。

（5）从前怕黄河水大为患，而今则认为水少不够用，要从长江调水，东线已经开工，西线亦已加紧查勘研究。

（6）过去治理黄河只注重下游，而现在则上下游、干支流统筹兼顾、全面规划、综合治理、综合开发。亦就是从古代科学技术治河，改变为以现代科学技术治河。这是治河策略上的根本变化。

从以上所述，可以看出黄河治理与开发的几个剖面。现在再汇总地说一下治理与开发的几项成就内容。

（1）黄河下游防洪，已初步建成了由水库、堤防、河道整治、滞洪区等组成的工程体系。自从黄河有水文资料起，到一九三八年，其中洪峰流量大于每秒一万立方米的六年，每年都有决口，洪峰不到每秒六千立方米的决口三次。而新中国成立以来，花园口水文站曾出现大于每秒一万立方米的洪水七次，其中一九五八年则出现每秒二万二千立方米的高峰，另有两次由于水库的拦蓄，到花园口水文站便低于每秒一万立方米，均得安全度过。

（2）新中国成立前期，全流域只有灌溉面积一千二百万亩，现在已经发展到七千万亩。同时为工业用水、生活用水提供了水源。

（3）干流上已建成综合性的水利枢纽七座。仅发电的产值，约为上、中游干流工程总投资的三点三倍。此外，现正兴建、并业已开始发电的一处。同时，为了灌溉和人畜用水，在支流上亦修建了大量的水库；为农村用电，又修建很多小型水电站。

（4）黄土高原的水土保持工作，已治理了水土流失面积四十二万平方公里的百分之二十九。

由上所述，可见黄河的变化是巨大的。但据社会主义现代化建设的要求说，就黄河治理开发中所体现的问题论，亦只是胜利前进中的起步，而有待于继续发展，对此提出几点不成熟的意见。

首先，黄河的治理与开发，虽然大都属于自然科学的范畴，而兴利除害的效果，则关系到社会科学问题，关系到社会经济繁荣问题。那么，二者就必须结合起来。也就是说，治河部门必须与其他有关的专业部门、各级行政机构和广大人民结合起来，分工合作，综合治理。虽然水资源的利用、保护和管理，必须由一个部门牵头，但不可单纯依靠技术治河，换言之，必须建立自然科学与社会科学的联盟。

其次，黄河的治理开发，不单纯是几条线（干支流）的问题，而是与黄河有关的广大地区问题，也可以说是黄河区域的问题。其大者如黄、淮、海平原，黄土高原，宁、蒙河套川地与西北青、甘、宁地区的治理开发使之成为经济基地的问题，小者如流域内各片的防洪和工农业发展问题，换言之，应以黄河的治理与开发为纲，使之成为黄河区域治理开发的动力。

三则，黄土高原的水土保持工作，能改善当地的生产面貌，减轻危害下游的泥沙来源。但必须认识，这一地区的水土保持是一项艰难而缓慢的工作，即使做到相当满意的程度，黄河下游的含沙量，亦必远居于世界大河的首位。因之，黄河下游河道的淤积，必然仍是一个长期的重要问题。因之，就必须将防治下游河道的淤积视为防洪的一个重要问题。这涉及水流的冲积运行规律问题。下游河道淤积使两岸大堤每十年必须加高一米，而且它又是一个极为复杂而困难的研究课题，所以必须使之成为当前极为迫切需要的研究任务。

四则，黄河下游四十年来安全度过伏秋大汛，而其最大洪水来量亦只为六十年一遇之水平。提高防洪标准的问题早已提出，而且已经计划了提高的具体安排。目前的问题则为计划的早日确定与实施。

最后，节约用水。这本来是《水法》中已经提出的问题。不过，黄河目前迫切感到水源不足，计划从长江调水，而引水量大的西线仅在初步查勘，山高、谷深、路远，尚无可行性定论，自然非近期事。是则，对于黄河节约用水的要求更为迫切。

祝黄河的治理与开发胜利前进！

中国水利史的重大转变阶段

（一九九〇年二月）

一八四〇年至一九四九年是我国近代水利史上一个重大转变过渡阶段，亦就是我个人对于从西方近代水利科学技术输入我国到其开花结果的肤浅认识。

鸦片战争使我国由封建社会沦为半殖民地半封建社会。是在中国共产党领导下的中华人民共和国成立后，才建立社会主义社会的。这是我国近代史上极为重要的大事。而这一时期亦正是我国水利事业从古代科学技术转而进入近代科学技术的过渡阶段，是我国水利史上的一个重大转变过渡阶段。所谓过渡阶段，也就是说，近代水利科学技术基本上是从鸦片战争，随着西方帝国主义的侵略输入我国的；而近代水利科学技术在我国发挥巨大的作用，则是在新中国成立后开始的。没有这个过渡阶段，没有近代水利科学技术人才的培育，没有有关资料的收集，亦难以在新中国成立后立即大兴水利，并取得突飞猛进的成就绩。所以说，研究这个过渡阶段的水利史是很有必要的。

中外科学技术的交流，具有悠久的历史。明清之际，西方近代科学技术已大为发展，而我国则采取闭关锁国的政策，难以交流，是在鸦片战争以后，才被迫地采取"中学为体，西学为用"的方针，开始办"洋学堂"，派出国留学生。另外，则由于帝国主义对于港口和水道的建设和治理，亦带进来一些新技术。例如，从一八六五年起，长江开始有水位站的记录；一八八九年则初次用新法测量山东和河北的黄河图；一八九九年李鸿章请比利时工程师卢法尔查勘黄河；一九〇八年在永定河上成立了"河工研究所"；一九一二年建成第一座位于昆明滇池出口的石龙坝水力发电站；一九一五年张謇创办了我国第一所水利专门学校——南京河海工程专门学校，等等。这只是几个例子。

在论及近代科学技术发展时，就不能不特别提到李仪祉了。他是我国由古代科学技术进入近代科学技术办水利的先驱。他在辛亥革命前后留学德国，学习土木工程专业。回国后，就在初开办的南京河海工程专门学校长期任教。培养了一批水利专业青年，就成为他以后办水利的助手，有的成为新中国水利的创业人才。李仪祉的一生既足以说明当时水利发展的历史背景，亦足以说明他的事业受到时代的限制。

一九三一年成立了中国水利学会的前身——中国水利工程学会。我曾声称这个学会的成立，标志着近代水利科学技术在我国水利事业上开始站住了脚。该会有许多会员，有了自己的刊物《水利》，并进行学术讨论会，促进水利事业的发展。但这已是鸦片战争后的九十一年了。它足以说明过去采用近代科学技术办水利是走过一段曲折迟缓过程的。对此，还是以我在旧黄河水利委员会的亲身体会作补充吧。

一九三三年八月黄河大水，下游决口五十多处，灾情极为严重。国民政府为了应付这一悲惨局面，仓促组织黄河水利委员会。李仪祉任委员长兼总工程师，我任委员兼秘书长。该会于九月一日正式成立。首要任务是筹备堵口。正在进行查勘时，国民政府又成立了水灾救济委员会。初由财政部长宋子文兼管，他说，我们的钱岂能让别人花，乃设立工赈组，派人主持黄河堵口事宜。不久又由行政院长孔祥熙兼管该会。通告黄河堵口之事完全由工赈组负责办理，黄河水利委员会不必过问。于是这一任务就取消了。

以后不久，下游三省主席坚决表示，三省河务局依然由三省直接管理，黄河水利委员会不能动，不必问。于是下游的治理任务又取消了。

不得已，黄河水利委员会只得根据近代科学技术从事全面治理与开发的前期基本工作，如建立水文站、测量队、水土保持实验站、下游河道模型试验所。此外，还进行了河道和有关地区的勘查；收集和整理有关资料和文献；初步地进行治理与开发的研究；并出版《黄河水利月刊》，按期发行。

而河上的旧人员对于上述工作，则讽刺地说：黄河水利委员会没事干，看镜子，说空话，量水玩，消磨岁月罢了。

从以上的事实来看，当时旧势力、旧作风的阻力是很大的。但亦有人说，这是新旧之争。诚然，推行近代科学技术办水利，是必须有个斗争过程的，同时亦必然关系到政治。一九三六年间终以人事不合，我们便离开了黄河水利委员会。不过，这期间的黄河水利委员会亦为治河作了点基本工作。

在黄河水利委员会成立之前，已经成立了华北水利委员会、导淮委员会、扬子江水利委员会，各省建设厅亦多设有水利组织或水利局。全国性的水利主管机构，在中国水利工程学会的大力倡议和促动下，已先后取消兼管，成立独立机构。各大学土木工程系亦开设水利课，或成立水利系。在这时期，水利建设虽不为多，但人才的培育、资料的积累，则是逐步增长的。

一九四九年新中国成立后，换了人间，水利大兴，日新月异，万紫千红。水利事业这样突然而巨大的变化，则亦有赖于历史上水利人才的培育和水利资料的积累。今以新中国成立初期我所参加的两次会议为例，对这等认识加以说明。

一是一九四九年十一月在水利部召开的各解放区水利联席会议上所制定的"当前水利建设的方针和任务"和"关于一九五〇年的水利建设工作的初步意见"，都是在一定的科学技术基础上，根据新中国的要求制定的。"方针和任务"七条，至今仍有其现实意义。惟以文字较长，恕不详述。

一是一九五〇年八月水利部召开的治淮会议，解决了三省区长期相持的矛盾，改变了淮河的面貌。这年七月淮河发生特大洪水，造成了严重灾害。毛主席提出了根治淮河的任务。水利部在稍作准备后，召开了这次会议。三省区对水利部所提出的治淮意见，在原则方面虽然获得各方同意，但谈到具体问题时，则产生十分尖锐的矛盾。周总理亲自召集各方负责人员进行协商讨论达六次之多，其他个别商谈尚未计及。这种正确而及时的领导，对于会议的胜利完成起到决定性作用。

这些矛盾的产生，固有其传统的原因，亦由于对淮河客观情况了解的不足。于是技术人员便同时进行了水情的演算和分析，当时名之为"算水账"。就是根据水文和地形等基本资料，计算各省区的来水量，淮河干流各段所能排泄的流量，各省区可蓄、可滞、可排的水量，再加以综合分析，拟出各省区所须采取的治理措施。这项工作对于解决矛盾亦是很起作用的，而这项工作则必须有一定的科学基础。

经过反复讨论，制订了治理淮河方针和一九五一年所应办的工程。经向政务院报告后，政务院作了《关于治理淮河的决定》。

我曾称这次会议是政治与科学相结合的会议。

由以上两例已足以说明，西方近代水利科学技术输入我国一百零九年后所起到的作用。亦足以说明，这一时期是我国水利史上从古代科学技术走向以近代科学技术办水利的一个重大转变阶段。

附录 出版书目

《治河论丛》一九三六年商务印书馆出版。

《黄河志·第三篇·水文工程》一九三六年商务印书馆出版。

《水力学》一九三八年商务印书馆出版。

《黄河水患之控制》一九三八年商务印书馆出版。

《土壤之冲刷与控制》一九四五年商务印书馆出版。

《历代治河方略述要》一九四五年商务印书馆出版。

《防洪工程》一九五〇年商务印书馆出版。

《说水》一九五〇年中华人民共和国水利部学习委员会主持印刷，内部发行。

《我国水利科学的成就》一九五四年中华全国科学普及协会编印。

《谈谈治水》一九五四年中国科学普及协会编印。

《征服黄河》一九五五年中国青年出版社出版。

《根治黄河水害及开发黄河水利的综合规划的优越性》一九五五年新知识出版社出版。

《我们将怎样改造黄河》一九五五年北京图书馆编印。

《水利概说》一九五六年水利出版社出版。

《中国古代水利建设的成就》一九五七年科学普及出版社出版。

《中国的水利水电建设》一九五七年水利出版社出版。

《历代治河方略探讨》一九八二年水利出版社出版。

《明清治河概论》一九八六年水利电力出版社出版。

《张含英自传》一九九〇年中国水利学会主持印刷，内部发行。